高等学校计算机类课程应用型人才培养规划教材

离 散 数 学

张 辉 张 瑜 孙宪坤 编著

中国铁道出版社
CHINA RAILWAY PUBLISHING HOUSE

内 容 简 介

　　离散数学是计算机科学基础理论的核心课程，也是现代数学的一个重要分支。本教材包含了集合论、图论、数理逻辑、组合数学、代数系统等内容。在介绍离散数学主要内容的同时，对相关知识的专业应用也做了实用性介绍。

　　本书适合作为计算机和相关专业本科生"离散数学"的教学用书，也可以作为对离散数学感兴趣的学生的参考书。

图书在版编目（CIP）数据

离散数学/张辉，张瑜，孙宪坤编著. — 北京：
中国铁道出版社，2011.7
高等学校计算机类课程应用型人才培养规划教材
ISBN 978-7-113-13034-3

Ⅰ. ①离… Ⅱ. ①张… ②张… ③孙… Ⅲ. ①离散数
学－高等学校－教材 Ⅳ. ①O158

中国版本图书馆 CIP 数据核字(2011)第 098005 号

书　　名：**离散数学**	
作　　者：张 辉　张 瑜　孙宪坤　编著	

策划编辑：严晓舟　周海燕	
责任编辑：周海燕　鲍 闻	读者热线：400-668-0820
封面设计：付 巍	封面制作：白 雪
责任印制：李 佳	

出版发行：中国铁道出版社（北京市宣武区右安门西街 8 号　　邮政编码：100054）
印　　刷：三河兴达印务有限公司
版　　次：2011 年 7 月第 1 版　　　　2011 年 7 月第 1 次印刷
开　　本：787mm×1092mm　1/16　印张：14.5　字数：345 千
印　　数：3 000 册
书　　号：ISBN 978-7-113-13034-3
定　　价：24.00 元

丛书序

当前，世界格局深刻变化，科技进步日新月异，人才竞争日趋激烈。我国经济建设、政治建设、文化建设、社会建设以及生态文明建设全面推进，工业化、信息化、城镇化和国际化深入发展，人口、资源、环境压力日益加大，调整经济结构、转变发展方式的要求更加迫切。国际金融危机进一步凸显了提高国民素质、培养创新人才的重要性和紧迫性。我国未来发展关键靠人才，根本在教育。

高等教育承担着培养高级专门人才、发展科学技术与文化、促进现代化建设的重大任务。近年来，我国的高等教育获得了前所未有的发展，大学数量从 1950 年的 220 余所已上升到 2008 年的 2200 余所。但目前高等教育与社会经济发展不相适应的问题越来越凸显，诸如学生适应社会以及就业和创业能力不强，创新型、实用型、复合型人才紧缺等。2010 年 7 月发布的《国家中长期教育改革和发展规划纲要（2010—2020 年）》提出了高等教育要"建立动态调整机制，不断优化高等教育结构，重点扩大应用型、复合型、技能型人才培养规模"的要求。因此，新一轮高等教育类型结构调整成为必然，许多高校特别是地方本科院校面临转型、准确定位的问题。这些高校立足于自身发展和社会需要，选择了应用型发展道路。应用型本科教育虽早已存在，但近几年才开始大力发展，并根据社会对人才的需求，补充了新的教育理念，现已成为我国高等教育的一支重要力量。发展应用型本科教育，也已成为中国高等教育改革与发展的重要方向。

应用型本科教育既不同于传统的研究型本科教育，又区别于高职高专教育。研究型本科培养的人才将承担国家基础型、原创型和前瞻型的科学研究，它应培养理论型、学术型和创新型的研究人才。高职高专教育培养的是面向具体行业岗位的高素质、技能型人才，通俗地说，就是高级技术"蓝领"。而应用型本科培养的是面向生产第一线的本科层次的应用型人才。由于长期受"精英"教育理念的支配，脱离实际、盲目攀比，高等教育普遍存在重视理论型和学术型人才培养的偏向，忽视或轻视应用型、实践型人才的培养。在教学内容和教学方法上过多地强调理论教育、学术教育而忽视实践能力的培养，造成我国"学术型"人才相对过剩，而应用型人才严重不足的被动局面。

应用型本科教育不是低层次的高等教育，而是高等教育大众化阶段的一种新型教育层次。计算机应用型本科的培养目标是：面向现代社会，培养掌握计算机学科领域的软硬件专业知识和专业技术，在生产、建设、管理、生活服务等第一线岗位，直接从事计算机应用系统的分析、设计、开发和维护等实际工作，维持生产、生活正常运转的应用型本科人才。计算机应用型本科人才有较强的技术思维能力和技术应用能力，是现代计算机软、硬件技术的应用者、实施者、实现者和组织者。应用型本科教育强调理论知识和实践知识并重，相应地其教材更强调"用、新、精、适"。所谓"用"，是指教材的"可用型"、"实用型"和"易用型"，即教材内容要反映本学科基本原理、思想、技术和方法在相关现实领域的典型应用，介绍应用的具体环境、条件、方法和效果，培养学生根据现实问题选择合适的科学思想、概念、理论、技术和方法去分析、解决实际问题的能力。所谓"新"，是指教材内容应及时反映本学科的最新发展和最新技术成就，以及这些新知识和新成就在行业、生产、管理、服务等方面的最新应用，从而有效地保证学生

"学以致用"。所谓"精"，不是一般意义的"少而精"。事实常常告诉我们"少"与"精"是有矛盾的，数量的减少并不能直接导致质量的提高。而且，"精"又是对"宽与厚"的直接"背叛"。因此，教材要做到"精"，教材的编写者对教材的内容，要在"用"和"新"的基础上再进行去伪存真的精练工作，精选学生终身受益的基础知识和基本技能，力求把含金量最高的知识传承给学生。"精"是最难掌握的原则，是对编写者能力和智慧的考验。所谓"适"，是指各部分内容的知识深度、难度和知识量要适合应用型本科的教育层次、适合培养目标的既定方向、适合应用型本科学生的理解程度和接受能力。教材文字叙述应贯彻启发式、深入浅出、理论联系实际、适合教学实践，使学生能够形成对专业知识的整体认识。以上四个方面不是孤立的，而是相互依存的，并具有某种优先顺序。"用"是教材建设的唯一目的和出发点，"用"是"新""精""适"的最后归宿。"精"是"用"和"新"的进一步升华。"适"是教材与计算机应用型本科培养目标符合度的检验，是教材与计算机应用型本科人才培养规格适应度的检验。

中国铁道出版社同高等学校计算机类课程应用型人才培养规划教材编审委员会经过近两年的前期调研，专门为应用型本科计算机专业学生策划出版了理论深入、内容充实、材料新颖、范围较广、叙述简洁、条理清晰的系列教材。本系列教材在以往教材的基础上大胆创新，在内容编排上努力将理论与实践相结合，尽可能反映计算机专业的最新发展；在内容表达上力求由浅入深、通俗易懂；编写的内容主要包括计算机专业基础课和计算机专业课；在内容和形式体例上力求科学、合理、严密和完整，具有较强的系统性和实用性。

本系列教材是针对应用型本科层次的计算机专业编写的，是作者在教学层次上采纳了众多教学理论和实践的经验及总结，不但适合计算机等专业本科生使用，也可供从事 IT 行业或有关科学研究工作的人员参考，适合对该新领域感兴趣的读者阅读。

在本系列教材出版过程中，得到了计算机界很多院士和专家的支持和指导，中国铁道出版社多位编辑为本系列教材的出版做出了很大贡献，本系列教材的完成不但依靠了全体作者的共同努力，同时也参考了许多中外有关研究者的文献和著作，在此一并致谢。

应用型本科是一个日新月异的领域，许多问题尚在发展和探讨之中，观点的不同、体系的差异在所难免，本系列教材如有不当之处，恳请专家及读者批评指正。

"高等学校计算机类课程应用型人才培养规划教材"编审委员会

2011 年 1 月

前　言

　　物理、化学等诸多学科处理的对象都是连续量，它们的发展离不开微积分；与连续量相对应的是离散量，现代数字电子计算机的软硬件结构决定了它更适于离散量的处理，连续量也是通过数字化为离散量来进行处理的。以离散量的结构及其相互关系为研究对象的离散数学，就是计算机学科的"微积分"，它是计算机科学与技术及相关专业的核心课程。

　　离散数学所涉及的概念、方法和理论，大量地应用在计算机科学与技术专业的数字电路、编译原理、数据结构、算法分析与设计、操作系统、数据库系统、人工智能、多媒体技术、计算机网络等专业课程以及数字信号处理、图形图像处理、编码和信息安全等相关课程中。因此，作为计算机数学基础的离散数学，课程的主旨是训练学生的概括抽象能力、逻辑思维能力和归纳构造能力，培养学生严谨、完整、规范的科学态度，这对于无论是今后从事计算机软硬件开发还是技术管理工作的学生，都是不可缺少的。

　　随着计算机科学技术的飞速发展及其在生产生活各个方面的广泛应用，离散数学所包括的领域也由经典的数理逻辑、集合论、代数系统和图论等内容，扩展到包括组合数学、数论、有限自动机、计算几何等多个领域。同时，由于我国的高等教育已正式步入大众化阶段，应用型本科院校的任务定位是培养面向生产第一线的本科层次的应用型人才，以培养分析问题、解决问题能力为出发点，强调"学以致用"。本书正是参照教育部高等学校计算机科学与技术教学指导委员会制定的《**高等学校计算机科学与技术专业发展战略研究报告暨专业规范（试行）**》中对离散结构知识体系的要求，并结合应用型大学计算机科学与技术专业本科学生的特点而编写的。本书涵盖了经典的离散数学课程的主要内容，包括集合论、图论、数理逻辑、组合数学、代数系统等五篇共 9 章，确保读者能够获得应有的离散数学知识和解决问题的能力。

　　本书具有以下特色：

- 注重应用，理论知识与后继课程中相关应用的介绍结合紧密，使学生充分领略离散数学的重要作用；
- 内容讲述力求严谨，推演和求解务求详尽，注重培养学生的数学思维能力和分析、解决问题的能力；
- 取材和组织注重传统与新颖的结合，基础理论的介绍突出重点，以"够用"为限，淡化繁琐、特殊的证明技巧；
- 通过丰富多样的典型例题分析，使学生对所学知识的掌握更加系统化和条理化，更易于对所学知识融会贯通和举一反三；
- 注重巩固学生所学知识，培养学生的实践能力，书中每一章都安排了一定量的习题。

　　本书不仅为计算机专业的学生学习专业后继课程打下扎实的理论基础，也为他们未来的专业发展提供必要的理论储备。

　　本书适合作为计算机和相关专业本科生"离散数学"的教学用书，也可作为对离散数学感兴趣的学生的参考书。

　　选用本书可根据不同需要，考虑删选带"*"标记的小节或知识点及相应习题。全书包含了大约可在 80 学时内讲授的内容；如果删除标记"*"的内容，可以在 60 学时内完成教学计划。

　　本书由上海工程技术大学计算机系的张辉担任主编，负责第一、二、三篇的编写及全书的统稿，上海工程技术大学计算机系的张瑜和孙宪坤分别编写了本书的第四篇和第五篇。

　　南京大学徐洁磐教授不辞辛劳审阅了本书，对本书的编写给予了极大的支持和帮助，提出了许多宝贵的意见和建议，编者在此表示衷心的感谢。同时，感谢上海海事大学周广声教授的精心组织，感谢上海工程技术大学电子电气工程学院领导和计算机系老师们的大力支持和协助。

　　由于编者水平有限，书中不妥之处在所难免，望广大读者不吝赐教。

编　者
2011 年 2 月

目 录

第一篇 集 合 论

第二篇　图　　论

第三篇 数 理 逻 辑

第四篇 组 合 数 学

第五篇　代 数 系 统

第一篇

集合论

　　研究集合的数学理论在现代数学中称为集合论，其创始人是德国数学家康托（Georg Cantor），他从 1874 年到 1897 年发表了一系列关于集合论研究的论文，提出了基数、序数和良序集等理论，奠定了集合论的深厚基础。20 世纪初，由集合论漏洞导致的悖论使绝对严密的数学陷入了自相矛盾之中。1908 年，德国数学家策梅洛（Ernst Zermelo）提出公理化集合论，使原本直观的集合概念建立在严格的公理基础之上，从而避免了悖论的出现。相应的，康托创立的集合论被称为朴素集合论。

　　从康托提出集合论至今，数学发生了极其巨大的变化，集合论已成为现代数学大多数分支的基础，并且已经渗透到自然科学和人文科学的众多领域。在计算机科学领域，计算机处理的数值、文字、符号、图形、图表、图像和声音等各类信息，构成了各种数据类型的集合。不仅如此，集合论还在数据结构、编译原理、形式语言、数据库和知识库、人工智能等领域得到了广泛的应用。因此，集合论也是计算机科学的重要理论基础。

　　本篇对公理化集合论不作探讨，主要介绍集合、关系、函数的基本概念、表示方法、运算、性质等集合论基础知识。

第1章 集 合

本章导读

本章主要介绍集合的基本概念及其表示，集合与其元素、集合与集合之间的关系，集合的各种运算及其性质，以及有限集的容斥原理。

本章内容要点：

- 集合的相关概念与表示；
- 集合的运算与性质；
- 容斥原理。

内容结构

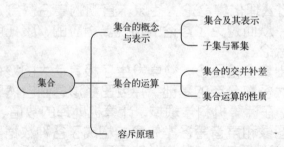

学习目标

本章内容是本篇后续各章的基础，尤其是集合的概念与运算，通过学习学生应该能够：

- 对集合相关概念及表示方法、集合与元素、集合与集合的各种关系有深入的理解；
- 熟练掌握集合的基本运算及性质，能根据定义证明一些基本性质，对导出运算有清楚的认识；
- 了解有限集上的容斥原理。

1.1 集合的概念与表示

集合和元素是集合论最基本的概念，它们及其相关概念满足集合论的一些最基本的原理和性质。

1.1.1 集合及其表示

日常生活中，我们经常接触到各式各样的集合，例如，学校全体学生构成了一个集合，图书馆的所有藏书构成了一个集合，计算机专业的核心课程构成了一个集合，所有自然数构成了一个集合，所有素数也构成了一个集合等，这类例子不胜枚举。

集合，是集合论中最基本的概念，但如同几何中的点、线、面等概念，集合也是一个无法精确定义的原始概念，但它是容易理解和掌握的。直观地说，若干确定的、可区别的（不论是具体的或抽象的）事物合并起来构成的一个整体，就称为一个集合，其中各事物称为该集合的元素，即集合由元素所组成。

习惯上，用大写字母 A、B、X、Y、…标记集合，用小写字母 a、b、x、y、…标记集合的元素。因为某个集合的一个元素有可能是另一个集合，所以这种约定不是绝对的。若 a 是集合 A 的元素，我们也说 a 属于集合 A，记作 $a \in A$；若 a 不是 A 的元素，我们也说 a 不属于 A，记作 $a \notin A$。

如果一个集合中元素的个数是有限的，这样的集合称为有限集。如果一个集合不是有限集，则称为无限集。

对于有限集 X，我们通常以|X|表示 X 中元素的个数。

习惯上，我们用下列字母标记一些常用的无限集：

N：自然数集。

Z：整数集。

Q：有理数集。

R：实数集。

此外，我们用 Z_+ 标记正整数集，Z_- 标记负整数集，R_+ 标记正实数集，R_- 标记负实数集。

表示集合有两种方法，即，枚举法和描述法。

1. 枚举法

枚举法是指，将集合中的所有元素按照某种方式一一列举出来，这类方法适用于有限集或具有某种规律的无限集。通常，将集合的所有元素置于一对花括号{、}之间，各元素之间以逗号分隔。

【例 1.1】 地球上的所有大洲构成了一个集合，如果称这个集合为 A，则 A = {亚洲，欧洲，非洲，北美洲，南美洲，大洋洲，南极洲}，|A| = 7。

【例 1.2】 所有小于 10 的素数构成了一个集合，如果称这个集合为 B，则 B = {2，3，5，7}，|B| =4。

【例 1.3】 方程 $x^4 - 17x^3 + 101x^2 - 247x + 210 = 0$ 的所有实数解也构成了一个集合，如果我们称这个集合为 C，通过求解方程，即可以得出方程的解为 2、3、5、7，即 C = {2，3，5，7}，|C| = 4。

【例 1.4】 自然数集 N = {0，1，2，3，…}，由于 N 是个无限集，省略号省去了无穷多个元素，我们很清楚，它们是 4、5、6、7 等。

在【例 1.1】、【例 1.2】和【例 1.3】中的集合都是有限集，并且集合中的元素不多，使用枚举法很方便。对于无限集或者包含较多元素的集合，如【例 1.4】中自然数集 N，用枚举法列举其中元素时，可以使用省略号，但是省略的元素应该可以由已列出的元素合理推出。例如，集合{1，2，3，…，100}。

显然，枚举法是一种最直观的表示集合的方法。但是存在大量的集合，用枚举法表示并不方便或者根本无法表示，例如，前面介绍的无限集 Z、Q 和 R 等。

2. 描述法

由【例 1.1】、【例 1.2】和【例 1.3】的陈述，可看到集合的另一种表示方法，即通过文字或公式刻画集合中元素的性质来描述集合，这就是描述法，它采用

$$\{x \mid x \text{ 具有的性质}\}$$

的形式，表示该集合由所有满足该性质的元素 x 组成。这种表示法更加通用，尤其是在枚举法表示难以实现的时候。

采用描述法，【例 1.1】中的集合 $A = \{x \mid x \text{ 是地球上的一个大洲}\}$，【例 1.2】中的集合 $B = \{x \mid x \text{ 是小于 10 的素数}\}$，【例 1.3】中的集合 $C = \{x \mid x \text{ 是方程 } x^4 - 17x^3 + 101x^2 - 247x + 210 = 0 \text{ 的实数解}\}$，【例 1.4】中的自然数集 $N = \{x \mid x \text{ 是一个自然数}\}$。

【例 1.5】　名著《西游记》中出现的所有汉字构成了一个集合，如果我们称这个集合为 T，虽然集合 T 也可以采用枚举法表示，但显然采用描述法表示更方便，$T = \{x \mid x \text{ 是《西游记》中出现的汉字}\}$。

集合也可以用文氏图这一辅助手段形象化地表示出来，这是英国数学家 John Venn 于 1881 年介绍的表示方式。在文氏图中，以矩形、圆、椭圆或其他几何形状来表示集合，其中的点表示集合中的元素，有时不明确说明集合的元素时，点也可以不显示。用文氏图表示【例 1.1】中的集合 A，如图 1-1 所示。

文氏图不仅可以表示集合，后面我们还将看到，它还可以表示集合之间的关系。

文氏图以图解的方式表示集合及集合与集合间的关系，非常直观，并且易于理解。但需要注意的是，它只是帮助我们形象地理解集合与元素、集合与集合间的关系，一般不作为一种证明方法。因此只能用于说明，不能用于证明。

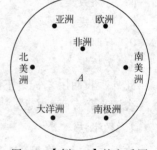

图 1-1　【例 1.1】的文氏图

由【例 1.2】、【例 1.3】我们还发现，【例 1.2】中的集合 B 与【例 1.3】集合 C 包含相同的元素，我们称它们是相等的，或者说它们是同一个集合。这是由集合的外延性原理定义的。

外延性原理　两个集合相等，当且仅当它们包含相同的元素。

由外延性原理，两个集合 X 与 Y 相等，记作 $X=Y$，意味着对任意元素 a，$a \in X$ 当且仅当 $a \in Y$；否则，这两个集合不等，记作 $X \neq Y$，这意味着存在 X 中的某个元素 a，$a \notin Y$，或者，存在 Y 中的某个元素 b，$b \notin X$。

【例 1.6】　集合 $\{2, 3, \{5, 7\}\}$ 包含三个元素 2、3 和 $\{5, 7\}$，其中元素 $\{5, 7\}$ 本身也是一个集合，集合 $\{5, 7\}$ 与其包含的元素 5、7 并不相同，因此，虽然集合 $\{2, 3, 5, 7\}$ 与集合 $\{2, 3, \{5, 7\}\}$ 有相同的元素 2 和 3，但是也有不同的元素，因此由外延性原理，两者并不相等。

【例 1.7】　集合 $\{2, 2, 3, 5, 7\}$ 与【例 1.2】中的集合 B、【例 1.3】中的集合 C 都包含相同的元素 2、3、5、7，虽然元素 2 在集合 $\{2, 2, 3, 5, 7\}$ 中出现了两次，但是同一元素不能加以区分，即使列举多次，表示的集合并没有改变。因此，由外延性原理，集合 $\{2, 2, 3, 5, 7\}$ 和集合 B、C 都相等。

【例 1.8】　集合{7，5，3，2}与集合{5，3，7，2}也都和【例 1.2】中的集合 B、【例 1.3】中的集合 C 包含相同的元素，因而由外延性原理，它们都相等，虽然它们列举元素的顺序不同。

集合的元素之间可以有某种关联，如【例 1.2】集合 B 中的元素同为小于 10 的素数，【例 1.5】集合 T 中的元素同在《西游记》中出现；也可以彼此毫无关系，如，{桌子，老虎，2，3}也构成了一个集合。不过，集合通常是由一些具有共同目标的事物构成的整体。

由集合的概念和外延性原理，可以得出集合概念的一些基本性质：

（1）集合与元素的相异性

集合与组成该集合的各个元素必定是不同的，虽然一个集合可以作为另外一个集合的元素，但是任何集合不能是其自身的元素。

如【例 1.6】中，集合{2，3，{5，7}}包含集合{5，7}作为元素，但是集合{5，7}不同于其元素 5、7，也不会有 $A=\{A\}$。

（2）集合元素的相异性

集合中的元素应该是彼此不同、可以相互区分的，因而将集合中重复出现的元素删减至一个并不改变集合。

如【例 1.7】中，{2，2，3，5，7}={2，3，5，7}。

（3）集合元素的无序性

组成集合中的各个元素没有先后顺序，因而集合的相等与其元素的列举顺序无关。

如【例 1.8】中，{7，5，3，2}={5，3，7，2}={2，3，5，7}。

（4）集合元素的确定性

任意事物是否属于某集合，回答是确定的，它或者是该集合的元素，或者不是该集合的元素，两者必居其一，不能模棱两可。

如【例 1.6】中，{5，7}∈{2，3，{5，7}}，但 5∉{2，3，{5，7}}。

又如，对任一实数 x，或者 x 是有理数，即 $x\in Q$，或者 x 不是有理数，即，$x\notin Q$；而不可能有 x，x 既是有理数又不是有理数。

【例 1.9】　理发师悖论。

在某城市中有一位理发师，他宣称，他为该城所有不给自己刮脸的人刮脸，并且也只给这些人刮脸。来找他刮脸的人自然都是那些不给自己刮脸的人，但是有一天，这位理发师从镜子里看见自己的胡子长了，那么他能不能给他自己刮脸呢？

设 $A=\{x\mid x$ 是不给自己刮脸的人$\}$，a 是这位理发师，则该问题的集合论表示为"$a\in A$?"由集合元素的确定性，该问题的回答只能有两种可能的结果：

（1）$a\in A$，则 a 是不给自己刮脸的人。按照他的宣称，a 就要给自己刮脸，因而 $a\notin A$；

（2）$a\notin A$，则 a 是给自己刮脸的人。按照他的宣称，a 就不能给自己刮脸，因而 $a\in A$。

由上我们可以看到，无论哪种情形，都有 $a\in A$ 和 $a\notin A$ 这两个互相矛盾的结果同时成立。这就是悖论。

上述理发师悖论是 1903 年英国数学家罗素提出来的。理发师悖论及后来发现的一些悖论动摇了集合论乃至数学的基础，导致了第三次数学危机。1908 年，德国数学家策梅洛提出的公理化集合论，成功排除了集合论中出现的悖论，从而比较圆满地解决了第三次数学危机。

1.1.2　子集与幂集

在【例 1.2】中，集合 B 中的元素 2、3、5、7 每个都是自然数集 N 的元素，我们说，集合 B 是集合 N 的子集，具体定义如下：

定义 1.1 设 X 和 Y 是两个集合，如果对任意 $x \in X$，均有 $x \in Y$，则称 X 是 Y 的子集，记作 $X \subseteq Y$ 或 $Y \supseteq X$。

集合 X 是集合 Y 的子集，可用文氏图表示，如图 1-2 所示。

【例 1.10】 如果集合 $A = \{2, 3, 5, 7\}$，集合 $B = \{2, 3\}$，集合 $C = \{3, 5, 7\}$，则 $B \subseteq A$，$C \subseteq A$，但 C 不是 B 的子集，B 也不是 C 的子集。

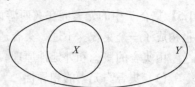

图 1-2　$X \subseteq Y$ 的文氏图表示

【例 1.11】 如果集合 $A = \{x \mid x$ 是小于 10 的自然数$\}$，集合 $B = \{2, 3, 5, 7\}$，则 $B \subseteq A$，并且 $A \subseteq \mathbf{N}$，$B \subseteq \mathbf{N}$。

【例 1.12】 对无限集 $\mathbf{N}$、$\mathbf{Z}$、$\mathbf{Q}$、$\mathbf{R}$，显然有，$\mathbf{N} \subseteq \mathbf{Z}$，$\mathbf{Z} \subseteq \mathbf{Q}$，$\mathbf{Q} \subseteq \mathbf{R}$，而且，我们还可以得出 $\mathbf{N} \subseteq \mathbf{Q}$，$\mathbf{N} \subseteq \mathbf{R}$，$\mathbf{Z} \subseteq \mathbf{R}$。

由子集定义，我们可以得出下列性质：

（1）对任意集合 X 和 Y，如果 $X \subseteq Y$ 并且 $Y \supseteq X$，则 $X = Y$。

该性质其实是外延性原理另一种形式的表述，【例 1.2】、【例 1.3】也说明了这一点，我们可用此性质证明两集合相等。

（2）任意集合 X 是它自身的子集，即，$X \subseteq X$。

该性质描述的是集合 X 的一个平凡事实，前面我们列举的所有例子都可以说明这一事实。因此，我们也说，集合 X 是它自身的一个平凡子集。

（3）对任意集合 X、Y 和 Z，如果 $X \subseteq Y$ 并且 $Y \subseteq Z$，则 $X \subseteq Z$。

该性质反映了 "$\subseteq$" 的传递性，如【例 1.11】中，$B \subseteq A$，$A \subseteq \mathbf{N}$，就有 $B \subseteq \mathbf{N}$，【例 1.12】则更好地说明了该性质。

定义 1.2 如果集合 X 和 Y 满足 $X \subseteq Y$，但 $X \neq Y$，则称 X 是 Y 的真子集，记作 $X \subset Y$。

【例 1.10】与【例 1.11】中的 "$\subseteq$" 改为 "$\subset$" 同样成立。

同理，【例 1.12】无限集 $\mathbf{N}$、$\mathbf{Z}$、$\mathbf{Q}$ 和 $\mathbf{R}$ 之间的 "$\subseteq$" 改为 "$\subset$" 也成立，即，$\mathbf{N} \subset \mathbf{Z} \subset \mathbf{Q} \subset \mathbf{R}$。

由真子集定义，我们可以得出下列性质：

（1）如果 $X \subset Y$，那么必有 $X \subseteq Y$。

这是由真子集定义直接得出的，但是由 $X \subseteq Y$ 并不一定有 $X \subset Y$，因为有可能 $X = Y$。

（2）如果 $X \subset Y$，那么一定没有 $Y \subset X$。

因为由真子集定义，$X \subset Y$ 意味着 $X \neq Y$，即，Y 中至少存在一个元素 y，$y \notin X$，因此，Y 不可能是 X 的真子集。

同理，X 也不可能是自身的真子集，因为 X 中没有不属于 X 的元素，即，关于子集的性质（2）对于真子集不成立。

（3）对任意集合 X、Y 和 Z，如果 $X \subset Y$ 并且 $Y \subset Z$，则 $X \subset Z$。即，"$\subset$" 也具有传递性。

【例 1.11】、【例 1.12】也同样说明了 "$\subset$" 的该性质。

在集合中有一个经常用到的特殊集合，它不包含任何元素，这个集合称为空集，记作 $\varnothing$。显然，$|\varnothing| = 0$。

【例 1.13】 在实数集 $\mathbf{R}$ 中，方程 $x^2 + 1 = 0$ 无解，因此它的解集为空集。

【例 1.14】 在自然数集 $\mathbf{N}$ 中，$x^2 = 2$ 无解，因此它的解集是空集。

【例 1.15】 直角坐标系中，由抛物线 $y = x^2$ 与直线 $y = x - 1$ 所包围的封闭区域中的点所构成的集合是空集。

【例 1.16】　在程序设计语言中，我们需要对各种数据进行处理，因而通常会定义一些数据类型。下面，我们来具体看一下 C 语言的整型数据类型。

在 C 语言中，整型分为短整型、基本整型和长整型，每种又分为有符号型和无符号型两类。

（1）C 标准定义的有符号短整型和有符号基本整型的最小数值范围都是从 -2^{15} 到 $2^{15}-1$，即，从 -32768 到 $+32767$，如果用 Z_{int} 表示该集合，则

$$Z_{int} = \{x \mid x \in Z \text{ 且} - 32767 \leqslant x \leqslant +32767\}$$

显然，Z_{int} 是一个有限集，并且，$Z_{int} \subseteq Z$，即，C 语言可以有效表示的有符号短整型和有符号基本整型只是无限整数集 Z 的很小一部分。

（2）C 标准定义的有符号长整型的最小数值范围是从 -2^{31} 到 $2^{31}-1$，即，从 -2147483648 到 $+2147483647$，如果用 Z_{long} 表示该集合，则

$$Z_{long} = \{x \mid x \in Z \text{ 且} -2147483648 \leqslant x \leqslant +2147483647\}$$

同样，Z_{long} 也只是无限整数集 Z 的是一个有限子集，并且，$Z_{int} \subseteq Z_{long}$，即，C 语言可以有效表示的有符号长整型也只不过是比短整型和基本整型稍大一些的整数集 Z 的一部分。

（3）C 标准定义的无符号短整型和无符号基本整型的最小数值范围都是从 0 到 $2^{16}-1$，即，从 0 到 $+65535$，如果用 Z_{uint} 表示该集合，则

$$Z_{uint} = \{x \mid x \in N \text{ 且} 0 \leqslant x \leqslant +65535\}$$

而 C 标准定义的无符号长整型的最小数值范围是从 0 到 $2^{32}-1$，即从 0 到 $+4294967295$，如果用 Z_{ulong} 表示该集合，则

$$Z_{ulong} = \{x \mid x \in N \text{ 且} 0 \leqslant x \leqslant +4294967295\}$$

显然，$Z_{uint} \subseteq Z_{ulong} \subseteq N$，即，C 语言可以有效表示的无符号短整型和无符号基本整型只是自然数集 N 的很小一部分，无符号长整型也只不过是比短整型和基本整型稍大一些的自然数集 N 的一部分。

对任意的集合 X，$\varnothing \subseteq X$。因为根据子集的定义，若 $\varnothing$ 不是 X 的子集，则至少存在 $\varnothing$ 中的一个元素不包含在 X 中，而这是不可能的，因为 $\varnothing$ 不包含任何元素。因此，$\varnothing \subseteq X$。

该性质同样也描述了集合 X 的一个平凡事实，因此，我们说，空集 $\varnothing$ 也是集合 X 的一个平凡子集。

我们需要注意的是 $\varnothing$ 与 $\{\varnothing\}$ 的关系：$\varnothing$ 不含任何元素，而 $\{\varnothing\}$ 是以 $\varnothing$ 为唯一元素的集合，$|\{\varnothing\}| = 1$，而，$|\varnothing| = 0$，因此两者并不相等，并且 $\varnothing \in \{\varnothing\}$，$\varnothing \subseteq \{\varnothing\}$。

有时，我们所讨论的所有集合都是某个集合的子集，这个集合称为全集，通常记作 U。全集在文氏图表示中，通常用矩形表示。

需要注意的是，全集是一个相对的概念，它与所讨论的范围和对象有关，这个"范围"就是讨论对象的全体。例如，如果讨论的对象是学校的学生，则学校全体学生所组成的集合就是全集；如果讨论的对象是学校图书馆的各类藏书，则图书馆的全部藏书所组成的集合就是全集；如果讨论的对象是自然数，则全集就是自然数集 N；等等。另一方面，有了这个"范围"的限制，也说明没有包含所有对象的集合存在，即没有真正意义上的全集。

显然，对讨论范围内的任意集合 X，$X \subseteq U$。因为根据子集的定义，若 X 不是 U 的子集，则至少存在 X 中的一个元素不包含在 U 中，而 U 是我们讨论对象的全体，因而这是不可能的。因此，$X \subseteq U$。

定义 1.3　对任意集合 X，由 X 的所有子集作为元素所构成的集合，称为 X 的幂集，记作

$\rho(X)$ 或 2^X。

求有限集 X 的幂集 $\rho(X)$，可以通过依次列举含有 X 中 0 个元素的子集 $\varnothing$、含有 X 中 1 个元素的子集、含有 X 中 2 个元素的子集、……、含有 X 中 $|X|-1$ 个元素的子集及 X 自身来求解。需要注意的是，求 X 的幂集时，不要忘记 X 的平凡子集 $\varnothing$ 和 X 自身。

【例 1.17】 求集合 $\{1\}$，$\{1, 2\}$ 和 $\{1, 2, 3\}$ 的幂集。

解：$\{1\}$ 的子集只有它的两个平凡子集 $\varnothing$ 和自身，因此，$\rho(\{1\}) = \{\varnothing, \{1\}\}$；

$\{1, 2\}$ 的子集除了两个平凡子集 $\varnothing$ 和自身外，还有含有 $\{1, 2\}$ 中 1 个元素的子集 $\{1\}$、$\{2\}$，因此，$\rho(\{1, 2\}) = \{\varnothing, \{1\}, \{2\}, \{1, 2\}\}$；

$\{1, 2, 3\}$ 的子集除了两个平凡子集 $\varnothing$ 和自身外，还有含有 $\{1, 2, 3\}$ 中 1 个元素的子集 $\{1\}$、$\{2\}$、$\{3\}$，含有 $\{1, 2, 3\}$ 中 2 个元素的子集 $\{1, 2\}$、$\{1, 3\}$、$\{2, 3\}$，因此，$\rho(\{1, 2, 3\})$ $= \{\varnothing, \{1\}, \{2\}, \{3\}, \{1, 2\}, \{1, 3\}, \{2, 3\}, \{1, 2, 3\}\}$。

【例 1.18】 求 $\rho(\varnothing)$，$\rho(\rho(\varnothing))$ 和 $\rho(\rho(\rho(\varnothing)))$。

解：$\varnothing$ 的子集只有 $\varnothing$，因此，$\rho(\varnothing) = \{\varnothing\}$；

$\{\varnothing\}$ 有两个子集 $\varnothing$ 和 $\{\varnothing\}$，因此，$\rho(\{\varnothing\}) = \{\varnothing, \{\varnothing\}\} = \rho(\rho(\varnothing))$；

而 $\{\varnothing, \{\varnothing\}\}$ 的子集有 $\varnothing$，$\{\varnothing\}$，$\{\{\varnothing\}\}$ 和 $\{\varnothing, \{\varnothing\}\}$，因此，$\rho(\{\varnothing, \{\varnothing\}\}) = \{\varnothing, \{\varnothing\}, \{\{\varnothing\}\}, \{\varnothing, \{\varnothing\}\}\} = \rho(\rho(\rho(\varnothing)))$。

由幂集的定义和有限集幂集的解法，我们可以得出有限集幂集的下述性质：

如果有限集 X 中元素的个数 $|X| = n$，则 $|\rho(X)| = 2^n$。

【例 1.19】 在计算机上表示有限集合的子集的二进制编码方法。

在表示一个集合时，元素的排列顺序是无关紧要的，但是为了便于在计算机上操作，有时我们给元素排定顺序，这样就可以用二进制数来编码任意集合的子集。这种表示方法称为子集的编码表示法。对于含有 n 个元素的集合 A，如果 A 的 n 个元素依次为 $a_1, a_2, \cdots, a_n$，如果我们用 A_k 表示 A 的某个子集，则该子集由 k 所对应的 n 位二进制表示所确定，如果 $a_i \in A_k$，则 k 的二进制表示第 i 位为 1，否则为 0。

例如，设 $A = \{a_1, a_2, a_3, a_4\}$，则

$A_0 = A_{0000} = \varnothing$，$A_5 = A_{0101} = \{a_2, a_4\}$，$A_8 = A_{1000} = \{a_1\}$，$A_{15} = A_{1111} = \{a_1, a_2, a_3, a_4\}$，而 $\rho(A) = \{A_k \mid 0 \leqslant k \leqslant 15\}$。

1.2　集合的运算

就像自然数可以进行加、减、乘、除等运算一样，集合作为一种数学对象，也有一些运算，借助于这些运算，我们可以由给定的集合去求解新的集合，并且这些运算具有各种各样的性质。

1.2.1　集合的交、并、补、差

定义 1.4　对于集合 X 和 Y，将 X 与 Y 的公共元素取出的运算称为 X 与 Y 的交运算，记作 $X \cap Y$，该运算的结果也是一个集合，称为 X 与 Y 的交集。

我们可以用文氏图表示集合 X 与 Y 的交集，如图 1-3 中阴影部分所示。

由交运算的定义，我们可以得出 $X \cap Y \subseteq X$ 和 $X \cap Y \subseteq Y$。

定义 1.5 对于集合 X 和 Y，将 X 与 Y 的所有元素合并的运算称为 X 与 Y 的并运算，记作 $X \cup Y$，该运算的结果也是一个集合，称为 X 与 Y 的并集。

我们可以用文氏图表示集合 X 与 Y 的并集，如图 1-4 中阴影部分所示。

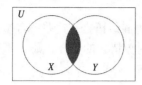

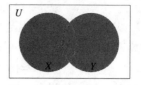

图 1-3 $X \cap Y$ 的文氏图表示 　　　　图 1-4 $X \cup Y$ 的文氏图表示

由并运算的定义，我们可以得出 $X \subseteq X \cup Y$ 和 $Y \subseteq X \cup Y$。

定义 1.6 对于集合 X，将全集 U 中不属于 X 的元素取出的运算称为 X 的补运算，记作 $\overline{X}$，该运算的结果也是一个集合，称为 X 的补集。

我们可以用文氏图表示 $\overline{X}$，如图 1-5 阴影部分所示。

定义 1.7 对于集合 X 和 Y，将所有属于 X 但不属于 Y 的元素取出的运算称为 X 与 Y 的差运算，记作 $X-Y$，该运算的结果也是一个集合，称为 X 与 Y 的差集，X 与 Y 的差集又称 Y 相对于 X 的补集。

我们可以用文氏图表示 X 与 Y 的差集，如图 1-6 阴影部分所示。

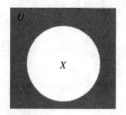

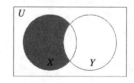

图 1-5 $\overline{X}$ 的文氏图表示 　　　　图 1-6 $X-Y$ 的文氏图表示

由差运算的定义，我们可以得出 $X-Y \subseteq X$。通过观察文氏图表示，我们还可以得出 $X-Y = X-(X \cap Y)$。

由补运算和差运算的定义，我们可以得出 $\overline{X} = U-X$。即，$\overline{X}$ 是 X 相对于 U 的补，补运算可以通过差运算导出。另一方面，通过观察文氏图表示，我们还可以得出 $X-Y = X \cap \overline{Y}$，差运算可以通过补运算和交运算导出。为避免运算间的循环导出，习惯上，我们以交、并、补运算为集合的基本运算，其他运算为导出运算。

【例 1.20】 如果全集 $U= \{0, 1, 2, 3, 4, 5, 6, 7, 8, 9\}$，集合 $A = \{2, 3, 5, 7\}$，集合 $B = \{1, 2, 3, 4\}$，则

$$A \cap B = \{2, 3\}$$
$$A \cup B = \{1, 2, 3, 4, 5, 7\}$$
$$A-B = \{5, 7\}$$
$$B-A = \{1, 4\}$$
$$\overline{A} = \{0, 1, 4, 6, 8, 9\}$$

【例 1.21】 如果全集 $U = \mathbf{N}$，集合 $O = \{x \mid x$ 是奇数$\}$，集合 $E = \{x \mid x$ 是偶数$\}$，集合 $P = \{x \mid x$ 是素数$\}$，则

$$O \cap E = \varnothing, \quad O \cup E = U$$
$$E - P = \{x \mid x \text{ 是大于 2 的偶数}\}$$
$$P - E = \{2\}$$
$$\overline{O} = E, \quad \overline{E} = O$$

【例 1.22】 从计算机语言诞生至今，已产生了几千种高级语言，这些语言按照不同的分类标准可以划分为不同的集合。例如，如果用 O 表示面向对象语言的集合，则

$$O = \{\text{Smalltalk, C++, Java, \cdots}\}$$

如果用 F 表示函数式语言的集合，则

$$F = \{\text{Lisp, ML, Haskell, \cdots}\}$$

如果用 S 表示脚本式语言的集合，则

$$S = \{\text{Perl, Python, PHP, \cdots}\}$$

则 $O \cap F$ 是面向对象的函数式语言所构成的集合，该集合的最有名的元素是 CLOS，这是一种由 Common Lisp 扩充得到的语言；而 $O \cap S$ 则是结合了面向对象特征的脚本式语言，Ruby 就是该集合的一个典型元素。

定义 1.8　对于集合 X 和 Y，将属于 X 或者属于 Y 但不同时属于 X 和 Y 的元素取出的运算称为 X 与 Y 的对称差运算，记作 $X \oplus Y$。该运算的结果也是一个集合，称为 X 与 Y 的对称差集。

可以用文氏图表示集合 X 与 Y 的对称差集，如图 1-7 中阴影部分所示。

由对称差运算的定义，可以得出 $X \oplus Y = (X \cup Y) - (X \cap Y)$。通过观察文氏图表示，还可以得出 $X \oplus Y = (X - Y) \cup (Y - X)$。因此，对称差运算可以看成是由交运算、并运算和差运算导出的运算。

1.2.2　集合运算的性质

定理 1.1　对任意集合 X 和 Y，如果 $X \subseteq Y$，则

图 1-7　$X \oplus Y$ 的文氏图表示

(1) $X \cap Y = X$；

(2) $X \cup Y = Y$；

(3) $X \cup (Y - X) = Y$；

(4) $\overline{Y} \subseteq \overline{X}$。

证明：该定理的证明是对定义的直接运用。

(1) 由交运算的定义，我们已知 $X \cap Y \subseteq X$，要证明二者相等，只需证明 $X \subseteq X \cap Y$。对任意 $a \in X$，由 $X \subseteq Y$ 可以得出 $a \in Y$，因此，$a \in X \cap Y$，即 $X \subseteq X \cap Y$。

综上，$X \cap Y = X$。

(2) 由并运算的定义，我们已知 $Y \subseteq X \cup Y$，要证明二者相等，只需证明 $X \cup Y \subseteq Y$。对任意 $a \in X \cup Y$，$a \in X$ 或者 $a \in Y$。若 $a \in X$，由 $X \subseteq Y$ 可以得出 $a \in Y$。因此，总有 $a \in Y$ 成立，即 $X \cup Y \subseteq Y$。

综上，$X \cup Y = Y$。

(3) 对任意 $a \in X \cup (Y - X)$，或者 $a \in X$，或者 $a \in Y - X$。若 $a \in X$，由 $X \subseteq Y$ 可以得出 $a \in Y$；若 $a \in Y - X$，由差运算的定义，仍可以得出 $a \in Y$。因此，$X \cup (Y - X) \subseteq Y$。

对任意 $a \in Y$，或者 $a \in X$，或者 $a \notin X$。若 $a \in X$，由并运算的定义，$a \in X \cup (Y - X)$；若

$a \notin X$ ，由差运算的定义，$a \in Y - X$ ，仍可以得出 $a \in X \cup (Y - X)$ 。因此，$Y \subseteq X \cup (Y - X)$ 。

综上，$X \cup (Y - X) = Y$ 。

（4）对任意 $a \in \overline{Y}$ ，由补集定义可以得出 $a \notin Y$ ，又由 $Y \supseteq X$ 可以得出 $a \notin X$ ，因此，$a \in \overline{X}$ 。即，$\overline{Y} \subseteq \overline{X}$ 。

集合三种基本运算交、并、补的性质我们分类列出如下：

（1）交换律

$$X \cap Y = Y \cap X$$
$$X \cup Y = Y \cup X$$

（2）结合律

$$X \cap (Y \cap Z) = (X \cap Y) \cap Z$$
$$X \cup (Y \cup Z) = (X \cup Y) \cup Z$$

（3）分配律

$$X \cap (Y \cup Z) = (X \cap Y) \cup (X \cap Z)$$
$$X \cup (Y \cap Z) = (X \cup Y) \cap (X \cup Z)$$

（4）幂等律

$$X \cap X = X$$
$$X \cup X = X$$

（5）互补律

$$X \cap \overline{X} = \varnothing$$
$$X \cup \overline{X} = U$$

（6）对合律

$$\overline{\overline{X}} = X$$

（7）同一律

$$X \cap U = X$$
$$X \cup \varnothing = X$$

（8）零一律

$$X \cup U = U$$
$$X \cap \varnothing = \varnothing$$

（9）吸收律

$$X \cup (X \cap Y) = X$$
$$X \cap (X \cup Y) = X$$

（10）德·摩根（De Morgan）律

$$\overline{X \cap Y} = \overline{X} \cup \overline{Y}$$
$$\overline{X \cup Y} = \overline{X} \cap \overline{Y}$$

【例 1.23】 证明结合律中的 $X \cap (Y \cap Z) = (X \cap Y) \cap Z$ 。

证明：利用定义直接证明。对任意 x ，

$x \in X \cap (Y \cap Z)$	当且仅当
$x \in X$ 并且 $x \in Y \cap Z$	当且仅当
$x \in X$ 并且 $x \in Y$ 并且 $x \in Z$	当且仅当

$$x \in X \cap Y \text{ 并且 } x \in Z \qquad\qquad \text{当且仅当}$$
$$x \in (X \cap Y) \cap Z$$

综上，$X \cap (Y \cap Z) = (X \cap Y) \cap Z$。

【例 1.24】 证明吸收律中的 $X \cup (X \cap Y) = X$。

证明一：利用定义直接证明。

由并运算的定义，我们已知 $X \subseteq X \cup (X \cap Y)$，要证明二者相等，只需证明 $X \cup (X \cap Y) \subseteq X$。

对任意 $x \in X \cup (X \cap Y)$，$x \in X$ 或者 $x \in X \cap Y$，而由交的定义，$x \in X \cap Y$ 可以得出 $x \in X$，所以必有 $x \in X$。即，$X \cup (X \cap Y) \subseteq X$。

综上，$X \cup (X \cap Y) = X$。

证明二：如果已经证明了分配律和同一律，该性质的证明可以更简单。

$$
\begin{aligned}
X \cup (X \cap Y) &= (X \cap U) \cup (X \cap Y) &&\text{（同一律 } X \cap U = X\text{）}\\
&= X \cap (U \cup Y) &&\text{（分配律 } (X \cap Y) \cup (X \cap Z) = X \cap (Y \cup Z)\text{）}\\
&= X \cap U &&\text{（同一律 } X \cup U = U\text{）}\\
&= X &&\text{（同一律 } X \cap U = X\text{）}
\end{aligned}
$$

【例 1.25】 证明德·摩根律中的 $\overline{X \cup Y} = \overline{X} \cap \overline{Y}$。

证明：利用定义直接证明。对任意 x，

$$
\begin{aligned}
&x \in \overline{X \cup Y} &&\text{当且仅当}\\
&x \notin X \cup Y &&\text{当且仅当}\\
&x \notin X \text{ 并且 } x \notin Y &&\text{当且仅当}\\
&x \in \overline{X} \text{ 并且 } x \in \overline{Y} &&\text{当且仅当}\\
&x \in \overline{X} \cap \overline{Y}
\end{aligned}
$$

即，$\overline{X \cup Y}$ 与 $\overline{X} \cap \overline{Y}$ 包含相同的元素，因此 $\overline{X \cup Y} = \overline{X} \cap \overline{Y}$。

【例 1.26】 证明对称差运算的下述性质：$X \oplus U = \overline{X}$ 和 $X \oplus \overline{X} = U$。

证明：根据对称差运算的定义和集合基本运算的性质证明。

$$X \oplus U = (X - U) \cup (U - X) = \varnothing \cup \overline{X} = \overline{X}$$
$$X \oplus \overline{X} = (X - \overline{X}) \cup (\overline{X} - X) = X \cup \overline{X} = U$$

*1.3 容斥原理

集合的运算，可用于有限集元素个数的统计，容斥原理在这方面有着广泛的应用。

对于有限集 X 和 Y，如果 $X \subseteq Y$，则 $|X| \leqslant |Y|$。因此，由 $X \cap Y \subseteq X$ 可以得出 $|X \cap Y| \leqslant |Y|$，同理，由 $X \subseteq X \cup Y$ 可以得出 $|X| \leqslant |X \cup Y|$，并且，我们还可以得出 $|X \cup Y| \leqslant |X| + |Y|$。这些都可以通过文氏图得以说明，但是要精确表示集合 X、Y 和 $X \cap Y$、$X \cup Y$ 中元素个数的关系，就需要用到容斥原理。

容斥原理 1　对于有限集 X 和 Y，$|X \cup Y| = |X| + |Y| - |X \cap Y|$。

容斥原理 1 的文氏图表示如图 1-8 所示，图中全集 U 被分成两两不交的 4 个子集 S_1、S_2、S_3 和 S_4，其中 $X = S_1 \cup S_2$，$Y = S_2 \cup S_3$，$X \cap Y = S_2$，$X \cup Y = S_1 \cup S_2 \cup S_3$，由于 S_1、S_2、S_3、S_4 两两不交，因此可以得出

$$|X \cup Y|$$
$$= |S_1 \cup S_2 \cup S_3|$$
$$= |S_1| + |S_2| + |S_3|$$
$$= (|S_1| + |S_2|) + (|S_2| + |S_3|) - |S_2|$$
$$= |X| + |Y| - |X \cap Y|$$

容斥原理 2　对于有限集 X、Y 和 Z，$|X \cup Y \cup Z| = |X| + |Y| + |Z| - |X \cap Y| - |X \cap Z| - |Y \cap Z| + |X \cap Y \cap Z|$。

容斥原理 2 的文氏图表示如图 1-9 所示，图中全集 U 被分成两两不交的 8 个子集 S_1、S_2、S_3、$\cdots$、S_8，其中 $X = S_1 \cup S_4 \cup S_5 \cup S_7$，$Y = S_2 \cup S_4 \cup S_6 \cup S_7$，$Z = S_3 \cup S_5 \cup S_6 \cup S_7$，$X \cap Y = S_4 \cup S_7$，$X \cap Z = S_5 \cup S_7$，$Y \cap Z = S_6 \cup S_7$，$X \cap Y \cap Z = S_7$，$X \cup Y \cup Z = S_1 \cup S_2 \cup S_3 \cup S_4 \cup S_5 \cup S_6 \cup S_7$，由于 S_1、S_2、S_3、$\cdots$、S_8 两两不交，因此可以得出

$$|X \cup Y \cup Z|$$
$$= |S_1 \cup S_2 \cup S_3 \cup S_4 \cup S_5 \cup S_6 \cup S_7|$$
$$= |S_1| + |S_2| + |S_3| + |S_4| + |S_5| + |S_6| + |S_7|$$
$$= (|S_1| + |S_4| + |S_5| + |S_7|) + (|S_2| + |S_4| + |S_6| + |S_7|) + (|S_3| + |S_5| + |S_6| + |S_7|) -$$
$$\quad (|S_4| + |S_7|) - (|S_5| + |S_7|) - (|S_6| + |S_7|) + |S_7|$$
$$= |X| + |Y| + |Z| - |X \cap Y| - |X \cap Z| - |Y \cap Z| + |X \cap Y \cap Z|$$

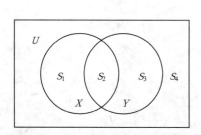

图 1-8　容斥原理 1 的文氏图表示

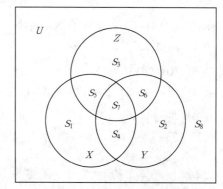

图 1-9　容斥原理 2 的文氏图表示

我们可以将上述两个、三个有限集的情况推广到 n 个有限集，从而得出容斥原理的一般情况。

容斥原理的一般形式　对于有限集 X_1，X_2，$\cdots$，X_n，

$$|X_1 \cup X_2 \cup \cdots \cup X_n| = \sum_{i=1}^{n} |X_i| - \sum_{1 \leqslant i < j \leqslant n} |X_i \cap X_j| + \sum_{1 \leqslant i < j < k \leqslant n} |X_i \cap X_j \cap X_k| + \cdots +$$
$$(-1)^n |X_1 \cap X_2 \cap \cdots \cap X_n|$$

【例 1.27】　数论中的欧拉函数 $\phi(n)$ 表示小于 n 并与 n 互素的正整数的个数，该函数可以利用容斥原理进行计算。计算 $\phi(100)$。

解：令全集 $U = \{x \mid 1 \leqslant x \leqslant 100\}$。

设集合 $C = \{x \mid x$ 与 100 有公因子 $\}$，则 $\phi(100) = |\overline{C}| = |U - C|$。

由于 $100 = 2^2 \times 5^5$，因此与 100 有公因子的数必然是 2 的倍数，或者是 5 的倍数。令 $A = \{x \mid$

$1 \leqslant x < 100$ 并且 x 是 2 的倍数 $\}$，$B = \{x \mid 1 \leqslant x < 100$ 并且 x 是 5 的倍数 $\}$，则 $A = \{2, 4, \cdots, 98\}$，$|A| = 49$，$B = \{5, 10, 95\}$，$|B| = 19$。

而 $A \cap B = \{x \mid 1 \leqslant x < 100$ 并且 x 是 10 的倍数 $\} = \{10, 20, \cdots, 90\}$，$|A \cap B| = 9$。

综上，$\phi(100) = |U| - |A \cup B| = 99 - 49 - 19 + 9 = 40$。

【例 1.28】 某高校计算机系对本系三年级 100 名学生开设了 C++、C#和 Java 三种编程语言的选修课，已知选修 C++、C#和 Java 的人数分别为 43 人、59 人和 52 人。其中同时选修 C++和 C#的有 25 人，同时选修 C++和 Java 的有 23 人，同时选修 C#和 Java 的有 37 人，同时选修三种语言的有 14 人，问三种语言都未选修的有多少人？只选修 C++语言的有多少人？

解：令全集 U 表示该校计算机系三年级的这 100 名学生，集合 $A = \{x \mid x$ 选修 C++$\}$，集合 $B = \{x \mid x$ 选修 C#$\}$，集合 $C = \{x \mid x$ 选修 Java$\}$，则 $A \cap B = \{x \mid x$ 同时选修 C++和 C#$\}$，$A \cap C = \{x \mid x$ 同时选修 C++和 Java$\}$，$B \cap C = \{x \mid x$ 同时选修 C#和 Java$\}$，$A \cap B \cap C = \{x \mid x$ 同时选修三种语言$\}$，则三种语言都未选修的学生所对应的集合是 $\overline{A \cup B \cup C}$，只选修 C++的学生所对应的集合是 $A - ((A \cap B) \cup (A \cap C))$，因此该题即求 $|\overline{A \cup B \cup C}|$ 和 $|A - ((A \cap B) \cup (A \cap C))|$。

$$|\overline{A \cup B \cup C}|$$
$$= |U| - |A \cup B \cup C|$$
$$= |U| - (|A| + |B| + |C| - |A \cap B| - |A \cap C| - |B \cap C| + |A \cap B \cap C|)$$
$$= 100 - (43 + 59 + 52 - 25 - 23 - 37 + 14)$$
$$= 17$$

由于 $(A \cap B) \cup (A \cap C)$ 是 A 的子集，因此

$$|A - ((A \cap B) \cup (A \cap C))|$$
$$= |A| - |(A \cap B) \cup (A \cap C)|$$
$$= |A| - (|A \cap B| + |A \cap C| - |(A \cap B) \cap (A \cap C)|)$$
$$= |A| - (|A \cap B| + |A \cap C| - |A \cap B \cap C|)$$
$$= 43 - (25 + 23 - 14)$$
$$= 9$$

【例 1.29】 一个字节的 bit 串中，有多少个不包含 5 个连续的 0？

解：由于 1 个字节含 8 个 bit，令全集 $U = \{x \mid x$ 是长度为 8 的 bit 串$\}$，则 $|U| = 2^8 = 256$。

如果 bit 串 x 中出现了 5 个连续的 0，可能表现为以下四种形式：第 1~5 个 bit 为 0，第 2~6 个 bit 为 0，第 3~7 个 bit 为 0，第 4~8 个 bit 为 0。令

集合 $A = \{x \mid x$ 的第 1~5 个 bit 为 0$\}$

集合 $B = \{x \mid x$ 的第 2~6 个 bit 为 0$\}$

集合 $C = \{x \mid x$ 的第 3~7 个 bit 为 0$\}$

集合 $D = \{x \mid x$ 的第 4~8 个 bit 为 0$\}$

该题即求 $|\overline{A \cup B \cup C \cup D}|$。显然，

$A \cap B = \{x \mid x$ 的第 1~6 个 bit 为 0$\}$

$B \cap C = \{x \mid x$ 的第 2~7 个 bit 为 0$\}$

$C \cap D = \{x \mid x$ 的第 3~8 个 bit 为 0$\}$

$A \cap C = A \cap B \cap C = \{x \mid x$ 的第 1~7 个 bit 为 0$\}$

$B \cap D = B \cap C \cap D = \{ x \mid x$ 的第 $2 \sim 8$ 个 bit 为 $0 \}$

$A \cap D = A \cap B \cap D = A \cap C \cap D = A \cap B \cap C \cap D = \{ x \mid x$ 的 8 个 bit 全为 $0 \}$

对于集合 A、B、C、D 并未指定其余三个 bit，它们可以各自独立的为 0 或 1，因此，$|A| = |B| = |C| = |D| = 8$；同理，集合 $A \cap B$、$B \cap C$、$C \cap D$ 并未指定其余两个 bit，因此，$|A \cap B| = |B \cap C| = |C \cap D| = 4$；集合 $A \cap C$ 和 $B \cap D$ 并未指定另外一个 bit，因此，$|A \cap C| = |B \cap D| = |A \cap B \cap C| = |B \cap C \cap D| = 2$；集合 $A \cap D$ 中只有一个元素 00000000，因此，$|A \cap D| = |A \cap B \cap D| = |A \cap C \cap D| = |A \cap B \cap C \cap D| = 1$。综上，

$$\overline{|A \cup B \cup C \cup D|}$$

$$= |U| - |A \cup B \cup C \cup D|$$

$$= |U| - (|A| + |B| + |C| + |D| - |A \cap B| - |A \cap C| - |A \cap D| - |B \cap C| - |B \cap D| - |C \cap D| + |A \cap B \cap C| + |A \cap B \cap D| + |A \cap C \cap D| + |B \cap C \cap D| - |A \cap B \cap C \cap D|)$$

$$= 256 - (8 + 8 + 8 + 8 - 4 - 2 - 1 - 4 - 2 - 4 + 2 + 1 + 1 + 2 - 1)$$

$$= 236$$

本 章 小 结

本章从集合的基本概念出发，主要介绍了集合的表示方法和运算，在此基础上，介绍了用于有限集计数的容斥原理。

集合的基本概念包括集合及其元素的概念、集合的枚举法和描述法表示、集合的外延性原理、集合概念的基本性质、子集的定义与性质、幂集的定义与性质。

集合的运算主要包括交、并、补、差、对称差等，通常以交、并、补运算为集合的基本运算，因为，其他运算都可以由这三种运算导出。集合的这些运算具有多种性质，分别满足交换律、结合律、分配律等诸多运算定律。

容斥原理可以用于多个有限集在交、并等运算下元素个数的计数，容斥原理在日常生活和计算机科学中都有广泛的应用。

习 题 一

1．用枚举法表示下列集合。

（1）中国的所有自治区；

（2）方程 $x^4 - 1 = 0$ 的所有复数解；

（3）英语字母中的元音字母；

（4）与 60 互素的所有正整数。

2．用描述法表示下列集合。

（1）$\{2, 3, 5, 7, 11, 13, 17, 19\}$；

（2）$\{1, 4, 9, 16, 25, 36, 49, 64, 81\}$。

3．判断下列表述是否正确。

（1）$\{1, 1, 1\} \in \{1, \{1, \{1\}\}\}$；

（2）$\{1, 1, 1\} \subseteq \{1, \{1, \{1\}\}\}$；

(3) $\{1, 2, 3\} \in \{\{1, 2, 3\}\}$；

(4) $\{1, 2, 3\} \subseteq \{\{1, 2, 3\}\}$；

(5) $\{1, 2, 3\} \in \{\{1\}, \{2\}, \{3\}\}$；

(6) $\{1, 2, 3\} \subseteq \{\{1\}, \{2\}, \{3\}\}$；

(7) $\varnothing \in \{\{\varnothing, \{\varnothing\}\}\}$；

(8) $\varnothing \subseteq \{\{\varnothing, \{\varnothing\}\}\}$；

(9) $\{\varnothing\} \in \{\{\varnothing, \{\varnothing\}\}\}$；

(10) $\{\varnothing\} \subseteq \{\{\varnothing, \{\varnothing\}\}\}$；

(11) $\{\{\varnothing\}\} \in \{\{\varnothing, \{\varnothing\}\}\}$；

(12) $\{\{\varnothing\}\} \subseteq \{\{\varnothing, \{\varnothing\}\}\}$。

4．举出集合 A、B、C 的实例，使下列表述成立。

(1) $A \in B$，$B \in C$，$A \in C$；

(2) $A \in B$，$B \in C$，$A \subseteq C$；

(3) $A \in B$，$B \subseteq C$，$A \subseteq C$；

(4) $A \subseteq B$，$B \in C$，$A \in C$；

(5) $A \subseteq B$，$B \in C$，$A \subseteq C$；

(6) $A \subseteq B$，$B \subseteq C$，$A \in C$。

5．举出集合 A、B、C 的实例，使第 4 题的表述不成立。

6．求下列集合的幂集。

(1) $\{\{\varnothing\}\}$；

(2) $\{\varnothing, \{\varnothing\}, \{\{\varnothing\}\}\}$；

(3) $\{\varnothing, \{\varnothing\}, \{\varnothing, \{\varnothing\}\}\}$；

(4) $\{\varnothing, \{\varnothing\}, \{\{\varnothing\}\}, \{\varnothing, \{\varnothing\}\}\}$；

(5) $\{0, \{1, \{2\}\}\}$。

7．已知 $A \subseteq B$，证明 $\rho(A) \subseteq \rho(B)$。

8．已知集合全集 $U = \{x \mid 1 \leqslant x < 30\}$，$A = \{x \mid x$ 是偶数$\}$，$B = \{x \mid x$ 是奇数$\}$，$C = \{x \mid x$ 是 3 的倍数$\}$，$D = \{x \mid x$ 是完全平方数$\}$，求下列集合。

(1) $A \cap B$；

(2) $C \cap D$；

(3) $A \cup B$；

(4) $\overline{A}$；

(5) $A - C$；

(6) $C \oplus D$；

(7) $B \cap (C \cup D)$；

(8) $\overline{C} \cap \overline{B \cup D}$。

9．对集合 A、B、C，画出下列集合运算的文氏图。

(1) $(A \cap B) \cup C$；

(2) $\overline{A} \cap \overline{B} \cap \overline{C}$；

(3) $(A \oplus B) \oplus C$；

(4) $(A - B) \cup (B - C) \cup (C - A)$。

10．利用集合运算的性质，化简下列集合表达式。

（1） $(A-B)\cap(B-A)$ ；

（2） $((A\cup B)\cap B)-(A\cup B)$ ；

（3） $(A\cup(B-A))-B$ ；

（4） $(A\cap B\cap C)\cup(A\cap\overline{B}\cap\overline{C})\cup(\overline{A}\cap B\cap C)\cup(\overline{A}\cap B\cap\overline{C})$ 。

11．对集合 A 、 B 、 C ，证明下列集合恒等式。

（1） $(A-B)-C=(A-C)-(B-C)$ ；

（2） $(A\cup B)\cap(\overline{A}\cup C)=(\overline{A}\cap B)\cup(A\cap C)$ ；

（3） $(A\oplus B)\cap C=(A\cap C)\oplus(B\cap C)$ ；

（4） $(A\oplus B)\oplus C=A\oplus(B\oplus C)$ 。

12．如果集合 $A=\{a_1, a_2, a_3, a_4, a_5, a_6\}$ ，

（1）试用二进制编码表示下列子集。

$\{a_1, a_3, a_5\}$ ， $\{a_1, a_2, a_3, a_6\}$ ， $\{a_3, a_4, a_5, a_6\}$ ， $\{a_2, a_6\}$ 。

（2）试求下列二进制编码表示的子集。

A_7 ， A_{31} ， A_{45} ， A_{56} 。

13．某大学的毕业生中有 50%报考了公务员，20%报考了研究生，10%的毕业生同时报考了公务员和研究生，问两者都没有报考的有多少人？

14．某班级有 30 名学生，可供他们选修的第二外语是日语、法语、德语。已知有 15 人选修日语，13 人选修法语，10 人选修德语，6 人同时选修日语和法语，5 人同时选修日语和德语，4 人同时选修法语和德语，并且有 2 人同时选修三门外语，问一门也没有选修的有多少人？

15．某班级有 30 名学生，会打篮球的有 16 人，会踢足球的有 9 人，会打排球的有 6 人，其中有 2 人同时会三种球，问至少有多少人什么球也不会玩？会两种球的有多少人？

16．在 1～1000 的整数中（包括 1 和 1000），仅能被 5、6、8 中的一个数整除的有多少？能被 5 和 6 整除但不能被 8 整除的有多少个？

17．求 $\phi(120)$ 和 $\phi(210)$ 。

第2章 关　系

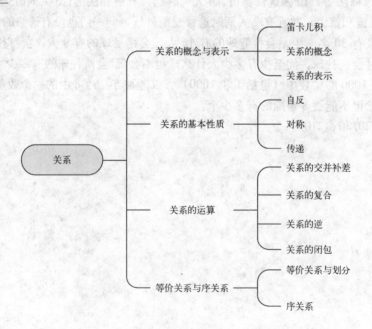

本章导读

本章主要介绍关系的基本概念及其表示，二元关系的基本性质，二元关系的运算，以及两类应用广泛的特殊关系——等价关系和序关系。

本章内容要点：

- 关系的概念与表示；
- 关系的基本性质；
- 关系的各种运算；
- 等价关系与序关系。

内容结构

```
                                        ┌── 笛卡儿积
                      关系的概念与表示 ──┼── 关系的概念
                                        └── 关系的表示

                                        ┌── 自反
                      关系的基本性质 ────┼── 对称
                                        └── 传递
        关系 ─────────┤
                                        ┌── 关系的交并补差
                                        ├── 关系的复合
                      关系的运算 ────────┼── 关系的逆
                                        └── 关系的闭包

                                        ┌── 等价关系与划分
                      等价关系与序关系 ──┴── 序关系
```

学习目标

本章内容的重点是二元关系，着重介绍二元关系的性质和运算及特殊的二元关系。通过学习，学生应该能够：

- 理解二元关系的定义，熟练掌握二元关系的各种表示方法；
- 深入理解关系的基本性质，能根据关系的表示判断关系具有的性质，并能根据定义证明关系具有的性质；
- 熟练掌握关系的各种运算，特别是关系的复合与逆运算，会求关系的自反、对称和传递闭包；
- 理解等价关系和序关系，能根据定义证明一个关系是等价关系或偏序关系，能熟练确定等价关系的各等价类和偏序集的各特殊元素。

2.1　关系的概念与表示

关系，是一种特殊的集合，其元素由一组有序的、相关的事物组合构成。作为集合论中的基本概念，关系有多种表示方法。

2.1.1　笛卡儿积

日常生活中的很多事物之间都有关系，例如雇员与其公司是"雇佣"的关系，学生与其选修课程是"选修"关系，人与人之间的关系就更多了，诸如"双亲子女"关系、"祖先子孙"关系、"亲戚"关系、"朋友"关系等，整数之间也有"小于"关系、"等于"关系、"整除"关系、"同余"关系等多种关系……

这些关系的一个重要属性就是，满足关系的诸事物之间需要一个固定的顺序，不能随意颠倒。例如，我们只能说，"张三选修了计算机图形学"，但是反过来说"计算机图形学选修了张三"就是荒唐的；又如，"$3 < 7$"是一个正确的自然数间的关系，而"$7 < 3$"则是错误的。由于集合是无序的，我们需要其他的概念表示有序的事物。

1．序偶

我们将两个有顺序的元素的组合，称为序偶，其定义如下：

定义 2.1　由两个元素 a 和 b 按照一定顺序组成的有序序列称为有序二元组，简称序偶，记作 $<a, b>$。其中 a 称为序偶的第一元素，b 称为序偶的第二元素。

【例 2.1】　平面直角坐标系中点的坐标 $<x, y>$ 就是一种序偶。

【例 2.2】　每个人及其掌握的语言 $<$姓名，语言$>$ 也构成了一种序偶。

【例 2.3】　每个国家及其首都 $<$国家名，首都$>$ 也构成了一种序偶。

需要注意的是，序偶 $<a, b>$ 与组成它的两个元素构成的集合 $\{a, b\}$ 有以下不同：

（1）集合中的元素满足无序性，因此，$\{a, b\}=\{b, a\}$；而序偶中两个元素的顺序至关重要，当 $a \neq b$ 时，$<a, b> \neq <b, a>$。例如，平面上的点 $<2, 3>$ 和点 $<3, 2>$ 明显是两个不同的点。

（2）集合中的元素满足相异性，因此，当 $a=b$ 时，$\{a, b\}=\{a\}$；而 $<a, a>$ 是第一元素和第二元素都是 a 的一个序偶。例如，平面上的点 $<2, 2>$ 中的两个 2 分别表示横坐标和纵坐标，二者缺一不可。

因此，$<a, b>=<c, d>$ 的充分必要条件是 $a=c$ 并且 $b=d$。

2．有序 n 元组

序偶的概念可以进一步推广到有序 n 元组的情况。

定义 2.2 由 n 个元素 a_1、a_2、$\cdots$、a_n 按照一定顺序组成的有序序列称为有序 n 元组，记作 $<a_1, a_2, \cdots, a_n>$。其中 a_i（$1 \leqslant i \leqslant n$）称为有序 n 元组的第 i 元素。

【例 2.4】 三维空间直角坐标系中点的坐标 $<x, y, z>$ 就是一种有序三元组。

【例 2.5】 公历中的日期可以由 $<$年，月，日$>$ 有序三元组表示。

【例 2.6】 大学生的学号通常由该生所在学院、系、专业、入学年份、班级以及班内序号等六部分构成，可以用有序六元组 $<$学院，系，专业，入学年份，班级，班内序号$>$ 表示。

与序偶类似，$<a_1, a_2, \cdots, a_n> = <b_1, b_2, \cdots, b_n>$ 的充分必要条件是 $a_i = b_i$（$1 \leqslant i \leqslant n$）。

3. 笛卡儿积

定义 2.3 对于集合 A 和 B，由 A 中的元素作为第一元素、B 中的元素作为第二元素形成所有可能序偶的运算，称为 A 与 B 的笛卡儿乘，记作 $A \times B$，该运算的结果是一个集合，称为 A 与 B 的笛卡儿积，即

$$A \times B = \{<a, b> | a \in A \text{ 并且 } b \in B\}$$

一个集合 A 与其自身的笛卡儿乘 $A \times A$ 可以简写为 A^2。

【例 2.7】 平面直角坐标系中所有点的集合其实就是实数集 R 与自身的笛卡儿积

$$R \times R = R^2 = \{<x, y> | x, y \in R\}$$

【例 2.8】 如果集合 A 表示某大学的所有学生，集合 B 表示该大学开设的所有课程，则 A 与 B 的笛卡儿积 $A \times B$ 表示学生选修课程的所有可能情况。

【例 2.9】 已知集合 $A = \{a, b\}$，集合 $B = \{1, 2, 3\}$，求 $A \times B$，$B \times A$，A^2，$A \times \varnothing$，$(A \times B) \times A$，$A \times (B \times A)$。

解： $A \times B = \{<a, 1>, <a, 2>, <a, 3>, <b, 1>, <b, 2>, <b, 3>\}$

$B \times A = \{<1, a>, <1, b>, <2, a>, <2, b>, <3, a>, <3, b>\}$

$A^2 = \{<a, a>, <a, b>, <b, a>, <b, b>\}$

由于 $\varnothing$ 中没有元素能和 A 中元素组成序偶，因此，$A \times \varnothing = \varnothing$

$(A \times B) \times A = \{<<a, 1>, a>, <<a, 1>, b>, <<a, 2>, a>, <<a, 2>, b>,$

$<<a, 3>, a>, <<a, 3>, b>, <<b, 1>, a>, <<b, 1>, b>,$

$<<b, 2>, a>, <<b, 2>, b>, <<b, 3>, a>, <<b, 3>, b>\}$

$A \times (B \times A) = \{<a, <1, a>>, <a, <1, b>>, <a, <2, a>>, <a, <2, b>>,$

$<a, <3, a>>, <a, <3, b>>, <b, <1, a>>, <b, <1, b>>,$

$<b, <2, a>>, <b, <2, b>>, <b, <3, a>>, <b, <3, b>>\}$

在【例 2.9】中，我们发现 $A \times B \neq B \times A$，$(A \times B) \times A \neq A \times (B \times A)$，$|A \times B| = |A| \times |B|$。

集合的笛卡儿乘满足下述性质：

（1）对任意集合 A、B，一般来说，$A \times B \neq B \times A$，即，笛卡儿乘不满足交换律；

（2）对任意集合 A、B、C，一般来说，$(A \times B) \times C \neq A \times (B \times C)$，即，笛卡儿乘不满足结合律；

（3）对任意集合 A、B，则 $|A \times B| = |A| \times |B|$。因此，$A \times \varnothing = \varnothing = \varnothing \times A$。

定理 2.1 对任意集合 A，B 和 C，有

（1）$A \times (B \cup C) = (A \times B) \cup (A \times C)$

（2）$A \times (B \cap C) = (A \times B) \cap (A \times C)$

（3）$(A \cup B) \times C = (A \times C) \cup (B \times C)$

（4）$(A \cap B) \times C = (A \times C) \cap (B \times C)$

证明：该定理中四个等式左右两侧均是集合，由外延性原理，要证明左右两侧集合相等，需要根据交、并、笛卡儿乘运算的定义，证明左侧集合的元素在右侧集合中，同时，右侧集合的元素也在左侧集合中。

(1) 对任意 $<x, y> \in A \times (B \cup C)$，由笛卡儿乘运算的定义，$x \in A$ 并且 $y \in B \cup C$。而 $y \in B \cup C$ 意味着 $y \in B$ 或者 $y \in C$。因此，$x \in A$ 并且 $y \in B$，或者，$x \in A$ 并且 $y \in C$。从而，$<x, y> \in A \times B$ 或者 $<x, y> \in A \times C$。即，$<x, y> \in (A \times B) \cup (A \times C)$。

另一方面，对任意 $<x, y> \in (A \times B) \cup (A \times C)$，由并运算的定义，$<x, y> \in A \times B$ 或者 $<x, y> \in A \times C$。$<x, y> \in A \times B$ 意味着 $x \in A$ 并且 $y \in B$；$<x, y> \in A \times C$ 意味着 $x \in A$ 并且 $y \in C$。因此，$x \in A$ 并且 $y \in C$。即，$<x, y> \in A \times (B \cup C)$。

(2)、(3)、(4)的证明可仿照(1)进行，在此不再详述。

定理 2.2　对任意集合 A，B，C 和 D，如果 $A \subseteq B$ 且 $C \subseteq D$，则

$$A \times C \subseteq B \times D$$

证明：该定理的证明根据子集和笛卡儿乘运算的定义进行。

对任意 $<x, y> \in A \times C$，由笛卡儿乘运算的定义，$x \in A$ 并且 $y \in C$。而 $A \subseteq B$ 且 $C \subseteq D$，因此，$x \in B$ 且 $y \in D$。这意味着，$<x, y> \in B \times D$。因此，$A \times C \subseteq B \times D$。

定义 2.3　用序偶定义了集合 A 与 B 的笛卡儿积，有序 n 元组是对序偶的推广，n 阶笛卡儿积是对笛卡儿积的推广。

定义 2.4　对于集合 A_1、A_2、$\cdots$、A_n，由 A_1 中元素作为第一元素、A_2 中元素作为第二元素、$\cdots$、A_n 中元素作为第 n 元素，形成所有可能的有序 n 元组的过程，称为集合 A_1、A_2、$\cdots$、A_n 的 n 阶笛卡儿乘，记作 $A_1 \times A_2 \times \cdots \times A_n$，该运算的结果是一个集合，称为 A_1、A_2、$\cdots$、A_n 的 n 阶笛卡儿积，即

$$A_1 \times A_2 \times \cdots \times A_n = \{<a_1, a_2, \cdots, a_n> \mid a_i \in A_i, \ 1 \leqslant i \leqslant n\}$$

当 $A_1 = A_2 = \cdots = A_n = A$ 时，它们的 n 阶笛卡儿乘可以简写为 A^n。

【例 2.10】　三维空间直角坐标系中所有点的集合其实就是实数集 R 与自身的三阶笛卡儿积

$$R \times R \times R = R^3 = \{<x, y, z> \mid x, y, z \in R\}$$

【例 2.11】　如果集合 $H = \{0, 1, 2, \cdots, 23\}$，集合 $M = \{0, 1, 2, \cdots, 59\}$，集合 $S = \{0, 1, 2, \cdots, 59\}$，则 $H \times M \times S$ 表示了我们每天的时间。

类似集合笛卡儿乘的性质（4），对任意集合 A_1、A_2、$\cdots$、A_n 的 n 阶笛卡儿乘满足性质

$$|A_1 \times A_2 \times \cdots \times A_n| = |A_1| \times |A_2| \times \cdots \times |A_n|$$

2.1.2　关系的概念

在【例 2.8】中，$A \times B$ 表示的学生选修课程的所有可能情况，但是实际情况是，学生由于所属专业不同，不可能选修所有开设的课程。例如，计算机系学生张三选修了计算机图形学，没有选修机械零件，机械系学生王五同时选修了计算机图形学和机械零件。如果学生与课程之间有一个实际的"选修"关系，则该关系是由第一元素为学生名、第二元素为课程名组合而成的序偶为元素构成的集合，若该集合记作 R，则<张三，计算机图形学>$\in R$，<王五，计算机图形学>$\in R$，<王五，机械零件>$\in R$，而<张三，机械零件>$\notin R$，显然，$R \subseteq A \times B$。

定义 2.5　对于集合 A 和 B，A 与 B 的笛卡儿积 $A \times B$ 的任意一个子集 R 称为集合 A 到集合 B 的一个二元关系，即 $R \subseteq A \times B$。若序偶<a, b>$\in R$，则称 a 与 b 有关系 R，记作 aRb；若序偶

<a, b>$\notin R$，则称 a 与 b 没有关系 R，记作 $a\cancel{R}b$。特别地，当 $A=B$ 时，R 称为 A 上的二元关系，这时 $R \subseteq A^2$。

【例 2.12】 对于实数集 R，序偶的集合{<a, b>|a, $b \in$ R 且 $a<b$}是一个 R 上的"小于"关系，记作"$<$"。显然，<3, 7>$\in <$，而<7, 3>$\notin <$。

同样的，我们可以将二元关系的概念加以推广，得到 n 元关系。

定义 2.6 对于集合 A_1、A_2、$\cdots$、A_n，A_1、A_2、$\cdots$、A_n 的 n 阶笛卡儿积 $A_1 \times A_2 \times \cdots \times A_n$ 的任意一个子集 R 称为 A_1、A_2、$\cdots$、A_n 上的一个 n 元关系。如果 $A_1=A_2=\cdots=A_n=A$，称 R 为 A 上的 n 元关系。

【例 2.13】 有序三元组的集合 $R=${<a, b, c>|a, b, $c \in$ Z 且 $a+b=c$}，显然，<1, 3, 4>$\in R$，而<1, 4, 3>$\notin R$，R 是一个 Z 上的三元关系。

【例 2.14】 火车票上信息一般由七部分构成：车次，车厢号，座位号，出发车站，到达车站，开车时间，票价。因此，<T104，3，4 下，上海，北京，2010 年 3 月 21 日 21:58，327>描述了一张从上海到北京的合法车票。显然，所有车票的集合构成了一个七元关系。

【例 2.15】 n 元关系可以用于表示计算机数据库。现代数据库系统绝大多数采用关系数据库，在关系数据库的关系数据模型中，现实世界中的实体以及实体间的各种联系均是以关系来表示的，其具体形式就是数据库中的各种表。某高校教学管理系统的后台数据库中有张 MTS 表，如表 3-1 所示。

表 3-1 MTS 表

专 业	导 师	研 究 生
计算机	李清	刘超
计算机	李清	王燕
自动化	冯强	马鸣

该表描述的是专业、导师和研究生的联系：一个专业有若干名导师，一个导师可以指导若干名研究生。如果以 M 表示专业的集合，T 表示导师的集合，S 表示研究生的集合，则专业、导师和研究生的联系是 $M \times T \times S$ 的一个子集，因而这是一个三元关系。若也称此关系为 MTS，则 MTS 表中每一行对应了 MTS 关系中的一个有序三元组。因此，表 3-1 表示，刘超和王燕是计算机专业李清老师的研究生，马鸣是自动化专业冯强老师的研究生，对应的有序三元组为<计算机，李清，刘超>，<计算机，王燕，刘超>，<自动化，马鸣，冯强>。

关系中，最常用的是二元关系，因此，本书后文中如果没有特别指出，所讲的关系均指二元关系。

定义 2.7 对集合 A 到集合 B 的关系 R，A 称为关系 R 的前域，B 称为关系 R 的陪域。集合 $\{x|x \in A$ 且存在某个 $y \in B$ 使得 $xRy\}$ 称为 R 的定义域，记作 $\mathrm{dom}R$；集合 $\{y|y \in B$ 且存在某个 $x \in A$ 使得 $xRy\}$ 称为 R 的值域，记作 $\mathrm{ran}R$。

【例 2.16】 如果集合 A 表示中国的所有城市，集合 B 表示中国的所有省级行政单位，集合 $R=\{$<a, b>| 城市 a 位于 b 省$\}$，则 R 是一个二元关系。例如，序偶<杭州，浙江>，<桂林，广西>，<拉萨，西藏>都是关系 R 中的序偶，而<成都，云南>，<沈阳，吉林>则不是关系 R 中的序偶。并且，$\mathrm{dom}R=A$，$\mathrm{ran}R=B$。

【例 2.17】 如果集合 $A=\{2, 3, 7\}$，集合 $B=\{8, 9, 10, 11, 12\}$，A 到 B 的关系 $R=\{<a, b>\ |\ a$ 整除 $b\}$，则 $R=\{<2, 8>, <2, 10>, <2, 12>, <3, 9>, <3, 12>\}$。并且，$\mathrm{dom}R = \{2, 3\}$，$\mathrm{ran}R = \{8, 9, 10, 12\}$。

一般来说，对集合 A 到集合 B 的关系 R，$\mathrm{dom}R \subseteq A$，$\mathrm{ran}R \subseteq B$。

定义 2.8 对集合 A 到集合 B 的关系 R，如果 $R=\varnothing$，称 R 为空关系；如果 $R=A \times B$，称 R 为全关系。集合 A 上的关系 $\{<a, a>|\ a \in A\}$，称为 A 上的恒等关系，记作 I_A。

2.1.3 关系的表示

由定义 2.5，集合 A 到集合 B 的一个关系就是 $A \times B$ 的一个子集，因此，关系是一种集合，可以用集合的表示方法——枚举法和描述法——来表示。此外，关系还有矩阵表示和图表示两种表示方法。

1. 枚举法

将关系 R 中的所有序偶一一列举出来，以表示关系 R。在【例 2.17】中关系 R 的表示方式，就采用了枚举法。

2. 描述法

将关系 R 中序偶所满足的性质刻画出来，以表示关系 R。在【例 2.16】和【例 2.17】中的两个关系都采用了描述法。

3. 矩阵表示

我们也可以利用矩阵来表示有限集合间的二元关系，这种矩阵称为关系矩阵。

定义 2.9 对集合 A 到集合 B 的关系 R，如果 $A=\{a_1, a_2, \cdots, a_m\}$，$B=\{b_1, b_2, \cdots, b_n\}$，则 $m \times n$ 矩阵 $M_R=(r_{ij})_{m \times n}$ 称为 R 的关系矩阵，其中，

$$r_{ij} = \begin{cases} 1 & \text{如果 } (a_i, b_j) \in R \\ 0 & \text{如果 } (a_i, b_j) \notin R \end{cases} \quad (1 \leqslant i \leqslant m,\ 1 \leqslant j \leqslant n)$$

由定义 2.9，关系矩阵是 0–1 矩阵，称为布尔矩阵。

显然，集合中元素 a_i，b_j 排列顺序的不同，相应的关系矩阵也不相同。习惯上，我们就以集合元素的枚举顺序为准。由此，【例 2.17】中关系 R 的矩阵表示为

$$M_R = \begin{pmatrix} 1 & 0 & 1 & 0 & 1 \\ 0 & 1 & 0 & 0 & 1 \\ 0 & 0 & 0 & 0 & 0 \end{pmatrix}$$

当 $A=B$，$|A|=m$ 时，关系 R 的矩阵为 m 阶方阵。

【例 2.18】 如果集合 $A=\{1, 2, 3, 4\}$，则集合 A 上的 "$<$" 和恒等关系 I_A 的矩阵表示如下：

$$M_< = \begin{pmatrix} 0 & 1 & 1 & 1 \\ 0 & 0 & 1 & 1 \\ 0 & 0 & 0 & 1 \\ 0 & 0 & 0 & 0 \end{pmatrix}, \quad M_{I_A} = \begin{pmatrix} 1 & 0 & 0 & 0 \\ 0 & 1 & 0 & 0 \\ 0 & 0 & 1 & 0 \\ 0 & 0 & 0 & 1 \end{pmatrix}$$

由【例 2.18】可以看到，I_A 的关系矩阵为 $|A|$ 阶单位矩阵。

4. 图形化表示

关系也可以图形化表示，所构成的图称为关系图。

集合 A 到集合 B 的关系 R 的关系图的画法如下：

（1）集合中的元素用图中的结点表示，结点旁边标记该元素，集合 A 中元素的结点和集合 B 中元素的结点分别放置于图的两端；

（2）如果 $a \in A$，$b \in B$，并且 $<a, b> \in R$，那么将结点 a 和结点 b 用一条带有箭头的直线或弧线连接起来，其方向由结点 a 指向结点 b。每一条这样的弧线称作图的边。

【例 2.17】中关系的关系图如图 2-1 所示。

当 $A=B$ 时，关系 R 的关系图的画法更加简单，此时只有一个集合 A，结点可以任意放置，不必分列两端。

【例 2.18】中 "$<$" 关系的关系图如图 2-2 所示。

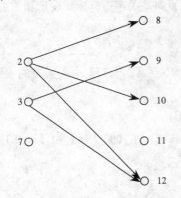 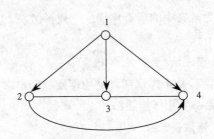

图 2-1 【例 2.17】中关系的关系图　　图 2-2 【例 2.18】中 "$<$" 关系的关系图

关系图直观形象地表示了关系，对于理解关系以及后面对关系性质的分析都非常有利。

2.2　关系的基本性质

集合上的二元关系具有一些特殊性质，这些性质具有重要的作用，它们在关系的矩阵表示和关系图表示中呈现出不同的特点。

本节所讨论的关系，虽然均为某一非空集合上的二元关系，但是这并不失一般性。因为对任一集合 A 到集合 B 的关系 R，由 $A \subseteq A \cup B$、$B \subseteq A \cup B$ 和定理 2.2，$R \subseteq A \times B \subseteq (A \cup B) \times (A \cup B)$，即，$R$ 总可以看成是集合 $A \cup B$ 上的二元关系。

2.2.1　自反

在某些关系中，每个元素总是和自己有关系，我们说，这类关系是自反的。在另外一些关系中，每个元素总是和自己没有关系，我们说，这类关系是反自反的。

定义 2.10　设 R 是集合 A 上的关系，如果对任意的 $a \in A$，都有 $<a, a> \in R$，则称 R 是自反的。如果对任意的 $a \in A$，都有 $<a, a> \notin R$，则称 R 是反自反的。

【例 2.19】　如果中国所有城市的集合上的 "同省" 关系为 $\{<a, b> \mid$ 城市 a 与 b 位于同一个省$\}$，显然，"同省" 关系是自反的。

【例 2.20】　在人的集合上的 "双亲子女" 关系为 $\{<a, b> \mid a$ 是 b 的父亲或母亲$\}$，显然，"双亲子女" 关系是反自反的。

【例 2.21】　如果集合 $A=\{a, b, c, d\}$，A 上的关系 R_1、R_2、R_3 如下：

R_1={<a, a>, <a, b>, <a, c>, <b, a>, <b, d>, <c, b>, <c, c>, <d, b>, <d, d>};

R_2={<a, a>, <a, c>, <b, b>, <b, d>, <c, a>, <c, c>, <d, b>, <d, d>};

R_3={<a, b>, <b, c>, <b, d>, <c, a>, <c, d>, <d, b>}。

试判断这些关系是否自反的或者反自反的，并给出这些关系的关系矩阵和关系图表示。

解： 在关系 R_1 中，<a, a>∈R_1，<c, c>∈R_1，<d, d>∈R_1，但是<b, b>∉ R_1，因此，关系 R_1 既不是自反的，也不是反自反的。

在关系 R_2 中，<a, a>∈R_2，<b, b>∈R_2，<c, c>∈R_2，<d, d>∈R_2，因此，关系 R_2 是自反的，不是反自反的。

在关系 R_3 中，<a, a>∉R_3，<b, b>∉R_3，<c, c>∉R_3，<d, d>∉R_3，因此，关系 R_3 是反自反的，不是自反的。

关系 R_1、R_2、R_3 的矩阵表示如下：

$$M_{R_1} = \begin{pmatrix} 1 & 1 & 1 & 0 \\ 1 & 0 & 0 & 1 \\ 0 & 1 & 1 & 0 \\ 0 & 1 & 0 & 1 \end{pmatrix}, \quad M_{R_2} = \begin{pmatrix} 1 & 0 & 1 & 0 \\ 0 & 1 & 0 & 1 \\ 1 & 0 & 1 & 0 \\ 0 & 1 & 0 & 1 \end{pmatrix}, \quad M_{R_3} = \begin{pmatrix} 0 & 1 & 0 & 0 \\ 0 & 0 & 1 & 1 \\ 1 & 0 & 0 & 1 \\ 0 & 1 & 0 & 0 \end{pmatrix}。$$

由关系矩阵可以看出，关系 R_2 是自反的，则它的矩阵的主对角线上元素全为 1；关系 R_3 是反自反的，则它的矩阵的主对角线上元素全为 0；关系 R_1 既不是自反的也不是反自反的，则它的矩阵的对角线上元素既不是全 0 也不是全 1。

关系 R_1、R_2、R_3 的关系图如图 2-3 所示。

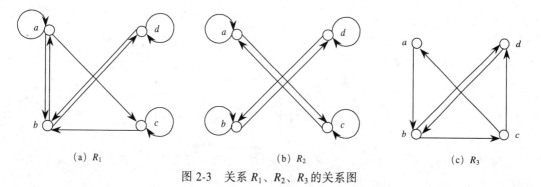

(a) R_1 (b) R_2 (c) R_3

图 2-3 关系 R_1、R_2、R_3 的关系图

由关系图可以看出，关系 R_2 是自反的，则它的关系图中每个结点上都有环；关系 R_3 是反自反的，则它的关系图中每个结点上都没有环；关系 R_1 既不是自反的也不是反自反的，则它的关系图中结点有的有环，有的没有环。

由【例 2.21】可以看出：

（1）一个关系不是自反的，并不意味着它就是反自反的，同样，一个关系不是反自反的，也不意味着它就是自反的，因而存在诸如 R_1 这样既不是自反、也不是反自反的关系；

（2）自反的关系一定不是反自反的，反自反的关系也一定不是自反的，因而不存在既是自反的又是反自反的关系；

（3）自反的关系其关系矩阵的主对角线上元素全为 1，关系图的每个结点都有环；反自反的关系其关系矩阵的主对角线上元素全为 0，关系图的每个结点都没有环。

2.2.2 对称

在某些关系中，第一元素和第二元素有关系当且仅当第二元素和第一元素有关系，我们说，这类关系是对称的。在另外一些关系中，如果第一元素和第二元素有关系，则第二元素和第一元素没有关系，我们说，这类关系是反对称的。

定义 2.11 设 R 是集合 A 上的关系，如果对任意的 $<a, b> \in R$，都有 $<b, a> \in R$，则称 R 是对称的。如果对任意的 $<a, b> \in R$ 且 $a \neq b$，都有 $<b, a> \notin R$，则称 R 是反对称的。

【例 2.22】 如果某大学所有学生集合上的"同班"关系为 $\{<a, b> \mid a$ 与 b 在同一班级$\}$，显然，"同班"关系是对称的。

【例 2.23】 对人的集合上的"双亲子女"关系是反对称的。

【例 2.24】 如果集合 $A=\{a, b, c, d\}$，A 上的关系 R_4、R_5、R_6 如下：

$R_4=\{<a, b>, <a, c>, <b, c>, <b, d>, <c, a>, <c, c>, <d, b>, <d, d>\}$；

$R_5=\{<a, a>, <a, b>, <a, c>, <b, a>, <b, d>, <c, a>, <d, b>, <d, d>\}$；

$R_6=\{<a, b>, <a, d>, <b, c>, <c, d>, <d, b>, <d, d>\}$。

试判断这些关系是否对称的或者反对称的，并给出这些关系的关系矩阵和关系图表示。

解： 在关系 R_4 中，$<a, b> \in R_4$，$<b, a> \notin R_4$，关系 R_4 不是对称的；而 $<a, c> \in R_4$，$<c, a> \in R_4$，关系 R_4 也不是反对称的。因此，关系 R_4 既不是对称的，也不是反对称的。

在关系 R_5 中，$<a, b> \in R_5$，$<b, a> \in R_5$，$<a, c> \in R_5$，$<c, a> \in R_5$，$<b, d> \in R_5$，$<d, b> \in R_5$，因此，关系 R_5 是对称的，不是反对称的。

在关系 R_6 中，$<a, b> \in R_6$，$<b, a> \notin R_6$，$<a, d> \in R_6$，$<d, a> \notin R_6$，$<b, c> \in R_6$，$<c, b> \notin R_6$，$<c, d> \in R_6$，$<d, c> \notin R_6$，$<d, b> \in R_6$，$<b, d> \notin R_6$，因此，关系 R_6 是反对称的，不是对称的。

关系 R_4、R_5、R_6 的矩阵表示如下：

$$M_{R_4}=\begin{pmatrix} 0 & 1 & 1 & 0 \\ 0 & 0 & 1 & 1 \\ 1 & 0 & 1 & 0 \\ 0 & 1 & 0 & 1 \end{pmatrix}, \quad M_{R_5}=\begin{pmatrix} 1 & 1 & 1 & 0 \\ 1 & 0 & 0 & 1 \\ 1 & 0 & 0 & 0 \\ 0 & 1 & 0 & 1 \end{pmatrix}, \quad M_{R_6}=\begin{pmatrix} 0 & 1 & 0 & 1 \\ 0 & 0 & 1 & 0 \\ 0 & 0 & 0 & 1 \\ 0 & 1 & 0 & 1 \end{pmatrix}$$

由关系矩阵可以看出，关系 R_5 是对称的，则它的矩阵中元素以主对角线对称。关系 R_6 是反对称的，在它的矩阵中，如果非对角线上元素 $r_{ij}=1$，则 $r_{ji}=0$。

关系 R_4、R_5、R_6 的关系图如图 2-4 所示。

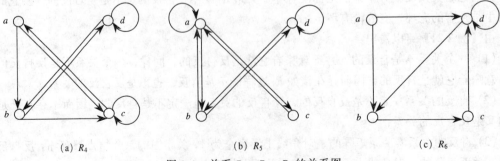

(a) R_4 (b) R_5 (c) R_6

图 2-4 关系 R_4、R_5、R_6 的关系图

由关系图可以看出，关系 R_5 是对称的，则它的关系图中不同结点间或者有双向的边、或者无边。关系 R_6 是反对称的，在它的关系图中，不同结点间没有双向的边。

但是根据定义，A 上的恒等关系 I_A 既是对称的，又是反对称的。

因此，我们可以得到：

（1）一个关系不是对称的，并不意味着它就是反对称的，同样，一个关系不是反对称的，也不意味着它就是对称的，因而存在诸如 R_4 这样既不是对称、也不是反对称的关系；

（2）对称的关系可能是反对称的，反对称的关系也可能是对称的，因而存在既是对称的又是反对称的关系；

（3）对称的关系其关系矩阵中元素以主对角线对称，关系图中不同结点间或者有双向的边、或者无边；反对称的关系其关系矩阵中，如果非对角线上元素 $r_{ij}=1$，则 $r_{ji}=0$，关系图中不同结点间没有双向的边。

2.2.3　传递

在某些关系中，第一元素和第二元素有关系并且第二元素和第三元素有关系，则第一元素一定和第三元素有关系，我们说，这类关系是传递的。

定义 2.12　设 R 是集合 A 上的关系，如果对任意的 $<a, b>\in R$、$<b, c>\in R$，都有 $<a, c>\in R$，则称 R 是传递的。

【例 2.25】　如果所有历史事件集合上的"先后"关系为 $\{<a, b> \mid a$ 先于 b 发生$\}$，显然，"先后"关系是传递的。

【例 2.26】　在人的集合上的"祖先子孙"关系为 $\{<a, b> \mid a$ 是 b 的祖先$\}$，显然，"祖先子孙"关系是传递的。

【例 2.27】　如果集合 $A=\{a, b, c, d\}$，A 上的关系 R_7、R_8 如下：

$R_7 = \{<a, a>, <a, b>, <b, a>, <c, b>, <c, d>, <d, b>\}$；

$R_8 = \{<a, b>, <a, c>, <a, d>, <b, c>, <b, d>, <c, d>\}$。

试判断这些关系是否传递的，并给出这些关系的关系矩阵和关系图表示。

解：在关系 R_7 中，$<c, b>\in R_7$，$<b, a>\in R_7$，但是 $<c, a>\notin R_7$；同样，$<d, b>\in R_7$，$<b, a>\in R_7$，但是 $<d, a>\notin R_7$。因此，关系 R_7 不是传递的。

在关系 R_8 中，$<a, b>\in R_8$，$<b, c>\in R_8$，就有 $<a, c>\in R_8$，又 $<c, d>\in R_8$，就有 $<a, d>\in R_8$，$<b, d>\in R_8$，因此，关系 R_8 是传递的。

关系 R_7、R_8 的矩阵表示如下：

$$M_{R_7} = \begin{pmatrix} 1 & 1 & 0 & 0 \\ 1 & 0 & 0 & 0 \\ 0 & 1 & 0 & 1 \\ 0 & 1 & 0 & 0 \end{pmatrix}, \quad M_{R_8} = \begin{pmatrix} 0 & 1 & 1 & 1 \\ 0 & 0 & 1 & 1 \\ 0 & 0 & 0 & 1 \\ 0 & 0 & 0 & 0 \end{pmatrix}。$$

关系 R_8 是传递的，在其关系矩阵中，如果 $r_{ij}=1$ 并且 $r_{jk}=1$，必有 $r_{ik}=1$。

关系 R_7、R_8 的关系图如图 2-5 所示。

由关系图可以看出，关系 R_8 是传递的，则在其关系图中，如果从结点 a 沿着若干条边可以到达结点 b，则必有结点 a 直接指向结点 b 的边。

【例 2.28】　如果集合 $A=\{2, 3, 6, 8\}$，试用枚举法、关系矩阵和关系图表示集合 A 上的空关系、全关系、恒等关系，并判断这些关系是否是自反的或者反自反的，是否是对称的或者反对称的，是否是传递的。

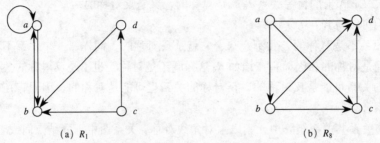

(a) R_1 (b) R_8

图 2-5 关系 R_7、R_8 的关系图

解： A 上的空关系 $=\varnothing$。

A 上的全关系 $A^2=\{<2, 2>, <2, 3>, <2, 6>, <2, 8>, <3, 2>, <3, 3>,$
$\qquad\qquad <3, 6>, <3, 8>, <6, 2>, <6, 3>, <6, 6>, <6, 8>,$
$\qquad\qquad <8, 2>, <8, 4>, <8, 6>, <8, 8>\}$。

A 上的恒等关系 $I_A=\{<2, 2>, <3, 3>, <6, 6>, <8, 8>\}$。

它们的关系矩阵如下：

$$M_\varnothing = \begin{pmatrix} 0 & 0 & 0 & 0 \\ 0 & 0 & 0 & 0 \\ 0 & 0 & 0 & 0 \\ 0 & 0 & 0 & 0 \end{pmatrix}, \quad M_{A^2} = \begin{pmatrix} 1 & 1 & 1 & 1 \\ 1 & 1 & 1 & 1 \\ 1 & 1 & 1 & 1 \\ 1 & 1 & 1 & 1 \end{pmatrix}, \quad M_{I_A} = \begin{pmatrix} 1 & 0 & 0 & 0 \\ 0 & 1 & 0 & 0 \\ 0 & 0 & 1 & 0 \\ 0 & 0 & 0 & 1 \end{pmatrix}$$

它们的关系图如图 2-6 所示。

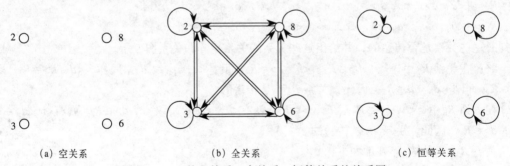

(a) 空关系 (b) 全关系 (c) 恒等关系

图 2-6 A 上的空关系、全关系、恒等关系的关系图

显然，空关系不是自反的，因为对 A 中任何元素 a，空关系都不包含序偶 $<a, a>$，因此，空关系是反自反的。根据对称的定义，只有空关系中有序偶 $<a, b>$，而 $<b, a>$ 不在空关系中，空关系才不是对称的，但是，空关系没有任何序偶，因此，空关系是对称的；同理，只有空关系中有序偶 $<a, b>$ 且 $a \neq b$，而 $<b, a>$ 也在空关系中，空关系才不是反对称的，因此，空关系是反对称的。同理，根据传递的定义，只有空关系中有序偶 $<a, b>$ 和 $<b, c>$，而 $<a, c>$ 不在空关系中，空关系才不是传递的，但是，空关系没有任何序偶，因此，空关系是传递的。

由于全关系包含 A 中元素可以组成的所有序偶，当然也就包含任意元素与其自身组成的序偶，因此，全关系是自反的，因而不是反自反的。对任意 $<a, b> \in A^2$，由笛卡儿积的定义，a、

b 都是 A 中元素，因此，$<b, a>\in A^2$，全关系是对称的，不是反对称的。同理，对任意 $<a, b>\in A^2$，$<a, b>\in A^2$，a、b、c 都是 A 中元素，因此，$<a, c>\in A^2$，全关系是传递的。

由恒等关系的定义，I_A 包含所有 A 中元素与其自身组成的序偶，因此，恒等关系是自反的，因而不是反自反的。由于 I_A 中都是形如 $<a, a>$ 的序偶，颠倒第一元素和第二元素的位置，仍是该序偶，因此，恒等关系是对称的；只有恒等关系中有序偶 $<a, b>$ 且 $a \ne b$，而 $<b, a>$ 也在恒等关系中，恒等关系才不是反对称的，因此，恒等关系是反对称的。同理，只有恒等关系中有序偶 $<a, b>$ 和 $<b, c>$，而 $<a, c>$ 不在恒等关系中，恒等关系才不是传递的，但是，$<a, b>$ 和 $<b, c>$ 在恒等关系中意味着 $a=b=c$，因此，$<a, c>$ 在恒等关系中，恒等关系是传递的。

【例 2.29】如果集合 $A=\{1, 2, 3, 6\}$，试用枚举法、关系矩阵和关系图表示集合 A 上的"$<$"关系、"$\leqslant$"关系、"整除（|）"关系，并判断这些关系是否自反的或者反自反的、是否对称的或者反对称的、是否传递的。

解：A 上的"$<$"关系 $=\{<1, 2>, <1, 3>, <1, 6>, <2, 3>, <2, 6>, <3, 6>\}$；

A 上的"$\leqslant$"关系 $=\{<1, 1>, <1, 2>, <1, 3>, <1, 6>, <2, 2>, <2, 3>, <2, 6>, <3, 3>, <3, 6>, <6, 6>\}$；

A 上的"|"关系 $=\{<1, 1>, <1, 2>, <1, 3>, <1, 6>, <2, 2>, <2, 6>, <3, 3>, <3, 6>, <6, 6>\}$。

它们的关系矩阵如下所示：

$$M_< = \begin{pmatrix} 0 & 1 & 1 & 1 \\ 0 & 0 & 1 & 1 \\ 0 & 0 & 0 & 1 \\ 0 & 0 & 0 & 0 \end{pmatrix}, \quad M_{\leqslant} = \begin{pmatrix} 1 & 1 & 1 & 1 \\ 0 & 1 & 1 & 1 \\ 0 & 0 & 1 & 1 \\ 0 & 0 & 0 & 1 \end{pmatrix}, \quad M_| = \begin{pmatrix} 1 & 1 & 1 & 1 \\ 0 & 1 & 0 & 1 \\ 0 & 0 & 1 & 1 \\ 0 & 0 & 0 & 1 \end{pmatrix}$$

其关系图如图 2-7 所示。

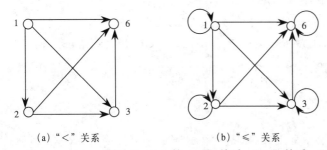

(a)"$<$"关系　　　　　(b)"$\leqslant$"关系　　　　　(c)"|"关系

图 2-7　A 上的"$<$"关系、"$\leqslant$"关系、"|"关系的关系图

显然，A 上的"$<$"关系不是自反的、是反自反的，不是对称的、是反对称的，是传递的。

A 上的"$\leqslant$"关系是自反的、不是反自反的，不是对称的、是反对称的，是传递的。

A 上的"|"关系是自反的、不是反自反的，不是对称的、是反对称的，是传递的。

我们可以将【例 2.29】进行推广：

（1）实数集 R 上的"$<$"关系不是自反的、是反自反的，不是对称的、是反对称的，是传递的；

（2）实数集 R 上的"$\leqslant$"关系是自反的、不是反自反的，不是对称的、是反对称的，是传递的；

（3）实数集 R 上的"="关系是自反的、不是反自反的，是对称的也是反对称的，是传递的。

（4）Z 上的"|"关系是自反的、不是反自反的，不是对称的、是反对称的，是传递的。

2.3　关系的运算

关系，作为一种特殊的集合，也有交、并、补、差等运算，此外，关系还有自己特有的复合运算、逆运算和闭包运算。

2.3.1　关系的交、并、补、差

设 R 和 S 是集合 A 到集合 B 的关系，R 与 S 的交、并、补、差运算符合集合的交、并、补、差运算的定义，运算的结果仍是一个关系，并且，在补运算中以全关系为全集，具体如下：

$$R \cap S = \{<x, y> | <x, y> \in R 并且 <x, y> \in S\}$$
$$R \cup S = \{<x, y> | <x, y> \in R 或者 <x, y> \in S\}$$
$$\overline{R} = \{<x, y> | <x, y> \in A \times B 但是 <x, y> \notin R\}$$
$$R - S = \{<x, y> | <x, y> \in R 但是 <x, y> \notin S\}$$

【例 2.30】　如果集合 $A = \{a, b, c, d\}$，A 上的关系 R、S 如下：

$R = \{<a, b>, <a, c>, <a, d>, <b, a>, <b, c>, <c, b>, <c, c>, <d, d>\}$，

$S = \{<a, a>, <a, b>, <b, c>, <b, d>, <c, a>, <c, c>, <d, b>\}$，

求 $R \cap S$，$R \cup S$，$\overline{R}$，$\overline{S}$，$R - S$ 和 $S - R$。

解：$R \cap S = \{<a, b>, <b, c>, <c, c>\}$；

$R \cup S = \{<a, a>, <a, b>, <a, c>, <a, d>, <b, a>, <b, c>, <b, d>, <c, a>,$
$\qquad\quad <c, b>, <c, c>, <d, b>, <d, d>\}$；

$\overline{R} = \{<a, a>, <b, b>, <b, d>, <c, a>, <c, d>, <d, a>, <d, b>, <d, c>\}$；

$\overline{S} = \{<a, c>, <a, d>, <b, a>, <b, b>, <c, b>, <c, d>, <d, a>, <d, c>, <d, d>\}$；

$R - S = \{<a, c>, <a, d>, <b, a>, <c, b>, <d, d>\}$。

$S - R = \{<a, a>, <b, d>, <c, a>, <d, b>\}$。

2.3.2　关系的复合

定义 2.13　设 R 是集合 A 到集合 B 的关系，S 是集合 B 到集合 C 的关系，R 与 S 的复合运算记作 $R \circ S$，该运算的结果是一个序偶的集合，定义为

$$\{<a, c> | a \in A, c \in C, 存在 b \in B 使得 <a, b> \in R 且 <b, c> \in S\}$$

这是一个集合 A 到集合 C 的关系，称为 R 与 S 的复合关系。

【例 2.31】　如果 R 表示的是人的集合上的"兄弟"关系，即，$<a, b> \in R$ 表明"a 是 b 的兄弟"，S 表示的是人的集合上的"父子"关系，即，$<b, c> \in S$ 表明"b 是 c 的父亲"，那么，$<a, c> \in R \circ S$ 说明存在某个人 b 使得"a 是 b 的兄弟"而"b 是 c 的父亲"，因此，"a 是 c 的叔伯"，即，$R \circ S$ 表示的是人的集合上的"叔侄"关系；同理，S 与自身的复合 $S \circ S$ 表示的是人的集合上的"祖孙"关系。

由复合运算定义，如果 B 中存在至少一个 b_k 使得 $<a_i, b_k> \in R$ 且 $<b_k, c_j> \in S$，则 $<a_i, c_j> \in R \circ S$；

如果 B 中满足这样条件的元素不止一个，即，还有 b_1 使得 $<a_i,b_1>\in R$ 且 $<b_1,c_j>\in S$，则 $<a_i,c_j>\in R\circ S$ 不会改变。因此，通过扫描 R 关系矩阵 M_R 的第 i 行和 S 关系矩阵 M_S 的第 j 列，如果至少发现一个 k 使得 $r_{ik}=1$ 并且 $s_{kj}=1$，则 $R\circ S$ 运算结果的关系矩阵中 $t_{ij}=1$。这样扫描过 M_R 的每一行和 M_S 的每一列，类似矩阵相乘的方法，就可计算出 $M_{R\circ S}$ 的全部项。

同理，在 R 和 S 的关系图中，$<a_i,b_k>\in R$ 则图中有一条 a_i 指向 b_k 的边，$<b_k,c_j>\in S$ 则图中有一条 b_k 指向 c_j 的边，借助 b_k 这个中间结点，a_i 可以到达 c_j，因此 $R\circ S$ 运算结果的关系图中将有一条 a_i 指向 c_j 的边。这样通过扫描 R 与 S 的关系图，将所有从 A 中结点可以到达的 C 中结点用一条边连接起来即可得到 $R\circ S$ 运算结果关系的关系图。

【例 2.32】 如果集合 $A=\{a_1, a_2, a_3, a_4\}$，$B=\{b_1, b_2, b_3, b_4\}$，$C=\{c_1, c_2, c_3\}$，集合 A 到集合 B 的关系 R 和集合 B 到集合 C 的关系 S 如下：

$R=\{<a_1, b_2>, <a_1, b_3>, <a_2, b_1>, <a_2, b_4>, <a_3, b_3>, <a_4, b_1>, <a_4, b_3>\}$，

$S=\{<b_1, c_1>, <b_2, c_3>, <b_3, c_1>, <b_3, c_3>, <b_4, c_1>, <b_4, c_2>\}$，则

根据关系 R 和 S 的枚举法表示，可得二者的关系矩阵如下：

$$M_R = \begin{pmatrix} 0 & 1 & 1 & 0 \\ 1 & 0 & 0 & 1 \\ 0 & 0 & 1 & 0 \\ 1 & 0 & 1 & 0 \end{pmatrix}, \quad M_S = \begin{pmatrix} 1 & 0 & 0 \\ 0 & 0 & 1 \\ 1 & 0 & 1 \\ 1 & 1 & 0 \end{pmatrix}$$

因此，可得 $R\circ S$ 运算结果的关系矩阵

$$M_{R\circ S} = \begin{pmatrix} 1 & 0 & 1 \\ 1 & 1 & 0 \\ 1 & 0 & 1 \\ 1 & 0 & 1 \end{pmatrix}$$

根据关系 R 和 S 的枚举法表示，可得二者的关系图，如图 2-8 所示。

因此，表示复合运算 $R\circ S$ 结果的关系图如图 2-9 所示。

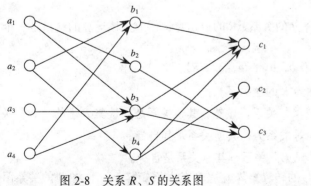

图 2-8 关系 R、S 的关系图

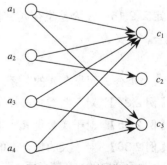

图 2-9 $R\circ S$ 的关系图

综上，$R\circ S = \{<a_1, c_1>, <a_1, c_3>, <a_2, c_1>, <a_2, c_2>, <a_3, c_1>, <a_3, c_3>, <a_4, c_1>, <a_4, c_3>\}$。

【例 2.33】 如果集合 $A=\{1, 2, 3, 4\}$，$B=\{2, 3, 4, 5\}$，$C=\{1, 2, 5\}$，$D=\{3, 4, 5\}$，A 到 B 的关系 R，B 到 C 的关系 S，C 到 D 的关系 T 如下：

$R=\{<1, 2>, <2, 3>, <3, 4>, <4, 5>\}$；

$S=\{<2, 2>, <3, 5>, <4, 1>, <5, 2>\}$；

$T=\{<1, 5>, <2, 4>, <5, 3>, <5, 4>\}$；

求 $I_A \circ R$，$R \circ I_B$，$I_B \circ S$，$S \circ I_C$，$R \circ S$，$S \circ R$，$S \circ T$，$(R \circ S) \circ T$，$R \circ (S \circ T)$，$R \circ R$，$R \circ R \circ R$。

解：$I_A \circ R=\{<1, 2>, <2, 3>, <3, 4>, <4, 5>\}=R=R \circ I_B$；

$I_B \circ S=\{<2, 2>, <3, 5>, <4, 1>, <5, 2>\}=S=S \circ I_C$；

$R \circ S=\{<1, 2>, <2, 5>, <3, 1>, <4, 2>\}$；

$S \circ R=\{<2, 3>, <4, 2>, <5, 3>\}$；

$S \circ T=\{<2, 4>, <3, 3>, <3, 4>, <4, 5>, <5, 4>\}$；

$(R \circ S) \circ T=\{<1, 4>, <2, 3>, <2, 4>, <3, 5>, <4, 4>\}$；

$R \circ (S \circ T)=\{<1, 4>, <2, 3>, <2, 4>, <3, 5>, <4, 4>\}$；

$R \circ R=\{<1, 3>, <2, 4>, <3, 5>\}$；

$R \circ R \circ R=\{<1, 4>, <2, 5>\}$。

由【例 2.33】，对关系 $R \subseteq A \times B$，$S \subseteq B \times C$，$T \subseteq C \times D$，我们可以得到，关系复合运算的下列性质：

（1）$I_A \circ R=R \circ I_B = R$；

（2）一般来说，$R \circ S \neq S \circ R$，即关系的复合运算不满足交换律；

（3）$(R \circ S) \circ T=R \circ (S \circ T)$，即关系的复合运算满足结合律。

同时，为了方便表示 $R \circ R$，$R \circ R \circ R$，我们定义关系的幂运算如下：

定义 2.14 设 R 是集合 A 上的关系，R 的 n 次幂记作 R^n，定义为

$$\begin{cases} R^n = I_A & n=0 \\ R^{n+1} = R^n \circ R & n>0 \end{cases}$$

2.3.3 关系的逆

定义 2.15 设 R 是集合 A 到集合 B 的关系，R 的逆运算记作 R^c，该运算的结果是一个序偶的集合，定义为

$$\{<b, a> | <a, b> \in R\}$$

这是一个集合 B 到集合 A 的关系，称为 R 的逆关系。

【例 2.34】 对于实数集 R 上的"$<$"关系，显然，其逆关系是实数集 R 上的"$>$"关系。

【例 2.35】 对于实数集 R 上的恒等关系 I_R，其逆关系是其自身。

【例 2.36】 对于人的集合上的"兄弟"关系，其逆关系是自身。

由逆运算定义，R 的关系矩阵 M_R 的转置矩阵就是 R^c 的关系矩阵 M_{R^c}，将 R 的关系图中所有边的方向逆转，得到的就是 R^c 的关系图。

【例 2.37】 如果集合 $A=\{a_1, a_2, a_3\}$，$B=\{b_1, b_2, b_3, b_4\}$，$C=\{c_1, c_2, c_3\}$，集合 A 到集合 B 的关系 R 如下：

$R = \{<a_1, b_2>, <a_1, b_4>, <a_2, b_1>, <a_2, b_3>, <a_3, b_3>, <a_3, b_4>\}$，则

关系 R 和 R^c 的关系矩阵如下：

$$M_R = \begin{pmatrix} 0 & 1 & 0 & 1 \\ 1 & 0 & 1 & 0 \\ 0 & 0 & 1 & 1 \end{pmatrix}, \qquad M_{R^c} = \begin{pmatrix} 0 & 1 & 0 \\ 1 & 0 & 0 \\ 0 & 1 & 1 \\ 1 & 0 & 1 \end{pmatrix},$$

关系 R 和 R^c 的关系图如图 2-10 所示。

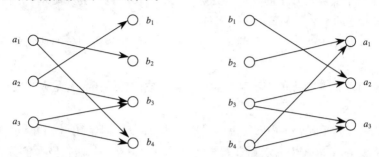

图 2-10　R 和 R^c 的关系图

因此，$R^c = \{<b_1,\ a_2>,\ <b_2,\ a_1>,\ <b_3,\ a_2>,\ <b_3,\ a_3>,\ <b_4,\ a_1>,\ <b_4,\ a_3>\}$。
而 $(R^c)^c = R$。

如果又有集合 $C = \{\ c_1,\ c_2,\ c_3\}$ 及集合 B 到集合 C 的关系 S 如下：

$S = \{<b_1,\ c_1>,\ <b_1,\ c_3>,\ <b_2,\ c_1>,\ <b_3,\ c_2>,\ <b_4,\ c_2>,\ <b_4,\ c_3>\}$，则

$S^c = \{<c_1,\ b_1>,\ <c_1,\ b_2>,\ <c_2,\ b_3>,\ <c_2,\ b_4>,\ <c_3,\ b_1>,\ <c_3,\ b_4>\}$；

$R \circ S = \{<a_1,\ c_1>,\ <a_1,\ c_2>,\ <a_1,\ c_3>,\ <a_2,\ c_1>,\ <a_2,\ c_2>,\ <a_2,\ c_3>,\ <a_3,\ c_2>,$
　　　　$<a_3,\ c_3>\}$；

$(R \circ S)^c = \{<c_1,\ a_1>,\ <c_1,\ a_2>,\ <c_2,\ a_1>,\ <c_2,\ a_2>,\ <c_2,\ a_3>,\ <c_3,\ a_1>,\ <c_3,$
　　　　$a_2>,\ <c_3,\ a_3>\}$；

而 $S^c \circ R^c = \{<c_1,\ a_1>,\ <c_1,\ a_2>,\ <c_2,\ a_1>,\ <c_2,\ a_2>,\ <c_2,\ a_3>,\ <c_3,\ a_1>,\ <c_3,\ a_2>,$
　　　　$<c_3,\ a_3>\}$。

由【例 2.37】，我们可以得到关系逆运算的下述性质：

（1）$(R^c)^c = R$；

（2）$(R \circ S)^c = S^c \circ R^c$。

2.3.4　关系的闭包

设 R 是集合 A 上的关系，一般来说，R 可能并不具备某些性质 P，例如，P 为自反性。但是，我们可以通过对 R 进行一定的扩充，即，添加一些序偶，使得它满足我们所希望的性质 P，而这种扩充可能有多种。关系 R 的闭包运算是指能使 R 满足某性质 P 的最小扩充，所得结果称为 R 关于性质 P 的闭包。需要注意的是，R 关于某些性质的闭包可能并不存在。不过，关系 R 关于自反性、对称性、传递性的闭包是存在的。自反闭包、对称闭包和传递闭包的定义如下：

定义 2.16　设 R 是集合 A 上的关系，R 的自反（对称、传递）闭包运算是对 R 的一个扩充，该运算的结果 R' 也是 A 上的关系，称为 R 的自反（对称、传递）闭包，并且 R' 满足

（1）R' 是自反的（对称的、传递的）；

（2）$R \subseteq R'$；

（3）如果有 R" 是自反的（对称的、传递的）且 $R \subseteq R"$，则 $R' \subseteq R"$。

通常，R 的自反闭包记作 $r(R)$，对称闭包记作 $s(R)$，传递闭包记作 $t(R)$。

从定义中我们可以看出，（1）说明 R' 满足我们希望的性质，（2）说明 R' 是对 R 的扩充，（3）保证了 R' 是最小的扩充。

【例 2.38】 对于实数集 R 上的"<"关系，它的自反闭包是实数集 R 上的"≤"关系，对称闭包是实数集 R 上的"≠"关系，传递闭包就是它自身。

【例 2.39】 实数集 R 上的"≤"关系，它的自反闭包和传递闭包都是它自身，对称闭包则是实数集 R 上的全关系。

【例 2.40】 在人的集合上的"双亲子女"关系，它的传递闭包就是人的集合上的"祖先子孙"关系。

根据自反关系在其矩阵表示中的特点，只需将 R 的关系矩阵 M_R 主对角线上的项 r_{ii} 均设置为 1，即可得到 $M_{r(R)}$；根据对称关系在其矩阵表示中的特点，只需扫描 R 的关系矩阵 M_R 中所有 $r_{ij}=1$ 的项，将 r_{ji} 也设置为 1，即可得到 $M_{s(R)}$；根据传递关系在其矩阵表示中的特点，只需扫描 R 的关系矩阵 M_R 中所有 $r_{ij}=1$ 的项，如果 r_{jk} 也为 1，则将 r_{ik} 设置为 1，重复这一过程直到不会再有新的项被设置为 1 为止，得到的矩阵即为 $M_{t(R)}$。

根据自反关系的关系图的特点，只需将 R 的关系图中每个结点上都加一个环，即可得到 $r(R)$ 的关系图；根据对称关系的关系图的特点，只需将 R 的关系图中所有的边都改为双向的边，即可得到 $s(R)$ 的关系图；根据传递关系的关系图的特点，如果从结点 a 沿着若干条边可以到达结点 b，添加结点 a 指向结点 b 的边，重复这一过程直到不再添加新的边为止，得到的关系图即为 $t(R)$ 的关系图。

【例 2.41】 如果集合 $A=\{a, b, c, d\}$，A 上的关系 R 如下：

$R=\{<a, b>, <b, a>, <c, d>, <d, b>, <d, d>\}$。则

$r(R)=\{<a, b>, <b, a>, <c, d>, <d, b>, <d, d>, <a, a>, <b, b>, <c, c>\}$
    $=R \cup I_A$；

$s(R)=\{<a, b>, <b, a>, <c, d>, <d, b>, <d, d>, <d, c>, <b, d>\} = R \cup R^c$；

$t(R)=\{<a, b>, <b, a>, <c, d>, <d, b>, <d, d>, <a, a>, <b, b>, <c, b>,$
    $<c, a>, <d, a>\}$。

如果我们计算分别计算 R^2、R^3、R^4 如下：

$R^2=\{<a, a>, <b, b>, <c, b>, <c, d>, <d, a>, <d, b>, <d, d>\}$；

$R^3=\{<a, b>, <b, a>, <c, a>, <c, b>, <c, d>, <d, b>, <d, d>\}$；

$R^4=\{<a, a>, <b, b>, <c, b>, <c, a>, <c, d>, <d, a>, <d, b>, <d, d>\}$。

则，$R \cup R^2 \cup R^3 \cup R^4 = t(R)$。

R，$r(R)$，$s(R)$ 和 $t(R)$ 的关系矩阵如下：

$$M_R = \begin{pmatrix} 0 & 1 & 0 & 0 \\ 1 & 0 & 0 & 0 \\ 0 & 0 & 0 & 1 \\ 0 & 1 & 0 & 1 \end{pmatrix}, \quad M_{r(R)} = \begin{pmatrix} 1 & 1 & 0 & 0 \\ 1 & 1 & 0 & 0 \\ 0 & 0 & 1 & 1 \\ 0 & 1 & 0 & 1 \end{pmatrix},$$

$$M_{s(R)} = \begin{pmatrix} 0 & 1 & 0 & 0 \\ 1 & 0 & 0 & 1 \\ 0 & 0 & 0 & 1 \\ 0 & 1 & 1 & 1 \end{pmatrix}, \quad M_{t(R)} = \begin{pmatrix} 1 & 1 & 0 & 0 \\ 1 & 1 & 0 & 0 \\ 1 & 1 & 0 & 1 \\ 1 & 1 & 0 & 1 \end{pmatrix},$$

R、$r(R)$、$s(R)$ 和 $t(R)$ 的关系图如图 2-11 所示。

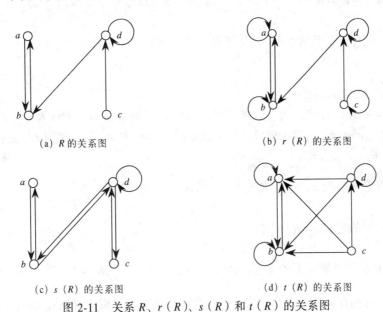

　(a) R 的关系图　　　　　　　　　　　(b) $r(R)$ 的关系图

　(c) $s(R)$ 的关系图　　　　　　　　　　(d) $t(R)$ 的关系图

图 2-11　关系 R、$r(R)$、$s(R)$ 和 $t(R)$ 的关系图

由【例 2.41】，我们可以得到构造关系自反闭包、对称闭包和传递闭包的定理如下：

定理 2.3　设 R 是集合 A 上的关系，则

(1) $r(R) = R \cup I_A$；

(2) $s(R) = R \cup R^c$；

(3) $t(R) = \bigcup_{i=1}^{\infty} R^i = R \cup R^2 \cup R^3 \cup \cdots$

证明： 该定理的证明可根据关系闭包运算定义的三个条件进行。

(1) 显然，$R \subseteq R \cup I_A$。

由于 $I_A \subseteq R \cup I_A$，对任意的 $a \in A$，都有 $<a, a> \in I_A \subseteq R \cup I_A$，因此，$R \cup I_A$ 是自反的。

如果有 R' 是自反的且 $R \subseteq R'$，只需证明 $I_A \subseteq R'$。对任意 $<a, a> \in I_A$，由 R' 是自反的，因此，$<a, a> \in R'$，即，$I_A \subseteq R'$。因此，$R \cup I_A \subseteq R'$。

根据自反闭包的定义，$r(R) = R \cup I_A$。

(2) 显然，$R \subseteq R \cup R^c$。

对任意 $<a, b> \in R \cup R^c$，存在两种情形：如果 $<a, b> \in R$，那么 $<b, a> \in R^c$，有 $<b, a> \in R \cup R^c$；如果 $<a, b> \in R^c$，那么 $<b, a> \in R$，仍有 $<b, a> \in R \cup R^c$。因此，$R \cup R^c$ 是对称的。

如果有 R' 是对称的且 $R \subseteq R'$，只需证明 $R^c \subseteq R'$。对任意 $<a, b> \in R^c$，$<b, a> \in R$，$<b, a> \in R'$，由 R' 是对称的，可得 $<a, b> \in R'$。因此，$R \cup R^c \subseteq R'$。

根据对称闭包的定义，$s(R) = R \cup R^c$。

（3）显然，$R \subseteq \bigcup\limits_{i=1}^{\infty} R^i$。

对任意的$<a, b> \in \bigcup\limits_{i=1}^{\infty} R^i$，$<b, c> \in \bigcup\limits_{i=1}^{\infty} R^i$，存在整数 p 和 q 使得$<a, b> \in R^p$，$<b, c> \in R^q$，因此，$<a, c> \in R^p \circ R^q = R^{p+q} \in \bigcup\limits_{i=1}^{\infty} R^i$。即 $\bigcup\limits_{i=1}^{\infty} R^i$ 是传递的。

如果有 R' 是传递的且 $R \subseteq R'$，要证明 $\bigcup\limits_{i=1}^{\infty} R^i \subseteq R'$，只需采用数学归纳法，证明对任意自然数 n，$R^n \subseteq R'$。

当 $n=1$ 时，$R \subseteq R'$，显然成立。

假设当 $n = k$ 时，有 $R^k \subseteq R'$。那么当 $n=k+1$ 时，对任意$<a, b> \in R^{k+1}$，存在 $c \in A$ 使得 $<a, c> \in R^k$，$<c, b> \in R$。由归纳假设，$<a, c> \in R'$，$<c, b> \in R'$。又由 R' 是传递的，所以，$<a, b> \in R'$。即，$R^{k+1} \subseteq R'$。

因此，对任意自然数 n，都有 $R^n \subseteq R'$，从而 $\bigcup\limits_{i=1}^{\infty} R^i \subseteq R'$。

根据传递闭包的定义，$t(R) = \bigcup\limits_{i=1}^{\infty} R^i$。

推论 设 R 是有限集 A 上的关系，$|A| = n$，则 $t(R) = \bigcup\limits_{i=1}^{\infty} R^i = R \cup R^2 \cup R^3 \cup \cdots \cup R^n$。

【例 2.42】 在操作系统的进程调度中，如果进程 P_i 所需的资源被进程 P_j 所占用，则 P_i 需等待 P_j 释放该资源后才能在 CPU 上运行。如果存在某个进程最终需要等待自己，即，出现了循环等待的情形，则发生死锁。操作系统需要采取一定的死锁检测方法，以从死锁状态中恢复。传递闭包运算提供了死锁检测的基本方法。设 $P=\{P_1, P_2, P_3, P_4\}$ 是操作系统中当前存在的进程的集合，P 上的等待关系 $R=\{<P_1, P_2>, <P_2, P_3>, <P_2, P_4>, <P_4, P_1>, <P_4, P_3>\}$。其关系图如图 2-12 所示。

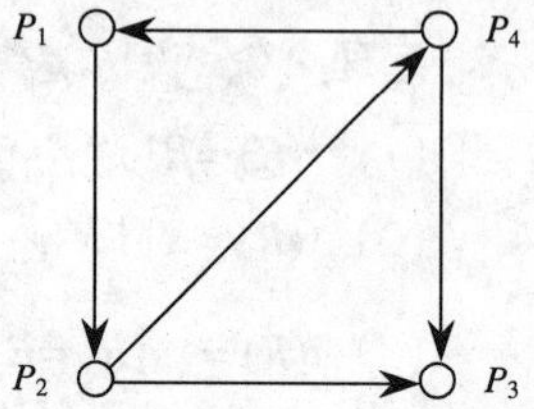

图 2-12 进程等待关系图

R 的传递闭包 $t(R)$ 描述的是每个进程所需等待的所有进程。由定理 2.3 的推论，

$t(R) = R \cup R^2 \cup R^3 \cup R^4 = \{<P_1, P_1>, <P_1, P_2>, <P_1, P_3>, <P_1, P_4>, <P_2, P_1>,$
$<P_2, P_2>, <P_2, P_3>, <P_2, P_4>, <P_4, P_1>, <P_4, P_2>, <P_4, P_3>, <P_4, P_4>\}$。

由于，$<P_1, P_1> \in t(R)$，$<P_2, P_2> \in t(R)$，$<P_4, P_4> \in t(R)$，出现了循环等待的情形，因此，系统中发生死锁。

2.4 等价关系与序关系

在关系中，满足一组相同性质的关系形成了一些特殊的关系类型，这些特殊的关系类型具有重要的意义。

2.4.1 等价关系与划分

我们前面看到了中国城市集合中的"同省"关系、大学所有学生集合上的"同班"关系，这两个关系是自反的、对称的和传递的。同时满足自反性、对称性和传递性这样一组性质的关系，我们称为等价关系。

定义 2.17　设 R 是集合 A 上的关系，如果 R 是自反的、对称的和传递的，则称 R 为 A 上的等价关系。对于 $<a，b>\in R$，称 a 等价于 b。

【例 2.43】　实数集 R 上的"="关系是自反的、对称的、传递的，因此，实数集 R 上的"="关系是等价关系。

【例 2.44】　非空集合 A 上的恒等关系 I_A 是自反的、对称的、传递的，因此，I_A 是等价关系。

【例 2.45】　三角形集合上的全等关系、相似关系是自反的、对称的、传递的，因此，全等关系和相似关系都是等价关系。

【例 2.46】　如果集合 $A=\{1，2，3，4，5\}$，A 上的关系 R 定义为
$$R=\{<a，b> \mid a=b \text{ 或者 } a+b=6\}$$
则 $R=\{<1，1>，<1，5>，<2，2>，<2，4>，<3，3>，<4，2>，<4，4>，<5，1>，<5，5>\}$。

显然，R 是自反的、对称的、传递的，因此，R 是等价关系。

R 的关系图如图 2-13 所示。

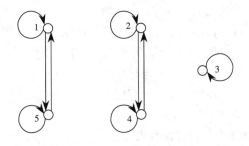

图 2-13　R 的关系图

【例 2.47】　如果集合 $A=\{0，1，2，3，4，5，6，7，8，9\}$，$A$ 上的模 4 同余关系 R 定义为
$$R=\{<a，b> \mid a \bmod 4 = b \bmod 4\}$$
则，$R=\{<0，0>，<0，4>，<0，8>，<1，1>，<1，5>，<1，9>，<2，2>，<2，6>，

<3，3>，<3，7>，<4，0>，<4，4>，<4，8>，<5，1>，<5，5>，<5，9>，

<6，2>，<6，6>，<7，3>，<7，7>，<8，0>，<8，4>，<8，8>，<9，1>，<9，5>，

<9，9>\}$。

显然，R 是自反的、对称的、传递的，因此，R 是等价关系。

R 的关系图如图 2-14 所示。

【例 2.47】 可以进一步推广：一般地，对于任意大于 1 的整数 n，Z 上的模 n 同余关系也是一个等价关系。

由**【例 2.46】**和**【例 2.47】**的关系图我们发现，等价关系 R 将集合 A 中的元素划分成了若干个互不相交的子集，每个子集中的元素间都满足关系 R，而对于不同子集的元素间，都不满足关系 R。因此，每个子集决定了一类元素。例如，**【例 2.47】**中的集合 A 被划分成了 $\{0，4，8\}$，$\{1，5，9\}$，$\{2，6\}$，$\{3，7\}$ 四个子集，分别表示能整除 4、除以 4 余 1、除以 4 余 2 和除以 4 余 3 四类元素。

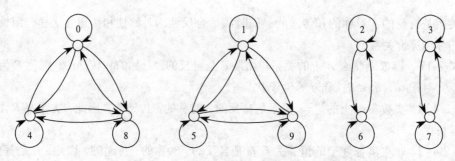

图 2-14　R 的关系图

定义 2.18　设 R 是集合 A 上的等价关系，对于任意 $a \in A$，集合

$$\{b \mid a \in A \text{ 并且 } aRb\}$$

称为 a 关于 R 的等价类，记作 $[a]_R$，在关系明确的情况下，也可简记为 $[a]$。集合 A 中元素关于 R 的所有等价类的集合称为 A 关于 R 的商集，记作 A/R。

注意：由于等价类本身是一个集合，所以商集是一个集合的集合。

根据定义 2.18，【例 2.47】中有四个等价类，虽然我们可以依次求 $[0]_R$，$[1]_R$，$[2]_R$，…，$[9]_R$，但有

$$[0]_R = \{0, 4, 8\} = [4]_R = [8]_R;$$
$$[1]_R = \{1, 5, 9\} = [5]_R = [9]_R;$$
$$[2]_R = \{2, 6\} = [6]_R;$$
$$[3]_R = \{3, 7\} = [7]_R。$$

即，$A/R = \{[0]_R, [1]_R, [2]_R, [3]_R\}$。

如果 $b \in [a]_R$，b 称为这个等价类的代表元。

一个等价类中的任一元素都可以做代表元，选择做代表元的特定元素其实并没有任何特殊的地方。因为我们有下面的定理：

定理 2.4　设 R 是集合 A 上的等价关系，对于任意 a，$b \in A$，aRb 的充要条件是 $[a]_R = [b]_R$。

证明：证必要性。假设 aRb。对于任意 $c \in [a]_R$，有 aRc，由于 R 是 A 上的等价关系，R 是对称的，有 bRa，又由 aRc 和 R 是传递的，有 bRc，因此，$c \in [b]_R$。即，$[a]_R \subseteq [b]_R$。同理，可以证明 $[b]_R \subseteq [a]_R$。因此，$[a]_R = [b]_R$。

证充分性。假设 $[a]_R = [b]_R$。显然，有 $b \in [b]_R = [a]_R$，因此，aRb。

定义 2.19　设 A 是一非空集合，集合 $S = \{S_1, S_2, \cdots, S_n\}$，其中：

（1）对所有 i，$S_i \subseteq A$ 且 $S_i \neq \varnothing$；

（2）对所有 i，j，若 $i \neq j$，则 $S_i \cap S_j = \varnothing$；

（3）$S_1 \cup S_2 \cup \cdots \cup S_n = A$。

称集合 S 为 A 的一个划分，而每个 S_i 称为这个划分的块。

定理 2.5　设 R 是集合 A 上的等价关系，则 A 关于 R 的商集 A/R 构成了 A 的一个划分。

证明：该定理的证明正是基于定义 2.19 中的三个条件。

（1）由等价类的定义，$[a]_R = \{b \mid a \in A \text{ 并且 } aRb\}$，因此，$[a]_R \subseteq A$ 且由 $a \in [a]_R$，$[a]_R \neq \varnothing$；

（2）对任意 a，$b \in A$，如果 $[a]_R \cap [b]_R \neq \varnothing$，假设 $c \in [a]_R \cap [b]_R$、$c \in [a]_R$，则 aRc，由定理 2.4，$[a]_R = [c]_R$。同理，由 $c \in [b]_R$ 可得 $[b]_R = [c]_R$。即，$[a]_R = [b]_R$。因此，A/R 中任意两个不同的等价

类其交集为空。

（3）对任意 $a \in A$，$a \in [a]_R$，因此，$A \subseteq \bigcup\limits_{a \in A}[a]_R$；又由（1），$\bigcup\limits_{a \in A}[a]_R \subseteq A$。因此，$\bigcup\limits_{a \in A}[a]_R = A$。

因此，A 关于 R 的商集 A/R 构成了 A 的一个划分。

不仅如此，定理 2.5 的反过来也是成立的，即，一个集合的划分确定了该集合上的一个等价关系。

定理 2.6　集合 A 的一个划分确定 A 上的一个等价关系。

证明：设集合 A 有一个划分 $S=\{S_1, S_2, \cdots, S_n\}$，根据该划分确定 A 上的关系

$$R=\{<a, b>|\ \text{存在某个 } S_i \text{ 使得 } a \in S_i \text{ 且 } b \in S_i\}$$

下面证明 R 是 A 上的等价关系。

对于任意 $a \in A$，由 $S_1 \bigcup S_2 \bigcup \cdots \bigcup S_n = A$ 可得存在某个 S_i 使得 $a \in S_i$，因此，$<a, a> \in R$。即，R 是自反的。

对于任意 $<a, b> \in R$，存在某个 S_i 使得 $a \in S_i$ 且 $b \in S_i$，因此 $<b, a> \in R$。即，R 是对称的。

对于任意 $<a, b> \in R$ 且 $<b, c> \in R$，存在某个 S_i 使得 $a \in S_i$ 且 $b \in S_i$，并且，存在某个 S_j 使得 $b \in S_j$ 且 $c \in S_j$，而由划分的定义，$b \in S_i \bigcap S_j$ 只能说明 $i=j$。因此，$<a, c> \in R$。即，R 是传递的。

综上，R 是 A 上的等价关系。

【例 2.48】　如果集合 $A = \{1, 2, 3, 4, 5, 6\}$ 上的一个划分 $S=\{\{1, 3, 4\}, \{2, 5\}, \{6\}\}$，则该划分所确定的等价关系：

$R=\{<1, 1>, <1, 3>, <1, 4>, <3, 1>, <3, 3>, <3, 4>, <4, 1>, <4, 3>, <4, 4>,$
　　$<2, 2>, <2, 5>, <5, 2>, <5, 5>, <6, 6>\}$

【例 2.49】　由于 **Z** 上的模 4 同余关系是一个等价关系，由该关系所产生的 **Z** 的划分是以下四个等价类的集合：

$$[0] = \{\cdots, -8, -4, 0, 4, 8, \cdots\};$$
$$[1] = \{\cdots, -7, -3, 1, 5, 9, \cdots\};$$
$$[2] = \{\cdots, -6, -4, 2, 6, 10, \cdots\};$$
$$[3] = \{\cdots, -5, -1, 3, 7, 11, \cdots\}.$$

【例 2.50】　在程序设计语言中用户可以定义和使用的标识符只能是特定符号构成的长度有限的序列，不同的语言所规定的符号不完全相同，不同的编译系统对于标识符长度的要求也差别很大。

例如，C 语言规定，标识符由字母、数字、下画线所构成，Turbo C 编译器允许的标识符的长度为 32。这意味着，在 Turbo C 环境下，如果两个标识符以相同的 32 个字符开头，系统会认为这两个标识符是一回事而不加以区别。对 Turbo C 环境下合法的标识符集合 I 上定义关系 R：如果标识符 x 与标识符 y 的前 32 个字符相同，则 xRy。显然，R 是一个等价关系，关系 R 下的一个等价类由 Turbo C 系统认为相同的标识符组成，而 I/R 则是 Turbo C 系统认为的所有不同的标识符类。

2.4.2　序关系

虽然集合中元素是无序的，但是在很多情况下，我们会人为的加上一个顺序，使得处理起来更方便。加上这个顺序，就建立了该集合上的一个序关系。本节我们将讨论三种序关系。

1. 偏序

偏序关系，是我们将讨论的三种序关系中最为基本的关系。

我们前面看到的 R 上的"≤"关系、Z_+ 上的"|"关系，这两个关系是自反的、反对称的和传递的。同时满足自反性、反对称性和传递性这样一组性质的关系，我们称为偏序关系。

定义 2.20　设 R 是集合 A 上的关系，如果 R 是自反的、反对称的和传递的，则称 R 为 A 上的偏序关系。集合 A 及其上的偏序关系 R 称为一个偏序集，记作 (A, R)。

【例 2.51】　实数集 R 上的"≥"关系也是自反的、反对称的、传递的，因此，实数集 R 上的"≥"关系是偏序关系。$(R, ≥)$ 是一个偏序集。

【例 2.52】　集合 A 的幂集 $\rho(A)$ 上的"⊆"关系是自反的、反对称的、传递的，因此，"⊆"关系是偏序关系。$(\rho(A), ⊆)$ 是一个偏序集。

【例 2.53】　集合 $A = \{1, 2, 3, 4, 5, 6\}$ 上整除关系"|" = {<1, 1>, <1, 2>, <1, 3>, <1, 4>, <1, 5>, <1, 6>, <2, 2>, <2, 4>, <2, 6>, <3, 3>, <3, 6>, <4, 4>, <5, 5>, <6, 6>}是偏序关系。$(A, |)$ 是一个偏序集。

该关系的关系图如图 2-15 所示。

由【例 2.53】的关系图我们可以发现，由于偏序关系是自反的，其关系图中每个结点必然都有环，因此我们没有必要画这些一定存在的环；由于偏序关系是传递的，我们也没有必要画出由于传递性一定存在的边，例如图 2-15 中结点 1 指向结点 4 的边。如果我们假定所有边的方向都是由下向上，我们连边的箭头也无须画出。由此，我们得到偏序关系的一种新的图形表示方法，这种方法称为哈斯图。【例 2.53】中关系的哈斯图如图 2-16 所示。

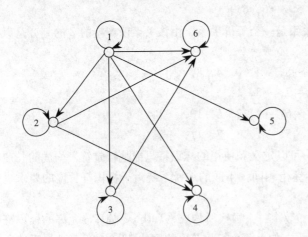

图 2-15　【例 2.53】关系的关系图

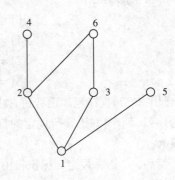

图 2-16　【例 2.53】关系的哈斯图

对有限集 A 上的偏序关系 R，其哈斯图的画法如下：

(1) 集合中的元素用图中的结点表示，结点旁边标记该元素。

(2) 如果 $a, b \in A$，$<a, b> \in R$，并且不存在 $c \in A$ 使得$<a, c> \in R$，$<c, b> \in R$，则将结点 a 放置于结点 b 的下方，并且用一条边将结点 a 与结点 b 连接起来。

【例 2.54】　集合 $A = \{1, 2, 3, 4\}$ 上的"≤"关系显然是一个偏序关系，它的哈斯图如图 2-17 所示。

【例 2.55】 集合 $A=\{a, b, c\}$ 的幂集 $\rho(A)$ 上的 "$\subseteq$" 关系显然是偏序关系，它的哈斯图如图 2-18 所示。

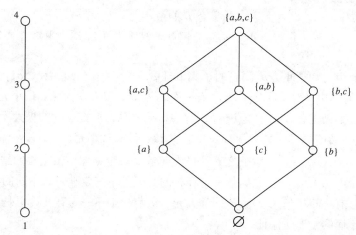

图 2-17 【例 2.54】关系的哈斯图   图 2-18 【例 2.55】关系的哈斯图

【例 2.56】 集合 $A = \{2, 3, 4, 5, 6, 10, 12, 20, 30\}$ 上的 "|" 关系显然是偏序关系，它的哈斯图如图 2-19 所示。

对于任意偏序集 (A, R)，我们常用符号 $a \leq b$ 表示 aRb，"$\leq$" 用于表示任何偏序关系，而不只是实数集上的 "$\leqslant$"。并且，我们用 $a \prec b$ 表示 $a \leq b$ 但 $a \neq b$。

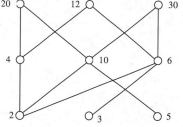

图 2-19 【例 2.56】关系的哈斯图

2．全序

对于偏序集 $(A, \leq)$ 中的任意元素 a, b，如果或者 $a \leq b$，或者 $b \leq a$，称 a 和 b 为可比较的；如果 $a \leq b$ 和 $b \leq a$ 都不成立，称 a 和 b 为不可比较的。A 上的偏序关系 $\leq$，也称为 A 上的部分序关系，"部分"的原因正是因为 A 中存在不可比较的元素。如果 A 中元素之间都可比较，这样的偏序关系称为全序关系。

定义 2.21 对于偏序集 $(A, \leq)$，如果对任意 $a, b \in A$，都有 $a \leq b$ 或者 $b \leq a$，则称 $\leq$ 为 A 上的全序（也称为线性序）关系，$(A, \leq)$ 称为一个全序集。

【例 2.57】 实数集 R 上的 "$\leqslant$" 关系是偏序关系，并且对于任意实数 a 和 b，$a \leqslant b$ 或者 $b \leqslant a$ 至少有一个成立，因此，实数集 R 上的 "$\leqslant$" 关系是全序关系，$(R, \leqslant)$ 是一个全序集。

【例 2.53】中的偏序关系不是一个全序关系，因为存在不可比较的元素，例如，3 和 4，反映在哈斯图上，结点 3 和结点 4 之间没有边并且不可以由下至上从结点 3 到达结点 4。而【例 2.54】中的偏序关系是一个全序关系，其哈斯图为一竖直的结点序列，或者说所有结点位于一条竖线上。因此，由哈斯图判断一个偏序是否全序关系，一目了然。【例 2.55】中的偏序关系不是全序关系，因为存在诸如 $\{a\}$ 和 $\{b, c\}$ 这类不可比较的元素；【例 2.56】中的偏序关系也不是全序关系，因为存在 6 和 20 这类不可比较的元素。

从【例 2.53】、【例 2.54】、【例 2.55】和【例 2.56】的哈斯图可以看出，偏序集中元素的结点层次清楚，有的结点在哈斯图的最上层，有的在最下层；有的最上（下）层只有一个结点，有的有多个结点。下面我们将着重研究哈斯图中这些特殊位置上的结点。

定义 2.22 对于偏序集 $(A, \leq)$，集合 $B \subseteq A$。若存在元素 $a \in B$，且不存在元素 $x \in B$，使

得 $a \prec x$，则称元素 a 为集合 B 的极大元；若不存在元素 $y \in B$，使得 $y \prec a$，则称元素 a 为集合 B 的极小元。若存在元素 $a \in B$，使得对一切 $x \in B$，都有 $x \leqq a$，则称元素 a 为集合 B 的最大元；若对一切 $x \in B$，都有 $a \leqq x$，则称元素 a 为集合 B 的最小元。

注意，极大（小）元、最大（小）元都是相对于偏序集 $(A, \leqq)$ 中集合 A 的某个子集而言的。

在【例 2.55】中，如果集合 $\rho(A)$ 的子集 $B = \{\varnothing, \{a\}, \{a, b\}, \{a, c\}\}$，则集合 B 的极大元有两个，为 $\{a, b\}$ 和 $\{a, c\}$；极小元只有一个，为 $\varnothing$；没有最大元；最小元有一个，为 $\varnothing$。在【例 2.56】中，如果集合 A 的子集 $B = \{2, 3, 4, 6, 12\}$，则集合 B 的极大元有一个，为 12；B 的极小元有两个，为 2 和 3；最大元有一个，为 12；没有最小元。

显然，在偏序集 $(A, \leqq)$ 中，子集 B 的极大元是 B 在哈斯图中最上层的结点，B 的极小元是 B 在哈斯图中最下层的结点，它们是一定存在的，但是不一定唯一。不同的极大元之间、不同的极小元之间没有边连接起来。而 B 的最大元、最小元则不一定存在，但是只要存在，一定是唯一的，这由下面的定理所保证。

定理 2.7 对于偏序集 $(A, \leqq)$，集合 $B \subseteq A$，如果 B 有最大（小）元，则最大（小）元是唯一的。

证明：若 a, b 都是集合 B 的最大元，由定义可知，$a \leqq b$，$b \leqq a$，根据偏序关系 $\leqq$ 的反对称性，有 $a = b$。

同理可证，B 的最小元如果存在也必唯一。

3. 良序

定义 2.23 对于偏序集 $(A, \leqq)$，若对于 A 的每个非空子集 $B \subseteq A$ 都有最小元素，则称偏序 $\leqq$ 是 A 上的一个良序。

由定义可知，【例 2.54】中的偏序关系是一个良序。而【例 2.55】中的偏序关系对于集合 $\{\{a\}, \{b\}\}$ 没有最小元，【例 2.56】中的偏序关系对于集合 $\{2, 3, 4, 6, 12\}$ 没有最小元，因而它们都不是良序。

全序和良序都是特殊的偏序。良序一定是全序，而全序不一定是良序，但是我们有下面的定理。

定理 2.8 有限集上的全序一定是良序。

该定理的证明略。

定义 2.24 对于偏序集 $(A, \leqq)$，集合 $B \subseteq A$。若存在元素 $a \in A$，使得对任意 $b \in B$，都有 $b \leqq a$，则称 a 是集合 B 的上界；若存在元素 $a \in A$，使得对任意 $b \in B$，都有 $a \leqq b$，则称 a 是集合 B 的下界。如果 a 是集合 B 的上界，并且，对任意 $x \in A$，若 x 也是集合 B 的上界时，有 $a \leqq x$，则称 a 是集合 B 的最小上界（上确界）；如果 b 是集合 B 的下界，并且，对任意 $y \in A$，若 y 也是集合 B 的下界时，有 $y \leqq b$，则称 b 是集合 B 的最大下界（下确界）。

注意，上界、下界、最小上界、最大下界都是偏序集 $(A, \leqq)$ 中集合 A 中的元素。

在【例 2.55】中，集合 $\{\varnothing, \{a\}, \{b\}, \{a, b\}\}$ 有上界 $\{a, b\}$ 和 $\{a, b, c\}$，下界为 $\varnothing$，最小上界为 $\{a, b\}$，最大下界为 $\varnothing$。在【例 2.56】中，集合 $\{2, 3, 4, 6, 12\}$ 有上界 12，没有下界，最小上界为 12，没有最大下界。

类似定理 2.7，对于偏序集 $(A, \leqq)$，集合 $B \subseteq A$，若 B 有最大下界，则最大下界唯一；若 B 有最小上界，则最小上界也唯一。我们可仿照定理 2.7 的方法证明。

作为一种特殊的全序关系，字典序在计算机科学中广泛应用。字典序是由已知的全序集 A 诱导出的全序关系。为此，我们先定义两个全序集笛卡儿积上的字典序。

定义 2.25 对于全序集 $(A_1, \leq_1)$ 和 $(A_2, \leq_2)$，$A_1 \times A_2$ 上任意序偶 $<a_1, a_2>$ 和 $<b_1, b_2>$ 的字典序 $\leq$ 定义为：

（1）如果 $a_1 \prec_1 b_1$，则 $<a_1, a_2> \prec <b_1, b_2>$；

（2）如果 $a_1 = b_1$，$a_2 \prec_2 b_2$，则 $<a_1, a_2> \prec <b_1, b_2>$。

【例 2.58】 对于全序集 $(Z, \leq)$，可构造 $Z \times Z$ 上的字典序 $\leq$：对于由整数组成的任意序偶 $<a, b>$ 和 $<c, d>$，如果 $a < b$ 或者 $a = b$ 且 $c < d$，则 $<a, b> \prec <c, d>$。由于 $Z \times Z$ 中的任意元素都可比较，因此，$(Z \times Z, \leq)$ 是一个全序集。显然，由于 $3 \leq 4$，$<3, 5> \leq <4, 2>$，$<3, 2> \leq <4, 5>$；而 $<3, 5> \leq <3, 6>$，因为虽然 $<3, 5>$ 和 $<3, 6>$ 的第一元素相同，但是 $5 \leq 6$。

我们可以将笛卡儿积上的字典序推广，定义 n 阶笛卡儿积上的字典序。

定义 2.26 对于全序集 $(A_1, \leq_1)$，$(A_2, \leq_2)$，$\cdots$，$(A_n, \leq_n)$，$A_1 \times A_2 \times \cdots \times A_n$ 上任意有序 n 元组 $<a_1, a_2, \cdots, a_n>$ 和 $<b_1, b_2, \cdots, b_n>$ 的字典序 $\leq$ 定义为：

（1）如果 $a_1 \prec_1 b_1$，则 $<a_1, a_2, \cdots, a_n> \prec <b_1, b_2, \cdots, b_n>$；

（2）如果存在 $i > 0$，$a_1 = b_1$，$a_2 = b_2$，$\cdots$，$a_i = b_i$，$a_{i+1} \prec_{i+1} b_{i+1}$，则 $<a_1, a_2, \cdots, a_n> \prec <b_1, b_2, \cdots, b_n>$。

【例 2.59】 对于全序集 $(Z, \leq)$，Z^4 上的字典序 $\leq$ 也是一个全序关系，$(Z^4, \leq)$ 是一个全序集。显然，由于 $1 \leq 4$，$<1, 2, 3, 4> \leq <4, 3, 2, 1>$，$<1, 2, 3, 4> \leq <1, 2, 4, 5>$。

因此，可以定义一般的字典序如下：

定义 2.27 如果将全序集 $(\Sigma, \leq)$ 的集合 Σ 作为字母表，由 Σ 中元素作为字母组成的所有字符串的集合记作 Σ^*，即，$\Sigma^* = \{x \mid x$ 是 Σ 上的字符串$\}$，Σ^* 上的字典序 $\leq$ 定义为：

对字符串 $a_1 a_2 \cdots a_m$ 和 $b_1 b_2 \cdots b_n$，其中，$a_i, b_j \in \Sigma$，令 $t = \min(m, n)$，则 $a_1 a_2 \cdots a_m \prec b_1 b_2 \cdots b_n$ 的充分必要条件是

（1）$<a_1, a_2, \cdots, a_t> \prec <b_1, b_2, \cdots, b_t>$；或者

（2）$a_1 = b_1$，$a_2 = b_2$，$\cdots$，$a_t = b_t$，并且 $m < n$。

【例 2.60】 对于英文字母表 $\Sigma = \{a, b, c, \cdots, z\}$，$\Sigma$ 上的全序关系 "$\leq$" 有 $a \leq b$，$b \leq c$，$\cdots$，$y \leq z$。按照定义 2.27 得到的 Σ^* 上的字典序 $\leq$ 是一个全序。例如，linear $\leq$ order 因为 $t = \min(6, 5) = 5$，$<l, i, n, e, a> \prec <o, r, d, e, r>$；而 me $\leq$ meat 因为 $2 < 4$。

本 章 小 结

本章主要介绍了关系的基本概念、性质和运算，在此基础上，介绍了两类特殊的关系等价关系和序关系。

关系的基本概念基于序偶和笛卡儿积的概念的基础之上，二元关系是序偶的集合，是两个集合笛卡儿积的子集，因此，关系可以采用集合的枚举法和描述法表示，也有关系图和关系矩阵等关系特有的表示方法。

关系的性质主要包括自反与反自反、对称与非对称和传递性等性质，关系的性质在关系图和关系矩阵中有各自不同的特点，可以依据这些特点判断一个关系的性质，但要证明关系满足的性质最基本的方法还是根据定义证明。

关系作为特殊的集合，也可以进行集合的交、并、补、差等运算，此外，关系还有自己特有的复合、逆和闭包等运算，这些运算都可以通过对关系矩阵的操作来实现。

等价关系是满足自反、对称、传递三种性质的关系，偏序关系则是满足自反、反对称和传递三种性质的关系。与等价关系有关的概念有等价类、商集和划分，与偏序关系有关的概念有偏序关系的哈斯图表示以及偏序集中极大（小）元、最大（小）元、上（下）界、最小上界和最大下界在哈斯图中的位置特点。

习 题 二

1．已知 $A=\{1, 2, 3\}$，$B=\{a, b\}$，求

(1) $A \times B$；

(2) $B^2 \times \varnothing \times A$；

(3) $\rho (B) \times A$；

(4) $B^3 \times A$；

(5) $(A \times B)^2$。

2．以下各式是否对任意集合 A，B，C，D 均成立？试对成立的给出证明，对不成立的给出适当的反例。

(1) $(A \cap B) \times (C \cap D)=(A \times B) \cap (C \times D)$

(2) $(A-B) \times C=(A \times C)-(B \times C)$

(3) $(A-B) \times (C-D) = (A \times C)-(B \times D)$

(4) $(A \cup B) \times (C \cup D)=(A \times C) \cup (B \times D)$

3．关系 R_1 和 R_2 是从 $\{1, 2, 3, 4, 5\}$ 到 $\{2, 4, 6\}$ 的关系，其中，$R_1=\{<1, 2>, <3, 4>, <5, 6>\}$，$R_2=\{<1, 4>, <2, 6>\}$，求 $\mathrm{dom}R_1$，$\mathrm{ran}R_1$，$\mathrm{dom}R_2$ 和 $\mathrm{ran}R_2$。

4．对下列情况，用枚举法、关系矩阵和关系图表示 A 到 B 的关系 R。

(1) $A=\{0, 1, 2\}$，$B=\{0, 2, 4\}$，$R=\{<a, b> \mid a \times b \in A \cap B\}$。

(2) $A=\{1, 2, 3, 4, 5\}$，$B=\{1, 2, 3\}$，$R=\{<a, b> \mid a = b^2\}$。

(3) $A=\rho (\{0, 1\})$，$B = \rho (\{0, 1, 2\}) - \rho (\{0\})$，$R=\{<a, b> \mid a-b= \varnothing \}$。

5．集合 $A=\{1, 2, 3\}$，R，S 均是 A 上的关系，$R=\{<1, 2>, <2, 1>\} \cup I_A$，$S=\{<1, 1>, <2, 3>\}$。

(1) 用枚举法、关系矩阵和关系图表示 A 上的关系 R 和 S。

(2) 说明关系 R 和 S 所具有的性质。

(3) 求 $R \circ S$ 和 $S \circ R$。

6．定义字母表 Σ 中所有字符串的集合 Σ^* 上的下列关系，说明这些关系所具有的性质。

(1) xRy 当且仅当 $x=a_1a_2 \cdot \cdots \cdot a_m$，$y=b_1b_2 \cdot \cdots \cdot b_n$，并且，$a_1=b_1$，$a_2=b_2$，$\cdots$，$a_t=b_t$，$t \leqslant m \leqslant n$。

(2) xSy 当且仅当 $x=a_1a_2 \cdot \cdots \cdot a_m$，$y = b_1b_2 \cdot \cdots \cdot b_n$，并且，$a_m=b_n$，$a_{m-1}=b_{n-1}$，$\cdots$，$a_{m-t}=b_{n-t}$，$t \leqslant m \leqslant n$。

(3) xTy 当且仅当 $x = a_1a_2 \cdot \cdots \cdot a_m$，$y = b_1b_2 \cdot \cdots \cdot b_n$，并且，$a_1=b_n$，$a_2=b_{n-1}$，$\cdots$，$a_t = b_{n-t+1}$，$t \leqslant m \leqslant n$。

7．设 R 为 A 上的自反关系，证明：R 是传递的当且仅当 $R \circ R=R$。并举例说明其逆不真。

8．设 $A=\{a,\ b,\ c,\ d\}$，A 上二元关系 $R=\{<a,\ c>,\ <b,\ b>,\ <b,\ c>,\ <c,\ a>,\ <d,\ b>\}$，$S=\{<a,\ b>,\ <b,\ a>,\ <b,\ c>,\ <c,\ a>,\ <c,\ d>,\ <d,\ c>\}$，求 $R\bigcap S$，$R\bigcup S$，$\overline{R}$，$\overline{S}$，$R-S$ 和 $S-R$。

9．给定集合 $A=\{1,\ 2,\ 3,\ 4\}$，$B=\{2,\ 3,\ 4\}$，$C=\{1,\ 2,\ 3\}$，设 R 是 A 到 B 的关系，$R=\{<x,\ y>\ |\ x+y=6\}$，S 是 B 到 C 的关系，$S=\{<y,\ z>\ |\ y-z=1\}$。求 $R\circ S$。

10．设 R_1 是从 A 到 B 的关系，R_2 和 R_3 是从 B 到 C 的关系，R_4 是从 C 到 D 的关系，证明：

(1) $R_1\circ(R_2\bigcup R_3)=R_1\circ R_2\bigcup R_1\circ R_3$；

(2) $R_1\circ(R_2\bigcap R_3)\subseteq R_1\circ R_2\bigcap R_1\circ R_3$；

(3) $(R_2\bigcup R_3)\circ R_4=R_2\circ R_4\bigcup R_3\circ R_4$；

(4) $(R_2\bigcap R_3)\circ R_4\subseteq R_2\circ R_4\bigcap R_3\circ R_4$。

11．设 $A=\{a,\ b,\ c,\ d\}$，A 上二元关系 $R=\{<a,\ c>,\ <b,\ b>,\ <b,\ c>,\ <c,\ a>,\ <d,\ b>\}$，$S=\{<a,\ b>,\ <b,\ a>,\ <c,\ a>,\ <c,\ d>,\ <d,\ c>\}$，求 $R\circ S$，$S\circ R$，$(R\circ S)\circ R$，$R\circ(S\circ R)$，$R\circ R$，$R\circ R\circ R$，$(R\circ S)^c$ 和 $S^c\circ R^c$。

12．设 $A=\{1,\ 2,\ 3,\ 4,\ 5\}$，A 上二元关系 $R=\{<1,\ 2>,\ <2,\ 2>,\ <3,\ 4>,\ <4,\ 3>,\ <5,\ 1>\}$，$S=\{<1,\ 3>,\ <2,\ 5>,\ <3,\ 1>,\ <4,\ 2>,\ <5,\ 2>\}$，求 $R\circ S$，$S\circ R$，$(R\circ S)\circ R$，$R\circ(S\circ R)$，$R\circ R$，$S\circ S$，$(R\circ S)^c$ 和 $S^c\circ R^c$。

13．设 $A=\{a,\ b,\ c,\ d\}$，A 上二元关系 $R=\{<a,\ c>,\ <b,\ b>,\ <b,\ c>,\ <c,\ a>,\ <d,\ b>\}$，求 $r(R)$，$s(R)$，$t(R)$，$rs(R)$，$sr(R)$，$tsr(R)$，$rst(R)$。

14．设 $A=\{1,\ 2,\ 3,\ 4,\ 5\}$，A 上二元关系 $R=\{<1,\ 2>,\ <2,\ 2>,\ <3,\ 4>,\ <4,\ 3>,\ <5,\ 1>\}$，求 $r(R)$，$s(R)$，$t(R)$，$st(R)$，$ts(R)$，$trs(R)$，$str(R)$。

15．设 R，S 是 A 上的二元关系，证明：

(1) $r(R\bigcup S)=r(R)\bigcup r(S)$；

(2) $s(R\bigcup S)=s(R)\bigcup s(S)$；

(3) $t(R\bigcup S)\supseteq t(R)\bigcup t(S)$。

16．设 R，S 是 A 上的二元关系，并且，$R\subseteq S$，证明：

(1) $r(R)\subseteq r(S)$；

(2) $s(R)\subseteq s(S)$；

(3) $t(R)\subseteq t(S)$。

17．设 $A=\{a,\ b,\ c,\ d\}$，写出 A 上所有不同的等价关系。

18．设 $A=\{1,\ 2,\ 3,\ 4,\ 5,\ 6,\ 7,\ 8,\ 9\}$，$A^2$ 上的关系 R 定义为 $(a,\ b)\ R\ (c,\ d)$ 当且仅当 $a+d=b+c$。证明：R 是 A^2 上的等价关系。并求出等价类。

19．正整数集 $\mathbf{Z}_+$ 上的关系 R 定义为 xRy 当且仅当 $x/y=2^k$，k 是整数。证明：R 是 $\mathbf{Z}_+$ 上的等价关系。并求出等价类。

20．设 R 是一个二元关系，$S=\{<x,\ y>|$存在某个 z，使得$<x,\ z>\in R$ 且 $<z,\ y>\in R\}$。证明：如果 R 是等价关系，则 S 也是等价关系。

21．求集合 $A=\{1,\ 2,\ 3,\ 4,\ 5\}$ 的一个划分 $\{\{1,\ 3,\ 5\},\ \{2,\ 4\}\}$ 相应的等价关系。

22．四个元素的集合可以有多少种不同的划分？

23．设 R 是集合 A 上的二元关系，R 是可传递的和反自反的，证明：$r\ (R)$ 是 A 上的偏序关系。

24. 确定整数集 Z 上的下列关系是不是偏序关系。

(1) $R_1=\{<a,\ b>\mid a=2b,\ a,\ b\in Z\}$；

(2) $R_2=\{<a,\ b>\mid a$ 能被 b 整除，$a,\ b\in Z\}$；

(3) $R_3=\{<a,\ b>\mid a$ 能被 b^2 整除，$a,\ b\in Z\}$。

25. 设 $A=\{a,\ b,\ c,\ d\}$，写出 A 上所有的偏序关系。

26. 设 $A=\{a,\ b,\ c,\ d,\ e\}$，A 上的偏序关系 $R=\{<a,\ b>,\ <c,\ a>,\ <c,\ b>,\ <c,\ d>,\ <c,\ e>,$ $<d,\ e>\}\cup I_A$。

(1) 画出 R 的关系图；

(2) 画出 R 的哈斯图；

(3) 求 A 关于 R 的极大元和极小元。

27. 画出下列集合上整除关系的哈斯图，说明是否为全序关系。如果存在的话，对相应子集所有的极大元、极小元、最大元、最小元、上界、下界、最大下界和最小上界。

(1) $\{1,\ 2,\ 3,\ 4,\ 6,\ 8,\ 12,\ 16,\ 18,\ 24\}$，子集 $\{2,\ 3,\ 4,\ 6,\ 8\}$；

(2) $\{2,\ 3,\ 5,\ 6,\ 9,\ 10,\ 12,\ 15,\ 18,\ 20,\ 24\}$，子集 $\{6,\ 9,\ 10,\ 12\}$；

(3) $\{1,\ 2,\ 4,\ 8,\ 16,\ 32,\ 64,\ 128,\ 256\}$，子集 $\{4,\ 8,\ 16,\ 32\}$。

28. 已知偏序集 $(A,\ \leqslant)$ 的哈斯图如下所示。

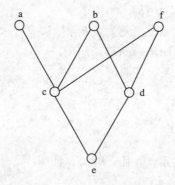

(1) 求 A 关于 R 的极大元和极小元；

(2) 求子集 $\{c,\ d,\ e\}$ 的上界和最小上界；

(3) 求子集 $\{a,\ b,\ c\}$ 的上界和最大下界。

第3章　函　数

本章导读

本章主要介绍函数的基本概念、分类和运算，以及两类在计算机科学中非常重要的函数，最后介绍基数的基本概念。

本章内容要点：

- 函数的概念与分类；
- 函数的运算；
- 计算机科学中常用的两类函数；
- 基数。

内容结构

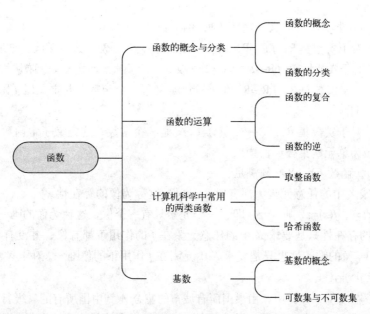

学习目标

本章着重介绍函数的相关概念，通过学习，学生应该能够：

- 理解函数的定义，注意函数和关系的区别；

- 深入理解满射、单射和双射的含义，能根据定义函数的分类；
- 熟练掌握函数的各种运算，特别是函数的逆关系是函数的条件；
- 了解两类在计算机科学中广泛应用的函数；
- 了解基数、可数集与不可数集的概念。

3.1 函数的概念与分类

函数概念是最基本的数学概念之一，也是最重要的数学工具。函数是一种特殊的关系，而关系又是一种特殊的集合，因此，我们将从集合的角度来研究函数。

3.1.1 函数的概念

通常的实函数是在实数集 R 上讨论的，我们将推广实函数概念，讨论在任意集合上的函数。函数也常称为映射或变换，其定义如下：

定义 3.1 对集合 X 到集合 Y 的关系 f，如果对任意的 $x \in X$，都存在唯一的 $y \in Y$，使得 $<x, y> \in f$，则称 f 为从 X 到 Y 的函数（或映射），并记作 $f:X \to Y$。$<x, y> \in f$，通常记作 $f(x)=y$，称 y 为 x 的像（或函数值），称 x 为 y 的像源。

函数作为一种特殊的关系，也有前域、陪域、定义域、值域的概念。

(1) 函数 $f:X \to Y$ 的定义域就是前域 X，而不是 X 的子集，即，$\mathrm{dom}f = X$。

(2) 一般来说，函数 $f:X \to Y$ 的值域是陪域的子集，即，$\mathrm{ran}f \subseteq Y$，我们也常用 $f(X)$ 表示函数 f 的值域。

我们熟悉的各类实函数都满足定义 3.1，例如：

【例 3.1】 对于实数集 R，$f:R \to R$，$f(x)=x^3$ 定义了一个函数，其定义域、陪域和值域均为 R。

【例 3.2】 对于实数集 R，$f:R \to R$，$f(x)=2^x$ 定义了一个函数，其定义域、陪域均为 R，值域为 R₊。

【例 3.3】 对于实数集 R，$f:R \to R$，$f(x)=\sin x$ 定义了一个函数，其定义域、陪域均为 R，值域为闭区间 $[-1, 1]$。

【例 3.4】 对于实数集 R，$f:R \to R$，$f(x)=c$，c 是一个常数，这定义了常函数，其定义域、陪域均为 R，值域为单元素集合 $\{c\}$。

由定义 3.1，函数 $f:X \to Y$ 必须满足：

(1) 定义域 X 中的任意元素 x 都有像 $f(x) \in Y$，这称为像的存在性。

(2) 若 $f(x)=y$，$f(x)=z$，则 $y=z$。即，一个元素只有一个像，这称为像的唯一性。

注意：像的存在性只是要求 X 中的任意元素在 f 的作用下都有像，并没有要求 Y 中的元素都有像源。并且，像的唯一性也只是要求 X 中元素在 f 作用下的像唯一，对于 X 中的不同元素 x、y，完全有可能 $f(x)=f(y)$。

【例 3.5】 在【例 2.15】中，由中国所有城市的集合 A 到中国所有的省级行政单位 B 的关系 R 是函数，可记作 $R：A \to B$。函数 R 将中国的任意一个城市映射为该城市所在的省级行政单位。

【例 3.6】 在【例 2.16】中，由集合 $A=\{2, 3, 7\}$ 到集合 $B=\{8, 9, 10, 11, 12\}$ 的整除关系 R 不是函数，因为 $<2, 8>$，$<2, 10> \in R$，R 不满足函数的像的唯一性条件。

【例 3.7】 集合 $X=\{1, 2, 3, 4, 5\}$ 到集合 $Y=\{a, b, c\}$ 的关系 $R=\{<1, a>, <2, b>, <3, c>, <4, b>, <5, a>\}$ 是函数。

【例 3.8】 集合 X 上的恒等关系 I_X 是函数，可记作 $I_X：X \to X$，$I_X(x)=x$。

通常我们也把函数 $f:X{\to}Y$ 看作是一个变换规则，它把 X 的每一元素变换为 Y 的唯一一个元素。在定义一个函数时，我们必须指定定义域、陪域和变换规则，并且变换规则必须满足函数的两个条件。

定义 3.2　设有函数 $f:X{\to}Y$，$g:U{\to}V$，若有 $X=U$、$Y=V$，且对所有的 $x{\in}X$，有 $f(x)=g(x)$，则称函数 f 和 g 相等，记作 $f=g$。

定义 3.2 表明：两函数相等，它们必须有相同的定义域、陪域和变换规则。

【例 3.9】　函数 $f:R{\to}R$，$f(x)=2^x$ 和函数 $g:N{\to}N$，$g(x)=2^x$ 是两个不同的函数，因为两个函数的定义域不同，陪域也不同。

【例 3.10】　函数 $f:R{\to}R$，$f(x)=\sin x$ 和函数 $f:R{\to}R$，$f(x)=\cos x$ 是两个不同的函数，因为两个函数的变换规则不同。

由于函数是一种的特殊的关系，可以用关系的表示方法来表示。

1．枚举法

将函数 f 中的所有序偶一一列举出来，以表示函数 f。

在【例 3.7】中就采用了枚举法的表示方式。

2．描述法

将函数 f 中元素所满足的性质刻画出来，以表示函数 f。

如【例 3.1】中的 $f:R{\to}R$，$f(x)=x^3$，【例 3.2】中的 $f:R{\to}R$，$f(x)=2^x$，【例 3.3】中的 $f:R{\to}R$，$f(x)=\sin x$，【例 3.4】中的 $f:R{\to}R$，$f(x)=c$ 都采用了描述法。

3．矩阵表示

我们也可以利用矩阵表示从集合 X 到集合 Y 的函数 f。即，如果 $x_i{\in}X$，$f(x_i)=y_j$，则矩阵 M_f 中 $r_{ij}=1$。当然，这种表示只适合于定义域为有限集的情形。

【例 3.7】中关系 R 的矩阵表示为

$$M_f=\begin{pmatrix} 1 & 0 & 0 \\ 0 & 1 & 0 \\ 0 & 0 & 1 \\ 0 & 1 & 0 \\ 1 & 0 & 0 \end{pmatrix}$$

显然，函数的关系矩阵中每行有且仅有一个 1。

4．图表示

从集合 X 到集合 Y 的函数的图表示可以按照关系图的画法表示。同样，用关系图表示也只适合于定义域为有限集的情形。

【例 3.7】中函数的图表示如图 3-1 所示。

显然，函数的图表示中，从 X 中元素所对应的结点有且仅有一条边指向 Y 中元素所对应的结点。

对于定义域为无限集的函数，通过在平面直角坐标系中做出函数图像也是一种非常方便的表示函数的方法。例如，【例 3.3】中正弦函数图像如图 3-2 所示。

前面我们介绍的都是一元函数，即，由一个像源就可以决定一个像，我们可以将一元函数的概念加以推广，得到 n 元函数。

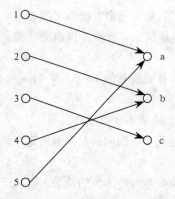

图 3-1 【例 3.7】中函数的图表示

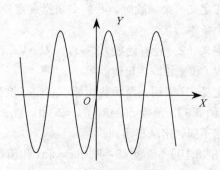

图 3-2 正弦函数图像表示

定义 3.3 设 X_1，X_2，…，X_n 和 Y 为集合，如果 $f:X_1 \times X_2 \times \cdots \times X_n \to Y$ 为函数，则称 f 为从 X_1，X_2，…，X_n 到 Y 的 n 元函数，对于任意 $x_1 \in X_i$，$f(<x_1, x_2, \cdots, x_n>)$ 通常记作 $f(x_1, x_2, \cdots, x_n)$。

【例 3.11】 函数 $f:R \times R \to R$，$f(x, y)=x + y$ 采用了函数的方式表示了最基本的算术运算——加法。

一元函数中概念都可以推广到 n 元函数，在此不再多加讨论，本书后文中如果没有特别指出，所讲的函数均指一元函数。

3.1.2 函数的分类

等价关系、偏序关系都是具有某些特殊性质的关系类型，同样的，我们可以定义具有特殊性质的函数类型。本节将定义这些函数，并给出相应的术语。

1. 满射

在某些函数中，陪域中的每个元素都有定义域中元素与之对应，我们说，这类函数是满射的。

定义 3.4 设 $f:X \to Y$ 是函数，如果 $\mathrm{ran}f = Y$，或者说，对任意 $y \in Y$，存在 $x \in X$，使得 $f(x)=y$，则称 $f:X \to Y$ 是满射。

定义 3.4 表明，在函数 f 的作用下，对 Y 中的每个元素 y，都至少是 X 中某个元素 x 的像，因此，若 X 和 Y 是有限集，存在满射 $f:X \to Y$，则 $|X| \geqslant |Y|$。

【例 3.1】 中的函数 $f:R \to R$，$f(x)=x^3$ 由于值域为实数集 R，因而是满射。**【例 3.2】** 中的函数 $f:R \to R$，$f(x)=2^x$ 不是满射，因为值域为正实数集 $R_+ \neq R$。**【例 3.3】** 中的函数 $f:R \to R$，$f(x)=\sin x$ 也不是满射，因为值域为闭区间 $[-1, 1] \neq R$。**【例 3.4】** 中的函数 $f:R \to R$，$f(x)=c$ 也不是满射，因为值域为单元素集 $\{c\} \neq R$。

【例 3.12】 集合 $X = \{1, 2, 3, 4, 5\}$，集合 $Y = \{a, b, c, d\}$，从 X 到 Y 的函数 f_1，f_2 如下：

$$f_1=\{<1, c>, <2, b>, <3, a>, <4, c>, <5, b>\};$$
$$f_2=\{<1, b>, <2, c>, <3, d>, <4, a>, <5, b>\}。$$

试判断 f_1 和 f_2 是否满射，并给出它们的矩阵表示和图表示。

解： 在函数 f_1 中，存在 $d \in Y$，没有 $x \in X$ 使得 $f_1(x)=d$，因此函数 f_1 不是满射。

在函数 f_2 中，对任意 $y \in Y$，都存在 $x \in X$，使得 $f_2(x)=y$，因此函数 f_2 是满射。

函数 f_1、f_2 的矩阵表示如下：

$$M_{f_1} = \begin{pmatrix} 0 & 0 & 1 & 0 \\ 0 & 1 & 0 & 0 \\ 1 & 0 & 0 & 0 \\ 0 & 0 & 1 & 0 \\ 0 & 1 & 0 & 0 \end{pmatrix}, \quad M_{f_2} = \begin{pmatrix} 0 & 1 & 0 & 0 \\ 0 & 0 & 1 & 0 \\ 0 & 0 & 0 & 1 \\ 1 & 0 & 0 & 0 \\ 0 & 1 & 0 & 0 \end{pmatrix}$$

由矩阵表示可以看出，函数 f_2 是满射，则它的矩阵的每一列都至少有一个元素为 1；函数 f_1 不是满射，它的矩阵对应 Y 中元素 d 的第四列上元素全为 0。

函数 f_1、f_2 的图表示如图 3-3 所示。

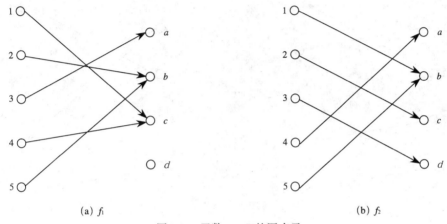

(a) f_1 (b) f_2

图 3-3 函数 f_1、f_2 的图表示

由函数图可以看出，函数 f_2 是满射，则它的函数图 Y 中每个结点上都有来自 X 中结点的边相连；而函数 f_1 不是满射，则它的函数图中存在 Y 中结点 d 没有来自 X 中结点的边相连。

2. 单射

在某些函数中，定义域的不同元素对应的陪域中的元素也不同，我们说，这类函数是单射的。

定义 3.5 设 $f: X \rightarrow Y$ 是函数，对任意的 u，$v \in X$，$u \neq v$，都有 $f'(u) \neq f(v)$，则称 $f: X \rightarrow Y$ 是单射。

定义 3.5 表明，在函数 f 的作用下，X 中不同的元素，在 Y 中的像也是不同的，因此，若 X 和 Y 是有限集，存在单射 $f: X \rightarrow Y$，则 $|X| \leqslant |Y|$。

【例 3.1】中的函数 $f: R \rightarrow R$，$f(x)=x^3$ 对于不同的 u，$v \in R$，$u^3 \neq v^3$，因而是单射。【例 3.2】中的函数 $f: R \rightarrow R$，$f(x)=2^x$ 对于不同的 u，$v \in R$，$2^u \neq 2^v$，因而也是单射。【例 3.3】中的函数 $f: R \rightarrow R$，$f(x)=\sin x$ 不是单射，因为正弦函数是周期函数，对任意 $u \in R$，$f(u)=f(u+2k\pi)$，$k \in Z$。【例 3.4】中的函数 $f: R \rightarrow R$，$f(x)=c$ 也不是单射，因为它对任意的 x，$y \in R$，都有 $f(x)=f(y)$。

【例 3.13】 集合 $X=\{1, 2, 3, 4\}$，集合 $Y=\{a, b, c, d, e\}$，从 X 到 Y 的函数 f_3、f_4 如下：

$$f_3=\{<1, b>, <2, a>, <3, d>, <4, e>\};$$
$$f_4=\{<1, d>, <2, a>, <3, d>, <4, c>\}。$$

试判断 f_3 和 f_4 是否为单射，并给出它们的矩阵表示和图表示。

解： 在函数 f_3 中，对任意的 u，$v \in X$，$u \neq v$，都有 $f_3(u) \neq f_3(v)$，因此函数 f_3 是单射。

在函数 f_4 中，存在 1，$3 \in X$，$1 \neq 3$，但是 $f_4(1)=f_4(3)=d$，因此函数 f_4 不是单射。

函数 f_3、f_4 的矩阵表示如下：

$$M_{f_3} = \begin{pmatrix} 0 & 1 & 0 & 0 & 0 \\ 1 & 0 & 0 & 0 & 0 \\ 0 & 0 & 0 & 1 & 0 \\ 0 & 0 & 0 & 0 & 1 \end{pmatrix}, \quad M_{f_4} = \begin{pmatrix} 0 & 0 & 0 & 1 & 0 \\ 1 & 0 & 0 & 0 & 0 \\ 0 & 0 & 0 & 1 & 0 \\ 0 & 0 & 0 & 0 & 1 \end{pmatrix}$$

由矩阵表示可以看出，函数 f_3 是单射，则它的矩阵的每一列都至多有一个元素为 1；函数 f_4 不是单射，它的矩阵对应 Y 中元素 d 的第四列上有两个 1。

函数 f_3、f_4 的图表示如图 3-4 所示。

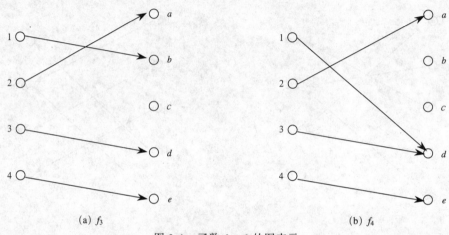

(a) f_3 (b) f_4

图 3-4   函数 f_3、f_4 的图表示

由函数图可以看出，函数 f_3 是单射，则它的函数图 X 中不同结点指向 Y 中的结点也不同；函数 f_4 不是单射，则它的函数图中存在 Y 中结点 d 有来自 X 中多个结点的边相连。

3. 双射

定义 3.6   设 $f{:}X{\rightarrow}Y$ 是函数，如果 f 既是满射又是单射，则称 $f{:}X{\rightarrow}Y$ 是双射（或一一对应）。

定义 3.6 表明，在函数 f 的作用下，Y 中每个元素是且仅是 X 中某一个元素的像。因此，若 X 和 Y 是有限集，存在双射 $f{:}X{\rightarrow}Y$，则 $|X|=|Y|$。

【例 3.1】中的函数 $f{:}R{\rightarrow}R$，$f(x)=x^3$ 既是满射，又是单射，因而是双射。【例 3.2】中的函数 $f{:}R{\rightarrow}R$，$f(x)=2^x$ 是单射，但是不是满射，因而不是双射。【例 3.3】中的函数 $f{:}R{\rightarrow}R$，$f(x)=\sin x$ 不是满射，也不是单射，因而也不是双射。【例 3.4】中的函数 $f{:}R{\rightarrow}R$，$f(x)=c$ 不是满射，也不是单射，因而也不是双射。

【例 3.14】   集合 $X=\{1, 2, 3, 4\}$，集合 $Y=\{a, b, c, d\}$，从 X 到 Y 的函数 f_5，f_6 如下：

$$f_5 = \{<1, b>, <2, a>, <3, d>, <4, c>\};$$
$$f_6 = \{<1, d>, <2, a>, <3, b>, <4, c>\}.$$

试判断 f_5 和 f_6 是否双射，并给出它们的矩阵表示和图表示。

解：在函数 f_5 中，对任意 $y{\in}Y$，都存在 $x{\in}X$，使得 $f_5(x)=y$，因此函数 f_5 是满射；对任意的 u，$v{\in}X$，$u{\neq}v$，都有 $f_5(u){\neq}f_5(v)$，因此函数 f_5 是单射。因此，f_5 是双射。

在函数 f_6 中，对任意 $y{\in}Y$，都存在 $x{\in}X$，使得 $f_6(x)=y$，因此函数 f_6 是满射；对任意的 u，$v{\in}X$，$u{\neq}v$，都有 $f_6(u){\neq}f_6(v)$，因此函数 f_6 是单射。因此，f_6 是双射。

函数 f_5、f_6 的矩阵表示如下：

$$M_{f_5} = \begin{pmatrix} 0 & 1 & 0 & 0 \\ 1 & 0 & 0 & 0 \\ 0 & 0 & 0 & 1 \\ 0 & 0 & 1 & 0 \end{pmatrix}, \quad M_{f_6} = \begin{pmatrix} 0 & 0 & 0 & 1 \\ 1 & 0 & 0 & 0 \\ 0 & 1 & 0 & 0 \\ 0 & 0 & 1 & 0 \end{pmatrix}$$

由矩阵表示可以看出，双射函数的每行每列都有且仅有一个元素为 1。

函数 f_5、f_6 的图表示如图 3-5 所示。

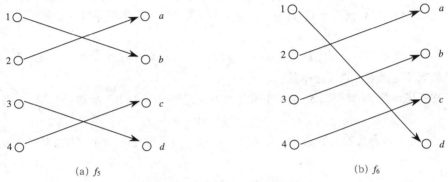

(a) f_5　　　　　　　　　　　　　　　　(b) f_6

图 3-5　函数 f_5、f_6 的图表示

由函数图可以看出，函数 f_5 和 f_6 是双射，则它们的函数图中 Y 的每个结点都有且仅有来自 X 中一个结点的边相连。

图 3-6 说明了这三类函数之间的关系。注意，既非单射又非满射的函数是大量存在的。

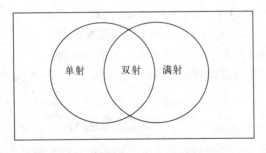

图 3-6　满射、单射和双射的关系

【例 3.15】 对于如下给定的函数，请判断各函数的性质。

(1) 集合 $X=\{1,2,3,4\}$ 上的恒等函数 I_X；

(2) $g:[0,1]\to[a,b]$，这里 $a<b$，$g(x)=(b-a)x+a$；

(3) $h:R\to R$，$h(x)=x^2+2x+1$。

(4) 皮亚诺函数 S：$N\to N$，$S(n)=n+1$。

解： (1) 恒等函数 I_X 是满射，因为对于任意 $x\in X$，显然有 $I_X(x)=x$。它也是单射，因为对任意 $u,v\in X$，且 $u\neq v$，则

$$I_X(u)=u\neq v=I_X(v)$$

因而该函数是双射。

(2) $g:[0,1]\to[a,b]$，$g(x)=(b-a)x+a$ 是满射，因为对于任意 $y\in[a,b]$，

$$g(\frac{y-a}{b-a}) = (b-a) \cdot \frac{y-a}{b-a} + a = y$$

并且，因为 $a \le y \le b$，所以 $0 \le \frac{y-a}{b-a} \le 1$，即，存在 $x = \frac{y-a}{b-a} \in [0, 1]$，使得 $g(x)=y$。它也是单射，因为对任意 $u, v \in [0, 1]$，且 $u \ne v$，则

$$g(u)=(b-a)u+a \ne (b-a)v+a=g(v)$$

因而该函数是双射。

（3）$h:R \to R$，$h(x)=x^2+2x+1$ 不是满射，因为 $h(x)=x^2+2x+1=(x+1)^2$，所以对于任意小于 0 的实数 y，不存在这样的 x，使得 $h(x)=y$。它也不是单射，因为对任意不等于的 -1 实数 x，存在 $(-2-x)$ 使得

$$h(-2-x)=(-2-x+1)^2=(-1-x)^2=h(x)$$

因而该函数既不是满射，也不是单射。

（4）皮亚诺函数 S：$N \to N$，$S(n)=n+1$ 不是满射，因为对于 $0 \in N$，虽然

$$(-1)+1 = 0$$

但是 $-1 \notin N$。即，该函数的值域是 N 的真子集 $\{1, 2, \cdots\}$。但它是单射，因为对任意 $u, v \in N$，且 $u \ne v$，则

$$S(u)=u+1 \ne v+1=S(v)$$

因而该函数不是双射。

接下来，我们对实数集上单调函数的概念加以推广。

定义 3.7 设 $(X, \le)$ 和 $(Y, \le)$ 为全序集，函数 $f:X \to Y$ 对于任意 $u, v \in X$。

（1）若 $u \le v$，有 $f(u) \le f(v)$，则称 f 为单调递增函数。

（2）若 $u \le v$，有 $f(u) \ge f(v)$，则称 f 为单调递减函数。

（3）若 $u \prec v$，有 $f(u) \prec f(v)$，则称 f 为严格单调递增函数。

（4）若 $u \prec v$，有 $f(u) \succ f(v)$，则称 f 为严格单调递减函数。

显然，严格单调递增函数是单调递增函数，严格单调递减函数是单调递减函数。

3.2 函数的运算

关系的运算可以由已知关系得到新的关系，函数作为特殊的关系，并不是简单套用关系的运算就可以由已知函数得到新的函数，它还必须满足函数的两个条件。

3.2.1 函数的复合

定义 3.8 设有函数 $f:X \to Y$ 和 $g:Y \to Z$，则 f 和 g 的复合运算记作 $g \circ f$，该运算的结果是一个序偶的集合，定义为

$$\{<x, z>| x \in X, z \in Z, \text{存在} y \in Y \text{使得} y=f(x) \text{且} z=g(y)\}$$

需要注意的是，函数复合运算的书写顺序与关系复合运算的书写顺序相反。

下面的定理证明了函数复合运算的结果仍是函数。

定理 3.1 设 $f:X \to Y$，$g:Y \to Z$，那么 $g \circ f$ 为从 X 到 Z 的函数。

证明：显然，$g \circ f$ 的结果是一个关系。要证明它是一个函数，还需要证明 $g \circ f$ 满足函数的两个条件。

对任意 $x \in X$，由 f 是函数，所以存在 $y \in Y$ 使得 $f(x)=y$。同理，由 g 是函数，对于这个 y，存在 $z \in Z$ 使得 $g(y)=g(f(x))=z$。因而，对任意 $x \in X$，都有 $z \in Z$ 使得 $<x, z> \in g \circ f$。因此，满足像的存在性条件。

假设对某个 $x \in X$，存在 $z_1, z_2 \in Z$，使得 $<x, z_1>$，$<x, z_2> \in g \circ f$。由函数复合运算的定义，存在 $y_1, y_2 \in Y$，使得 $y_1=f(x)$ 且 $g(y_1)=z_1$ 和 $y_2=f(x)$ 且 $g(y_2)=z_2$。由 f 是函数，得 $y_1=y_2$；又由 g 是函数，得 $z_1=z_2$。因此，满足像的唯一性条件。

综上，$g \circ f$ 为从 X 到 Z 的函数，并且 $(g \circ f)(x)=g(f(x))$。

【例 3.16】 设 $X=\{1, 2, 3, 4, 5\}$，$Y=\{2, 3, 4, 5\}$，$Z=\{1, 2, 3, 5\}$，$W=\{2, 3, 4\}$，函数 f, g, h 如下：

$f:X \rightarrow Y$，$f = \{<1, 2>, <2, 4>, <3, 3>, <4, 5>, <5, 2>\}$；

$g:Y \rightarrow Z$，$g = \{<2, 2>, <3, 5>, <4, 2>, <5, 3>\}$；

$h:Z \rightarrow W$，$h = \{<1, 2>, <2, 3>, <3, 2>, <5, 4>\}$。

求 $f \circ I_X$，$I_Z \circ g$，$g \circ f$、$h \circ g$、$h \circ (g \circ f)$、$(h \circ g) \circ f$。

解：$f \circ I_X = \{<1, 2>, <2, 4>, <3, 3>, <4, 5>, <5, 2>\}=f$，

$I_Z \circ g = \{<2, 2>, <3, 5>, <4, 2>, <5, 3>\}=g$；

$g \circ f = \{<1, 2>, <2, 2>, <3, 5>, <4, 3>, <5, 2>\}$；

$h \circ g = \{<2, 3>, <3, 4>, <4, 3>, <5, 2>\}$；

$h \circ (g \circ f) = \{<1, 3>, <2, 3>, <3, 4>, <4, 2>, <5, 3>\}$；

$(h \circ g) \circ f = \{<1, 3>, <2, 3>, <3, 4>, <4, 2>, <5, 3>\}$。

【例 3.17】 设有实函数 $f(x)=2x+1$，$g(x)=x^2+1$，$h(x)=\sin x$，求 $g \circ f$、$f \circ g$、$h \circ g$、$h \circ (g \circ f)$、$(h \circ g) \circ f$。

解：$(g \circ f)(x)=g(f(x))=g(2x+1)=(2x+1)^2+1=4x^2+4x+2$；

$(f \circ g)(x)=f(g(x))=f(x^2+1)=2(x^2+1)+1=2x^2+3$；

$(h \circ g)(x)=h(g(x))=h(x^2+1)=\sin(x^2+1)$；

$(h \circ (g \circ f))(x)= h((g \circ f)(x))=h(4x^2+4x+2)=\sin(4x^2+4x+2)$；

$((h \circ g) \circ f)(x)=(h \circ g)(f(x))=(h \circ g)(2x+1)=\sin((2x+1)^2+1)=\sin(4x^2+4x+2)$。

由【例 3.16】和【例 3.17】，对函数 $f:X \rightarrow Y$，$g:Y \rightarrow Z$，$h:Z \rightarrow W$，函数的复合运算如同关系的复合运算，也有下列性质：

（1）$I_Y \circ f=f \circ I_X=f$；

（2）一般来说，$g \circ f \neq f \circ g$，即函数的复合运算不满足交换律；

（3）$h \circ (g \circ f)=(h \circ g) \circ f$，即函数的复合运算满足结合律。

此外，对于满射函数、单射函数和双射函数，我们还有下面的定理。

定理 3.2 设 $f:X \rightarrow Y$ 和 $g:Y \rightarrow Z$ 是函数，$g \circ f$ 是复合函数。

（1）如果 f 和 g 是满射，那么 $g \circ f$ 是满射；

（2）如果 f 和 g 是单射，那么 $g \circ f$ 是单射；

（3）如果 f 和 g 是双射，那么 $g \circ f$ 是双射。

证明：该定理的证明可根据函数复合运算的定义和满射、单射及双射的定义进行。

（1）对任意 $z \in Z$，由 g 是满射，存在 $y \in Y$ 使得 $g(y) = z$；又由 f 是满射，存在 $x \in X$ 使得 $f(x)=y$。于是对任意 z，存在 $x \in X$ 使得 $(g \circ f)(x)=g(f(x))=g(y)=z$，因而 $g \circ f$ 是满射。

（2）对任意 $u, v \in X, u \neq v$，由 f 是单射，可得 $f(u) \neq f(v)$；又由 g 是单射，可得 $g(f(u)) \neq g(f(v))$。即对任意 $u, v \in X, u \neq v$，$(g \circ f)(u) \neq (g \circ f)(v)$，因而 $g \circ f$ 是单射。

（3）由双射的定义，f 和 g 是双射，它们都是满射和单射，从（1）和（2）得 $g \circ f$ 是满射和单射，所以 $g \circ f$ 是双射。

3.2.2　函数的逆

对于任意关系 R，它的逆关系 R^c 总是存在，但对任意函数 f，作为关系它的逆 f^c 是存在的，但未必满足函数的两个条件，因而未必是函数。

【例 3.12】中的函数 f_1 的逆关系 $f_1^c = \{<a, 3>, <b, 2>, <b, 5>, <c, 1>, <c, 4>\}$ 不满足函数像的唯一性条件，因而 f_1^c 不是函数；【例 3.13】中的函数 f_3 的逆关系 $f_3^c = \{<a, 2>, <b, 1>, <d, 3>, <e, 4>\}$ 不满足函数像的存在性条件，因而 f_3^c 也不是函数。

要使得函数 f 的逆关系 f^c 是函数，这就需要下面的定理。

定理 3.3　设 $f:X \rightarrow Y$ 是双射，则 $f^c:Y \rightarrow X$ 也是双射。

证明：我们已知 f^c：是一个关系，要证明它是一个双射，首先要证明它是一个函数，再证明它是满射和单射。

对任意 $y \in Y$，由 f 是满射，存在 $x \in X$ 使得 $f(x)=y$，从而 $<y, x> \in f^c$，满足函数像的存在性条件。假设对某个 $y \in Y$，存在 $x_1, x_2 \in X$，使得 $<y, x_1>, <y, x_2> \in f^c$，则，$f(x_1)=f(x_2)=y$，由 f 是单射，得 $x_1=x_2$，满足的像的唯一性条件。因而，$f^c:Y \rightarrow X$ 是一个函数。

对任意 $x \in X$，由 f 是函数，存在 $y \in Y$ 使得 $f(x)=y$，因而 $f^c(y)=x$，即，f^c 是满射；对任意 $u, v \in Y, u \neq v$，如果 $f^c(u)= f^c(v)=x$，则 $<x, u>, <x, v> \in f$，这与函数像的唯一性条件相违背，因此，$f^c(u) \neq f^c(v)$，即，f^c 是单射。

综上，$f^c:Y \rightarrow X$ 是一个双射。

定义 3.9　设 $f:X \rightarrow Y$ 是双射，则 $f^c:Y \rightarrow X$ 是 f 的逆函数（或反函数），习惯上常用 f^{-1} 表示。

【例 3.14】中的函数 f_5 和 f_6 逆都是双射，它们的逆函数如下：

$$f_5^{-1}:Y \rightarrow X, \ f_5^{-1} = \{<a, 2>, <b, 1>, <c, 4>, <d, 3>\};$$
$$f_6^{-1}:Y \rightarrow X, \ f_6^{-1} = \{<a, 2>, <b, 3>, <c, 4>, <d, 1>\}.$$

【例 3.1】中的函数 $f:\mathbb{R} \rightarrow \mathbb{R}$, $f(x)=x^3$ 是双射的，它的逆函数为

$$f^{-1}:\mathbb{R} \rightarrow \mathbb{R}, \ f^{-1}(x)=\sqrt[3]{x}$$

【例 3.18】　实数集 $\mathbb{R}$ 上的正弦函数不是一个双射，因而也不存在它的逆函数。但是如果将定义域限制在闭区间 $[-\dfrac{\pi}{2}, \dfrac{\pi}{2}]$ 上，陪域取正弦函数的值域 $[-1, 1]$，则可得到一个双射

$$f:[-\dfrac{\pi}{2}, \dfrac{\pi}{2}] \rightarrow [-1, 1], \ f(x)=\sin x$$

因而该函数的逆函数是存在的，就是我们所熟知的反正弦函数

$$f^{-1}:[-1, 1] \rightarrow [-\dfrac{\pi}{2}, \dfrac{\pi}{2}], \ f(x)=\arcsin x$$

设 $f: X \rightarrow Y$ 是双射，函数逆运算满足下述性质：

(1) $(f^{-1})^{-1}=f$;

(2) $f^{-1}\circ f=I_X$, $f\circ f^{-1}=I_Y$;

(3) $(g\circ f)^{-1}=f^{-1}\circ g^{-1}$.

*3.3 计算机科学中常用的两类函数

函数在计算机中的应用可以说是无处不在，本节只是从两个侧面简单加以介绍。

3.3.1 取整函数

取整函数分为上取整函数和下取整函数。

定义 3.10 取整函数的定义域为实数集 R，值域为整数集 Z。

(1) 上取整函数记作 $\lceil x \rceil$，取值为最小的大于等于 x 的整数；

(2) 下取整函数记作 $\lfloor x \rfloor$，取值为最大的小于等于 x 的整数。

我们给出一些常数的取整函数值如下所示：

$$\lceil -e \rceil=-2,\ \lceil -1 \rceil=-1,\ \lceil -0.5 \rceil=0,\ \lceil 0 \rceil=0,\ \lceil 0.5 \rceil=1,\ \lceil 2 \rceil=2,\ \lceil \pi \rceil=4,$$
$$\lfloor -e \rfloor=-3,\ \lfloor -1 \rfloor=-1,\ \lfloor -0.5 \rfloor=-1,\ \lfloor 0 \rfloor=0,\ \lfloor 0.5 \rfloor=0,\ \lfloor 2 \rfloor=2,\ \lfloor \pi \rfloor=3。$$

上取整函数和下取整函数的图像如图 3-7 所示。

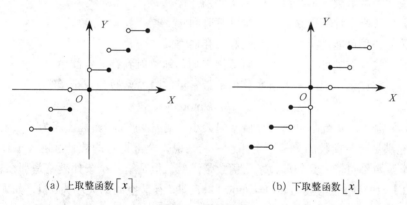

(a) 上取整函数 $\lceil x \rceil$　　　　(b) 下取整函数 $\lfloor x \rfloor$

图 3-7 取整函数

由图 3-7 我们可以看到，上取整函数在区间 $(n,n+1]$ 上取值都是 $n+1$；而当 $x=n$ 时，取值就骤然变为 n；当 x 比 $n+1$ 稍大一点时，取值骤然变为 $n+2$。下取整函数在区间 $[n,n+1)$ 上取值都是 n；当 x 比 n 稍小一点时，取值骤然变为 $n-1$；当 $x=n+1$ 时，取值骤然变为 $n+1$。

【例 3.19】 我们日常生活中，数普遍采用的是十进制表示，但在计算机中则普遍采用的是二进制表示。由于二进制只有 0 和 1 两个数字，一位二进制数只能表示 0 和 1 两个二进制数，对应十进制的 0 和 1；两位二进制数只能表示 00、01、10 和 11 四个二进制数，对应十进制的 0、1、2、3；k 位二进制数可以表示 $\overset{k}{\overline{00\cdots0}}$ 到 $\overset{k}{\overline{11\cdots1}}$ 共 2^k 个二进制数，对应十进制的 0 到 2^k-1。因此，要在计算机中表示一个十进制自然数 n，至少需要 $\lceil \log_2 n \rceil$ 个二进制位。

【例 3.20】 在数据通信使用的 ATM（异步传输模式）中，数据被组织为 53 个字节一组的信元（cell）。如果一个网络连接每秒可以传输 1Mbit 的数据，则 1min 可以传输的信元数量为

$$\left\lfloor \frac{1\text{Mbit}/\text{s} \times 60\text{s}}{53\text{B}/\text{cell} \times 8\text{bit}/\text{B}} \right\rfloor = 141509 \text{ 个}。中国电信的 ADSL 就是运行在 ATM 上面，通常 ADSL 在不影$$

响正常电话通信的情况下可以提供最高 24Mbit/s 的下行速度。如果按此速度下载一部 4.3GB 的

电影，需要 $\left\lceil \dfrac{4.3\text{GB} \times 8\text{bit}/\text{B}}{24\text{Mbit}/\text{s}} \right\rceil = 1434\text{s} \approx 24\text{min}$。

取整函数满足下述性质：

(1) $x-1 < \lfloor x \rfloor \leqslant x \leqslant \lceil x \rceil < x+1$；

(2) $\lceil -x \rceil = -\lfloor x \rfloor$，$\lfloor -x \rfloor = -\lceil x \rceil$；

(3) 对整数 n，$\lceil x+n \rceil = \lceil x \rceil + n$，$\lfloor x+n \rfloor = \lfloor x \rfloor + n$。

3.3.2 哈希函数

在计算机中存储和检索数据记录的一类非常有用的方法是哈希技术。

通常，每条记录都会有一个关键字，用于唯一标示该记录。例如，关于学生信息的记录可以用学号作为关键字。如果关键字不是自然数，总是可以寻找一种方式将它解释为自然数。而计算机的可用存储空间也可以抽象地看作是一组编号为 $0 \sim m-1$ 的内存单元，每个单元存放一条记录。在检索某条记录时，如果利用某个函数 h 可以直接由关键字 k 计算得到该记录的存储单元号 $h(k)$，则可以固定的时间查找到记录。这样的一类函数就是哈希函数。

一般来说，哈希函数应至少满足以下条件：

(1) 函数应该容易计算出来，以减少计算时间；

(2) 函数应该尽可能是满射，以有效利用存储空间；

(3) 函数应该具有随机性，即可以将关键字均匀地映射到存储空间中。

在实践中，有许多不同的哈希函数，但是最常见的哈希函数为求余函数，即

$$h(k) = k \bmod m$$

这里，k 就是关键字，m 就是可用的存储空间大小，通常 m 取为素数。因为求余函数只需要做一次除法，它满足哈希函数的第一个条件；一般来说，全部记录的数量远远大于存储单元的数量，因而每个余数都可能取到，即，求余函数是满射。但是第三个条件就不是那么容易判断了。

【例 3.21】 如果哈希函数为 $h(k) = k \bmod 111$，即，存储空间的大小为 111。如果某记录的关键字 k_1 为 64212848，则 $h(k_1) = 64212848 \bmod 111 = 14$，即，该记录存储在编号为 14 的内存单元中；如果另一记录的关键字 k_2 为 37149212，则 $h(k_2) = 37149212 \bmod 111 = 65$，即，该记录存储在编号为 65 的内存单元中。

由于哈希函数不是单射（记录总数大于存储单元数量），因此，可能出现多条记录被映射到同一个内存单元的情形。例如，在【例 3.21】中，如果另一记录的关键字 k_3 为 29705723，则 $h(k_3) = 29705723 \bmod 111 = 14$，而编号为 14 的内存单元已经被关键字为 64212848 的记录占用了，这种情况我们称为冲突。一般的，对于一个哈希函数 h，如果存在不同的 x 和 y，使得 $h(x) = h(y)$，便称发生了冲突。

一种比较简单的冲突消解策略是沿单元号增加的方向寻找下一个未被占用的单元。例如，如果编号为 15 的内存单元还未被占用，可以将关键字为 29705723 的记录存储在 15 号内存单元中。当然，这个方法可行的前提是，冲突发生的概率较低，一旦发生了冲突，利用这种方法可以很快消解冲突。还有很多比上述方法更加复杂的冲突消解策略，它们通常也能更有效的消解冲突。

【例 3.22】 假设我们要维护大约 250 个 32 位 IP 地址相关信息的记录。如果我们以 IP 地址为索引来查找这些记录，我们就需要维护一个有 2^{32} 条记录的表格，这极大地浪费存储空间，因为只有大约 250 条记录是有用的；如果只存储这 250 条记录，就需要设计一个较好的哈希函数以在固定时间找到待查找的记录。我们知道，32 位 IP 地址的一般书写法为四个用小数点分开的十进制数，每个取值为 0～255。如果依次记这四个十进制数为 x_1，x_2，x_3 和 x_4，我们可以利用这四个十进制数设计哈希函数为

$$h(x_1,\ x_2,\ x_3,\ x_4)=70x_1+23x_2+137x_3+5x_4 \bmod 257$$

*3.4 基 数

对于有限集，通过"数"集合中元素个数的多少，就可直观获得集合"大小"的概念。对于无限集，我们就需要基数的概念。

3.4.1 基数的概念

定义 3.11 集合 S 的元素个数称为 S 的基数或势，记作 $|S|$。

【例 3.23】 英文字母表 $\Sigma=\{a,\ b,\ \cdots,\ z\}$ 的基数 $|\Sigma|=26$。

【例 3.24】 一年中的季节构成的集合 $A=\{$春，夏，秋，冬$\}$ 的基数 $|A|=4$。

【例 3.25】 10 以内的素数构成的集合 $B=\{2,\ 3,\ 5,\ 7\}$ 的基数 $|B|=4$。

通俗的说，集合的基数是度量了集合中元素的多少，集合的基数越大，包含的元素越多。有了集合基数的概念，我们就可以进行基数的比较。显然，【例 3.23】中集合 Σ 的基数大于【例 3.24】中集合 A 和【例 3.25】中集合 B 的基数，而后两者的基数相等。

对于有限集，我们很容易比较两个不同集合的基数，只需"数"两个集合中元素的个数即可；对于无限集基数的比较，显然不是通过"数"个数能够解决的。关于有限集和无限集，第 1 章我们只是给出了一个直观的概念。严格的说，我们对某个有限集 A "数"其元素个数的过程建立了一个从自然数的真子集 $\{1,\ 2,\ \cdots,\ k\}$ 到集合 A 的双射。例如，从集合 $\{1,\ 2,\ 3,\ 4\}$ 到【例 3.25】中集合 B 的双射 $f=\{<1,$ 春$>,\ <2,$ 夏$>,\ <3,$ 秋$>,\ <4,$ 冬$>\}$。有限集和无限集的严格定义如下：

定义 3.12 如果存在集合 $\{1,\ 2,\ \cdots,\ n\}$ 到 A 的双射，则集合 A 称为有限集，否则，称为无限集。

定理 3.4 自然数集 N 为无限集。

证明：根据定义，只需证明 N 不是有限集，因此，采用反证法，假设 N 是有限集。

由 N 是有限集，存在一个从 $\{1,\ 2,\ \cdots,\ n\}$ 到 N 的双射 f。

令 $L=1+\max\{f\ (1),\ f(2),\ \cdots,\ f\ (n)\}$。显然，$L\in N$。

但是，对任意 $x\in\{1,\ 2,\ \cdots,\ n\}$，$f(x)\neq L$。这就是说，$f$ 不是满射，与假设 f 是从 $\{1,\ 2,\ \cdots,\ n\}$ 到 N 的双射矛盾。

因此 N 不是有限集，是无限集。

利用单射和双射的概念，我们可以进行任意集合基数的比较。

定义 3.13 设 A 和 B 为任意集合。

（1）如果存在一个从 A 到 B 的双射，则称 A 和 B 有相同的基数（或者称集合 A 与 B 等势），记作 $|A|=|B|$（或 $A\sim B$）。

（2）如果存在一个从 A 到 B 的单射，则称 A 的基数小于等于 B 的基数，记作 $|A| \leqslant |B|$。

（3）如果存在一个从 A 到 B 的单射，但是不存在双射，则称 A 的基数小于 B 的基数，记作 $|A| < |B|$。

由双射函数的性质，不难证明等势具有下面的性质：

（1）对于任意集合 A 有 $A \sim A$，即，集合间的等势关系满足自反性；

（2）对于任意集合 A、B，如果 $A \sim B$，则 $B \sim A$，即集合间的等势关系满足对称性；

（3）对于任意集合 A、B、C，如果 $A \sim B$，$B \sim C$，则 $A \sim C$，即，集合间的等势关系满足传递性。

即，集合间的等势关系是一种等价关系。

由等势的定义，两个有限集等势当且仅当这两个集合有相同的元素个数，也就是根据有限集的元素个数就能够判断两个有限集是否等势。也因此，一个有限集决不与其真子集等势。

但对于无限集，情况不一定如此。

【例 3.26】 如果 O 表示奇自然数的集合 $\{1, 3, 5, \cdots\}$，E 表示偶自然数的集合 $\{0, 2, 4, \cdots\}$，证明：O、E、N 这三个集合两两等势。

证明：只需证明这三个集合间两两存在双射。这里我们只给出函数。

$f: O \rightarrow E$，$f(x) = x - 1$

$g: E \rightarrow$ N，$g(x) = x/2$

$h:$ N $\rightarrow O$，$h(x) = 2x + 1$

不难证明它们是双射。

值得指出的是，要证两个集合 A 和 B 等势，只要找到一个双射 $f: A \rightarrow B$ 就可以，而这样的双射一般来说不是唯一的。【例 3.26】中的双射是最容易想到的，我们也可以在集合 O 和 E 之间建立如下的对应关系：

1	3	5	7	9	11	⋯
↓	↓	↓	↓	↓	↓	
2	0	6	4	10	8	⋯

容易证明，上述对应关系也是一个 O 和 E 之间的双射。

【例 3.27】 证明：实数集 R 与开区间 $(0, 1)$ 等势。

证明：可以证明反正切函数 $\arctan(x)$ 是一个从 R 到开区间 $\left(-\dfrac{\pi}{2}, \dfrac{\pi}{2}\right)$ 的双射，我们还可以构造函数

$$f: \left(-\frac{\pi}{2}, \frac{\pi}{2}\right) \rightarrow (-1, 1), \ f(x) = \frac{2}{\pi} x$$

及函数

$$g: (-1, 1) \rightarrow (0, 1), \ g(x) = (x + 1)/2$$

显然，函数 f 和 g 也是双射。

由定理 3.2，我们可得到由 R 到开区间 $(0, 1)$ 的双射 $(g \circ f) \circ \arctan$。

因此，$R \sim (0, 1)$。

从这两个例子可以看出，无限集可与其真子集等势，这是无限集的一个重要特征。

关于集合间基数的比较，我们还有下面两个重要的定理。

定理 3.5 设 A 和 B 为任意集合，则下面三条有且仅有一条成立。

（1）$|A|=|B|$；

（2）$|B|<|A|$；

（3）$|A|<|B|$。

该定理的证明略。

定理 3.6　设 A 和 B 为任意集合，如果 $|A|\leqslant|B|$ 且 $|B|\leqslant|A|$，则 $|A|=|B|$。

该定理的证明略。

从上面定义及定理可知：

（1）等势关系是集合间的等价关系，它把集合划分成等价类，在同一等价类中的集合具有相同的基数。

（2）要证明一个集合 A 有基数 α，只需选取基数为 α 的任意集合 B，证明从 A 到 B 或从 B 到 A 存在一个双射。当然，选取集合 B 的原则是，使证明尽可能容易。

（3）要证明两个集合 A 和 B 等势，如果直接寻找双射不方便，可以分两步证明：构造一个从 A 到 B 的单射，证明 $|A|\leqslant|B|$；然后，再构造一个从 B 到 A 的单射，证明 $|B|\leqslant|A|$。由定理 3.6，$|A|=|B|$。

3.4.2　可数集与不可数集

对于有限集，我们总可以建立 $\{1，2，\cdots，n\}$ 到该集合的双射，来"数"出该集合的第 1 个元素、第 2 个元素、……直至数到第 n 个元素为止，这表明该集合中的元素是可"数"的。对于"数"出元素个数不同的集合，它们的基数也不同。

由定理 3.4 我们已知，自然数集 N 是无限集。显然，任何有限集的基数小于 N 的基数，并且，仿照定理 3.4，我们还可以证明任何有限集的基数小于任何无限集的基数。但是并不是所有的无限集都彼此等势，不同的无限集也有"大小"的不同，为了确定某些无限集的基数，我们可以用 N 来度量这些集合，进而对无限集作进一步的分类。

对于奇自然数集 O、偶自然数集 E，我们前面证明了它们和 N 等势，因此，我们也可以"数"出它们的第 1 个元素、第 2 个元素、……但这个"数"的过程永远不会终止。这导致了如下定义：

定义 3.14　设 A 是一无限集，如果存在从 N 到 A 的双射，则称集合 A 为可数无限集，称 A 的基数为 $\aleph_0$，记作 $|A|=\aleph_0$。$\aleph_0$ 读作"阿列夫零"。有限集和可数无限集统称为可数集。其他无限集称为不可数无限集，简称不可数集。

显然，存在从 N 到 N 的双射，N 是可数无限集，故 $|N|=\aleph_0$。按照集合等势的关系，所有与自然数集 N 等势的集合都是可数无限集，它们的基数都是 $\aleph_0$。

自然数集 N 可以排成一个无穷序列的形式：

$$0，1，2，3，\cdots$$

因此，任何可数无限集 S 中的元素也可以排成一个无穷序列的形式：

$$a_0，a_1，a_2，a_3，\cdots$$

反之，对于任何集合 S，如果它的元素可以排成上述无穷序列的形式，则 S 一定是可数集。因为 S 中元素 a_i 与 i 之间可以建立一个双射 f：$N{\to}S$，$f(i)=a_i$。

因此，我们有下面的定理。

定理 3.7　一个集合是可数无限集的充要条件是它的元素可以排成一个无穷序列的形式。

【例3.28】 证明：Z～N。

证明：构造函数 f:Z→N 如下

$$f(x) = \begin{cases} 2x & x \geqslant 0 \\ -2x-1 & x < 0 \end{cases}$$

该构造的基本思想是，把 0 和正整数映射为偶自然数，把负整数映射为奇自然数。该函数是双射的证明略。

【例3.29】 证明：N×N～N。

证明：由定理 3.7，只需把 N×N 中的所有序偶排成一个无穷序列的形式，就可以构造出相应的双射。如图 3-8 所示。按照图中箭头所表明的顺序，从<0，0>开始，依次得到下面的序列：

<0，0>，<0，1>，<1，0>，<0，2>，<1，1>，<2，0>，<0，3>，…

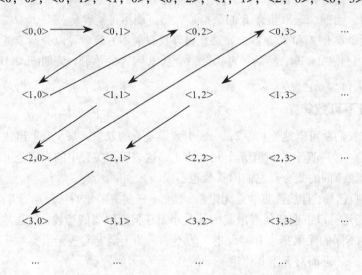

图 3-8 "数"N×N 中序偶的示意图

通过进一步观察，我们可以发现，每趟从右上方向左下方"数"序偶都是从<0，k>"数"到<k，0>，因此，序偶<m，n>为从<0，$m+n$>"数"到<$m+n$，0>的第$(m+n+1)-n=m+1$ 个序偶，而在"数"<0，$m+n$>之前，已经"数"了 $\dfrac{(m+n)(m+n+1)}{2}$ 个序偶。

因此，我们可以得到从 N×N 到 N 的双射

$$f(m，n) = \frac{(m+n)(m+n+1)}{2} + m$$

因此，N×N～N。

【例3.30】 证明：Q～N。

证明：直接构造从 Q 到 N 的双射不是很方便，我们将构造从 N 到 Q 的单射，以及与 Q 等势的非负有理数集到 N 的单射，根据定义 3.12 和定理 3.6，即可得到 Q 与 N 等势。

由于 N⊆Q，我们可以构造函数 f:N→Q，$f(x)=x$，显然，函数 f 是单射，因此，|N|≤|Q|。

我们将有理数集 Q 分为负有理数集 Q_1 和非负有理数 Q_2，类似 N～Z，可以证明 Q_2～Q。对于任意 $x \in Q_2$，x 总可以表示为最简分数 $\dfrac{q}{p}$ 的形式，$p \in$ N，$q \in$ Z$_+$= N-{0}，因而可构造函数 g:Q_2→N

×N，$g(\frac{q}{p})=(p, q)$。显然，函数 g 也是单射。因此，$|Q_2|\leq N\times N$。

因此，我们有 $|N|\leq|Q|=|Q_2|\leq|N\times N|=|N|$，即，$Q\sim N$。

由【例 3.28】和【例 3.30】，我们看到，几个无限集 N、Z 和 Q 是等势的，它们的基数都是 $\aleph_0$；但是，实数集 R 与自然数集 N 不等势，即，实数集是一个不可数集。这可由下面的定理证明。

定理 3.8　实数集 R 是一个不可数集。

证明：由【例 3.27】，实数集 R 与开区间（0，1）等势，要证明实数集 R 是一个不可数集，只需证明（0，1）是一个不可数集。采用反证法，假设（0，1）是一个可数集，则它的元素可以排成一个无穷序列：

$$r_0,\ r_1,\ r_2,\ r_3,\ \cdots$$

假设这些实数的十进制表示为

$r_0 = 0.\, d_{00}\, d_{01}\, d_{02}\, d_{03}\, \cdots$

$r_1 = 0.\, d_{10}\, d_{11}\, d_{12}\, d_{13}\, \cdots$

$r_2 = 0.\, d_{20}\, d_{21}\, d_{22}\, d_{23}\, \cdots$

$r_3 = 0.\, d_{30}\, d_{31}\, d_{32}\, d_{33}\, \cdots$

$\cdots$

其中，$d_{ij}\in\{0, 1, 2, 3, 4, 5, 6, 7, 8, 9\}$。比如，$r_0 = 0.23579631\cdots$，则，$d_{00} = 2$，$d_{01} = 3$，$d_{02} = 5$，$d_{03} = 7$，$\cdots$。

现在我们构造一个（0，1）间的实数 $r = 0.d_0\, d_1\, d_2\, d_3\, \cdots$，它的每位数字由下面的规则确定：

$$d_i = \begin{cases} 7 & \text{如果} d_{ii}\neq 7 \\ 8 & \text{如果} d_{ii}=7 \end{cases}$$

比如，假设 $r_0 = 0.23579631\cdots$，$r_1 = 0.13579864\cdots$，$r_2 = 0.12745368\cdots$，$r_0 = 0.23579631\cdots$，等等。我们可以构造 $r = 0.7788\cdots$，其中，$d_0 = 7$，因为 $d_{00} = 2\ \neq\ 7$；$d_1 = 7$，因为 $d_{11} = 3\ \neq\ 7$；$d_2 = 8$，因为 $d_{22} = 7$；$d_3 = 8$，因为 $d_{33} = 7$；等等。

由于每个（0，1）的实数都有唯一的十进制扩展表示，而我们构造的实数 r 与无穷序列 r_0，r_1，r_2，r_3，$\cdots$ 中的任一元素 r_i 在第 i 位数字不同，因此，r 不在该序列中。这与（0，1）是一个可数集矛盾。

因此，（0，1）是一个不可数集，因而，R 也是一个不可数集。

称 R 的基数为 $\aleph$，记作 $|R|=\aleph$。

在离散数学中，我们研究的是离散量，这些量构成的集合多为有限集，至多为可数无限集。而处理连续量的微积分，以基数为 $\aleph$ 的无限集为基础。正是这一点的不同，划分了数学的两大门类。

本 章 小 结

本章主要介绍了函数的概念、分类和运算，在此基础上，介绍了在计算机科学中广泛应用的取整函数和哈希函数，最后介绍有一定难度的基数概念。

函数的概念是一种特殊的关系，因此，掌握函数概念的关键在于区别函数与关系的异同。函数可以采用关系的表示方法表示，也常采用函数图像来表示。基于像与像源的关系，可以把函数分为满射、单射和双射，证明函数所属类别的最基本方法是根据定义证明。

    函数作为特殊的关系，也可以进行关系的运算，需要注意的是，函数复合运算的书写顺序与关系复合运算的书写顺序不同，函数的复合一定是函数，而函数的逆甚至不一定是函数，只有一定要求的函数的逆才是函数。

    函数在计算机科学中具有广泛的应用，取整函数和哈希函数是函数在计算机科学中的两个典型应用。

    基数及其相关概念比较抽象，其中的可数集概念与计算机科学联系紧密。

习 题 三

1．指出下列各关系是否为 A 到 B 的函数：

(1) A，B 均为自然数集 N，R={<x, y> | $x \in A$，$y \in B$，并且，$x+y<100$}；

(2) A，B 均为实数集 R，S={<x, y> | $x \in A$，$y \in B$，并且，$y = x^2$}；

(3) A 为正整数集，B 为实数集，T= {<x, y> | $x \in A$，$y \in B$，并且，y 为小于 x 的素数的个数}；

(4) A={1，2，3，4}，$B=A \times A$，U = {<1，<2，3>>，<2，<3，4>>，<3，<1，4>>，<4，<2，3>>}。

2．下列集合能够定义函数吗？如果能，指出它的定义域和值域。

(1) {<<a, b>, <1, 2>>, <<a, c>, <2, 3>>, <<b, a>, <2, 1>>}

(2) {<<a, b>, <1, 2>>, <<a, c>, <1, 2>>, <<b, a>, <1, 2>>}

(3) {<<a, b>, <1, 2>>, <<a, c>, <3, 2>>, <<a, b>, <2, 1>>}

3．设 A={1，2，3，4}，B={a, b}，列出所有从 A 到 B 的函数。

4．通过比较下列各组函数的图像，判断每组函数是否相等。

(1) f:R→R，$f(x)=x+2$，g:R-{2}→R，$g(x)=\dfrac{x^2-4}{x-2}$；

(2) f:N→N，$f(x)=x^2$，g:Q→Q，$g(x)=x^2$；

(3) f:R→R，$f(x)= \ln e^x$，g:R$_+$→R$_+$，$g(x)=e^{\ln x}$；

(4) f:R$_+$→R$_+$，$f(x)=(\sqrt{x})^2$，g:R$_+$→R$_+$，$g(x)=\sqrt{x^2}$。

5．下列函数是否单射、满射和双射，如果是双射，求其逆函数。

(1) f_1:N→N，$f_1(x)=3x+1$

(2) f_2:Q→Q，$f_2(x)=3x+1$

(3) f_3:R$_+$→R$_+$，$f_3(x)=x^2$

(4) f_4:R→R，$f_4(x)=x^2$

(5) f_5:$(-\dfrac{\pi}{2}$，$\dfrac{\pi}{2})$→R，$f_5(x)=\tan x+1$

(6) f_6:[$-\pi$，π]→[0，2]，$f_6(x)=\cos^3 x+1$

6．设二元函数 f:Z$\times$Z→Z，$f(x, y)=x+y$，g:Z$\times$Z→Z，$g(x, y)=xy$。f 和 g 是满射、单射和双射吗？

7．设 A={1，2，3}，B={a, b, c, d}，列出所有从 A 到 B 的单射。

8．设 A 是非空集合，函数 f:A→A 是单射，证明：f 是满射。

9．考虑下列实数集上的函数：$f(x) = 2x^2 + 1$，$g(x) = -x + 7$，$h(x)=2x$，$k(x)=\sin x$。求 $f \circ f$、$f \circ g$、$g \circ f$、$g \circ g$、$(f \circ g) \circ h$、$f \circ (g \circ h)$、$h \circ k$、$k \circ h$、$g^{-1} \circ f^{-1}$、$(f \circ g)^{-1}$。

10．设 f 是从 A 到 B 的一个函数，定义 A 上的关系 R 为：aRb 当且仅当 $f(a)=f(b)$。证明：R 是 A 上的等价关系。

11．求下列取整函数的值：$\lceil -\pi^2 \rceil$，$\lceil -\dfrac{4}{\pi} \rceil$，$\lceil -\dfrac{2}{\pi} \rceil$，$\lceil -\dfrac{3}{e} \rceil$，$\lceil -\dfrac{1}{e} \rceil$，$\lceil -\ln 2 \rceil$，$\lfloor e^2 \rfloor$，$\lfloor \dfrac{3}{\pi} \rfloor$，$\lfloor \dfrac{5}{\pi} \rfloor$，$\lfloor \dfrac{1}{e} \rfloor$，$\lfloor \dfrac{2}{e} \rfloor$，$\lfloor \log_3 8 \rfloor$。

12．证明：对任意 $x \in \mathbf{R}$，$\lfloor 2x \rfloor = \lfloor x \rfloor + \lfloor x+0.5 \rfloor$。

13．对任意 x，$y \in \mathbf{R}$，是否总有 $\lceil x+y \rceil = \lceil x \rceil + \lceil y \rceil$ 成立？

14．设哈希函数 $h(k) = k \bmod 11$，对下列关键字序列：70，25，80，35，60，45，50，55 分别求存储单元的编号。

15．某高级语言编译器存储标识符信息的符号表利用哈希函数获取存储某标识符信息的记录号，假设标识符仅由英文字母构成，哈希函数为 $h(x)=\sum\limits_{i=1}^{n} \text{ord}(x_i) \bmod 129$，其中 x_i 为标识符的第 i 个字母，$\text{ord}(x_i)$ 为该字母在英文字母表的序号。如果标识符为 bv，则 $\text{ord}(x_1)=\text{ord}(b)= 2$，$\text{ord}(x_2)=\text{ord}(v)=22$。对标识符序列 ax，inchar，outdata，flag，studentrecord，wong 求这些存储的记录号。这些标识符的存储有冲突吗？

16．如果集合 A 和 B 是可数集，证明：集合 $A \times B$ 也是可数集。

17．证明：由英文字母构成的所有有限长的字符串的集合是可数的。

18．证明：$[-1, 2] \sim (0, 1)$。

第二篇

图论

　　图论是一个古老而又不断开拓新的应用领域的数学分支，它以图为研究对象，研究结点和边组成的图形的数学理论和方法。1736 年，瑞士数学家欧拉（Leonhard Euler）用图来求解著名的哥尼斯堡七桥问题，这项工作使欧拉成为图论的创始人。最初，图论主要用来研究游戏中遇到的问题，例如迷宫问题、国际象棋棋盘上马的行走路线问题等。19 世纪，图论已经用来研究地图着色、电路网络和有机化学中的同分异构现象。经历了 200 年的发展，1936 年匈牙利数学家柯尼格（Dénes König）出版了图论的第一本专著，图论真正成为一门独立的学科。

　　随着现代电子计算机的诞生，图论中的一些著名问题借助于计算机得到了证明，例如，1976 年"四色猜想"在提出 100 多年后终于由两位美国数学家阿佩尔（Kenneth Appel）与哈肯（Wolfgang Haken）证明成立，"四色定理"的证明是第一次用计算机解决的重要数学问题。图论还借助计算机用于求解生产管理、军事、交通运输、计算机以及通信网络等领域中的许多离散性问题，例如，现代计算机通信网络的结构是以图论来描述的，使用网络的图论模型我们可以判断两台计算机是否连通；加权图可以用于求解交通网络中城市间的最短路径问题；等等。对于计算机科学本身，图论在形式语言、数据结构、人工智能、分布式系统、操作系统等方面也发挥着重要的作用。

　　图论有着极其丰富的内容，本篇只介绍图论的基础知识，包括图和树的基本概念、表示方法、性质、基本算法。

第4章 图

本章导读

本章主要介绍图的基本概念、表示方法及其基本性质，两类著名的特殊图——欧拉图和汉密尔顿图，以及如何应用图论的方法解决实际问题。

本章内容要点：

- 图的概念与表示；
- 路径与连通性；
- 欧拉图与汉密尔顿图；
- 图的应用。

内容结构

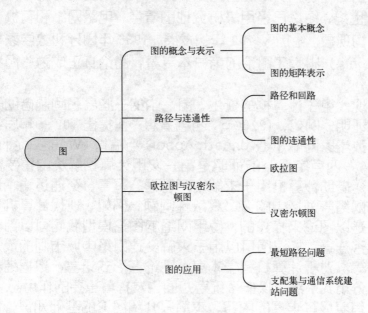

学习目标

本章内容的重点是图的相关概念与性质，通过学习，学生应该能够：

- 掌握图的概念和相关术语，熟练运用握手定理证明一些基本图论问题，理解图同构的概念及各种图的矩阵表示；

- 理解路径及相关的概念，掌握可达性与连通性的关系，理解可达性矩阵的计算方法，能够熟练地对图的各种连通性进行判断；
- 理解欧拉图和汉密尔顿图的异同，熟练掌握欧拉图和欧拉路径判定的充要条件，对的基本性质，能够根据汉密尔顿图的必要条件和充分条件对汉密尔顿图进行判断；
- 了解图论建模的方法及应用。

4.1　图的概念与表示

图论中的图，是描述一类离散事物及该类事物间联系的数学模型。图及其相关术语是图论中最基本的概念。

4.1.1　图的基本概念

日常生活中许多现象能用某种图形表示，这种图形是由一些点和一些连接两点间的连线所组成。

例如，可用图形表示网络中计算机的连接，以小圆圈表示计算机，以小圆圈之间的边表示两台计算机是否有线直接相连，如图 4-1 中，计算机 c 和计算机 a 直接相连，但是和计算机 f 不是直接相连。

又如，可用图形表示规划中的中国"四纵四横"高速铁路客运网，以小圆圈表示城市，以小圆圈之间的连线表示两城市间有高速铁路相通，如图 4-2 所示。

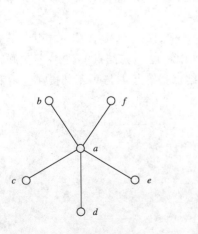

图 4-1　一个计算机网络

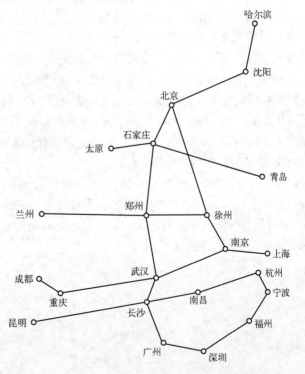

图 4-2　规划中的中国"四纵四横"高速铁路客运网

这样的例子，不胜枚举。对于这种图形，我们关心的不是点与点连线的长短曲直以及点与点的相对位置，而是究竟有多少个点以及哪些点之间有线相连。这种图形，和日常我们所熟悉的地图、图像以及三角形、圆形等各种几何图形等明显不同，这就是图论中的图。

1. 图的定义

定义 4.1 图 G 由一个非空结点集 V 和一个边集 E 组成，E 中的每条边可用 V 中的一个结点对表示，这样的图 G 记作 $G=(V, E)$。

如果图 $G=(V, E)$ 的结点集 V 和边集 E 均是有限集，称图 G 为有限图。本书所研究的均是有限图。

定义 4.1 中的结点对可以是无序的，也可以是有序的。我们将结点 u、v 的无序结点对记作 (u, v)，这里 $(u, v)=(v, u)$；而结点 u、v 组成的有序结点对就是序偶 $<u, v>$，由序偶的性质，当 $u \neq v$ 时，$<u, v> \neq <v, u>$。

若图 G 中的边 e 与结点 u、v 的无序结点对 (u, v) 相对应，则称 e 为无向边，记作 $e=(u, v)$。若图 G 中的边 e 与结点 u、v 的有序结点对 $<u, v>$ 相对应，则称 e 为有向边（或弧），记作 $e=<u, v>$。无向边和有向边均简称为边。

无论 $e=(u, v)$ 还是 $e=<u, v>$，我们均称 e 与结点 u 和 v 相关联，并称结点 u 与 v 是邻接的。若 e 为无向边，称结点 u、v 为该边的两个端点；若 e 为有向边，称结点 u 为弧尾（或起始结点），称结点 v 为弧头（或终止结点）。如果若干条边关联于同一结点，那么也称它们是邻接的。不与任何结点相邻接的结点称为孤立点。如果一条边仅关联一个结点，称此边为环（或自回路）。显然，环的方向是无意义的，把它看作无向边或有向边均可。

定义 4.2 图 $G=(V, E)$ 中，如果每条边都是无向边，图 G 称为无向图；如果每条边都是有向边，图 G 称为有向图；如果有些边是无向边，有些边是有向边，图 G 称为混合图。

本书只研究无向图和有向图。

图可用一个图形来表示。在图的图形表示中，用小圆圈表示结点，用由 u 指向 v 的有向线段或曲线表示有向边 $<u, v>$，用连接结点 u 和 v 的无向线段或曲线表示无向边 (u, v)。

【例 4.1】 图 4-3 中的图 $G=(V, E)$，$V=\{v_1, v_2, v_3, v_4\}$，$E=\{e_1, e_2, e_3, e_4\}$，其中，$e_1=(v_1, v_2)$，$e_2=(v_2, v_3)$，$e_3=(v_4, v_2)$，$e_4=(v_3, v_4)$。这是一个无向图。在该图中，边 e_1 与结点 v_1 和 v_2 相关联，结点 v_1 与 v_2 是邻接的，它们是边 e_1 的两个端点；结点 v_1 与 v_3 不邻接；e_2 与 e_3 是邻接的，它们都关联结点 v_2。

【例 4.2】 图 4-4 中的图 $G=(V, E)$，$V=\{v_1, v_2, v_3, v_4\}$，$E=\{e_1, e_2, e_3\}$。其中，$e_1=<v_1, v_2>$，$e_2=<v_2, v_3>$，$e_3=<v_3, v_4>$。这是一个有向图，在该图中，边 e_1 与结点 v_1 和 v_2 相关联，结点 v_1 与 v_2 是邻接的，v_1 是 e_1 的起始结点，v_2 是 e_1 的终止结点；结点 v_1 与 v_4 不邻接；边 e_1 和 e_2 是邻接的，它们都关联结点 v_2。

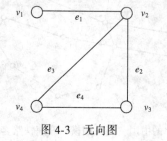

图 4-3 无向图

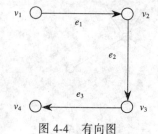

图 4-4 有向图

【例 4.3】　图 4-5 中的图 $G=(V, E)$，$V=\{v_1, v_2, v_3, v_4\}$，$E=\{e_1, e_2, e_3, e_4\}$。其中，$e_4=<v_2, v_2>$ 是一个环；结点 v_4 不与任何结点相邻接，是一个孤立点。

具有 n 个结点和 m 条边的图称为 (n, m) 图，也称 n 阶图。一个 $(n, 0)$ 图称为零图（即该图只有 n 个孤立点）。只有一个结点的图，即 $(1, 0)$ 图，称为平凡图。

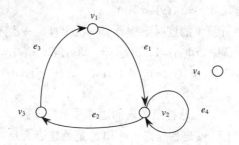

图 4-5　环与孤立点

【例 4.4】　图 4-6 是一个有五个结点的零图，图 4-7 是一个平凡图。

关联于同一对结点的两条边称为平行边（若是有向边方向应相同），平行边的条数称为边的重数。含有平行边的图称为多重图。不含平行边的图称简单图。

图 4-6　零图　　　　　　　　　　　图 4-7　平凡图

【例 4.5】　图 4-8 的图 G 中，有向边 e_3、e_4、e_5 均关联有序结点对 $<v_3, v_1>$，因此是平行边，这是一个多重图。

例 4.3、例 4.4 中的图都是简单图。

在本书中除非特别声明，一般研究的均是简单图。

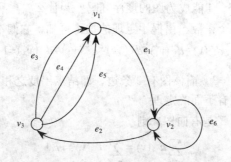

图 4-8　多重图

2. 结点的度

定义 4.3 在无向图 $G=(V,E)$ 中，对任意结点 $v \in V$，v 的度等于与 v 关联的边数，记作 $d(v)$。在有向图 $G=(V,E)$ 中，对任意结点 $v \in V$，以 v 为起始结点的边数，称为结点 v 的出度，记作 $d^+(v)$；以 v 为终止结点边数，称为 v 的入度，记作 $d^-(v)$；v 的出度与入度之和，称为结点 v 的度，记作 $d(v)$，显然 $d(v)=d^+(v)+d^-(v)$。

注意，若结点 v 有环，计算 v 的度时，需计算一次出度、一次入度，共两次。

【例 4.6】 图 4-3 的图 G 中，$d(v_1)=1$，$d(v_2)=3$，$d(v_3)=2$，$d(v_4)=2$。

【例 4.7】 图 4-4 的图 G 中，$d^+(v_1)=1$，$d^-(v_1)=0$，$d^+(v_2)=1$，$d^-(v_2)=1$，$d^+(v_3)=1$，$d^-(v_3)=1$，$d^+(v_4)=0$，$d^-(v_4)=1$。

度为 1 的结点称为悬挂点，与悬挂点关联的边称为悬挂边。

【例 4.8】 图 4-4 中，v_1 和 v_4 是悬挂点，e_1 和 e_3 是悬挂边。

【例 4.9】 图 4-3 中，$\sum\limits_{v \in V} d(v) = d(v_1)+d(v_2)+d(v_3)+d(v_4)=1+3+2+2=8$，而该图有 4 条边，即结点度数之和是边数的两倍。

事实上，我们有下面的定理。

定理 4.1 （握手定理）图 $G=(V,E)$ 中结点度的总和等于边数的两倍，即

$$\sum_{v \in V} d(v) = 2|E|$$

证明：无论是无向图还是有向图，每一条边都与两个结点关联，所以，计算度时要计算两次，每加上一条边就使得结点度的总和增加 2，由此结论成立。

推论 图 $G=(V,E)$ 中度为奇数的结点必为偶数个。

证明：在图 G 中，所有结点的度或者为奇数，或者为偶数，设

$$V_1=\{v \in V \,|\, d(v) \text{为奇数}\}, \quad V_2=\{v \in V \,|\, d(v) \text{为偶数}\},$$

则，$V=V_1 \bigcup V_2$，$\sum\limits_{v \in V_1} d(v) + \sum\limits_{v \in V_2} d(v) = \sum\limits_{v \in V} d(v) = 2|E|$。

因为 $\sum\limits_{v \in V_2} d(v)$ 为偶数，$\sum\limits_{v \in V} d(v)$ 为偶数，所以，$\sum\limits_{v \in V_1} d(v)$ 必为偶数。

而对 $v \in V_1$，$d(v)$ 为奇数，所以，$|V_1|$ 为偶数。

设 $V=\{v_1, v_2, \cdots, v_n\}$ 是图 G 的结点集，$d(v_1)$，$d(v_2)$，$\cdots$，$d(v_n)$ 称为 G 的度序列。例如，图 4-3 的度序列为 1，3，2，2。

【例 4.10】 5，2，1，3，4 能成为图的度序列吗？为什么？

解： 这个序列中有奇数个奇数，由握手定理的推论可知，它们不可能成为图的度序列。

【例 4.11】 图 4-4 中，$\sum\limits_{v \in V} d^+(v) = d^+(v_1)+d^+(v_2)+d^+(v_3)+d^+(v_4)=1+1+1+0=3$，$\sum\limits_{v \in V} d^-(v) = d^-(v_1)+d^-(v_2)+d^-(v_3)+d^-(v_4)=0+1+1+1=3$，而该图有 3 条边，即结点出度之和、入度之和都等于边数。

因此，对有向图，我们有下面的定理。

定理 4.2 若图 $G=(V,E)$ 是有向图，则

$$\sum_{v \in V} d^+(v) = \sum_{v \in V} d^-(v) = |E|$$

该定理的证明可仿照定理 4.1 的证明进行。

各结点的度均为 k 的无向简单图称为 k-正则图。

【例 4.12】 图 4-9 是两个 3-正则图。

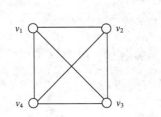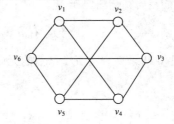

图 4-9　正则图

3. 子图与补图

在深入研究图的性质及图的局部性质时，子图的概念占有重要地位。所谓子图，就是原图适当的去掉一些结点或一些边后所形成的图，子图的结点集和边集是原图的结点集和边集的子集。

定义 4.4　设有图 $G=(V, E)$ 和图 $G'=(V', E')$。

(1) 若 $V' \subseteq V$，$E' \subseteq E$，则称 G' 是 G 的子图。

(2) 若 G' 是 G 的子图，且 $E' \subset E$，则称 G' 是 G 的真子图。

(3) 若 $V'=V$，$E' \subseteq E$，则称 G' 是 G 的生成子图。

(4) 若 $V' \subseteq V$ 且 $V' \neq \varnothing$，以 V' 为结点集，以图 G 中结点均在 V' 中的边为边集的子图，称为由 V' 导出的导出子图，记作 $G[V']$。

(5) 若 $E' \subseteq E$，且 $E' \neq \varnothing$，以 E' 为边集，以 E' 中的边关联的结点为结点集的图 G 的子图，称为 E' 导出的边导出子图，记作 $G[E']$。

【例 4.13】 图 4-10 中，图 G_1 和 G_2、G_3 都是图 G 的子图，并且是 G 的真子图，G_1 是 G 的生成子图，G_2 是 G 由 $\{v_1,v_2,v_3,v_4\}$ 导出的导出子图，G_3 是 G 由 $\{e_1,e_2,e_3\}$ 导出的边导出子图。

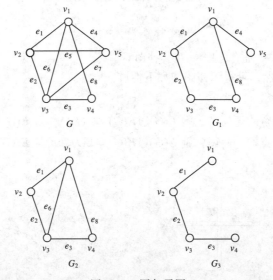

图 4-10　图与子图

定义 4.5　设图 $G=(V, E)$ 是无向图，若每一对结点之间都有边相连，则称 G 为无向完全图，具有 n 个结点的无向完全图记作 K_n。

如果图 $G=(V, E)$ 为有向图，若每对结点间均有一对方向相反的边相连，则称 G 为有向完全图，具有 n 个结点的有向完全图记作 D_n。

容易证明，K_n 有 $\dfrac{n(n-1)}{2}$ 条边，而 D_n 有 $n(n-1)$ 条边。

【例 4.14】 图 4-11 是一个有五个结点的无向完全图 K_5，图 4-12 是一个有三个结点的有向完全图 D_3。

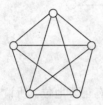

图 4-11 无向完全图 K_5

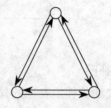

图 4-12 有向完全图 D_3

定义 4.6 设 G 为 n 个结点的无向图，从完全图 K_n 中删去 G 的所有边后构成的图称为无向图 G 的补图，记作 $\bar{G}$。类似地，设 G 为 n 个结点的有向图，从有向完全图 D_n 中删去 G 的所有边后构成的称为有向图 G 的补图，记作 $\bar{G}$。

【例 4.15】 图 4-13 中是无向图 G 及其补图 $\bar{G}$。

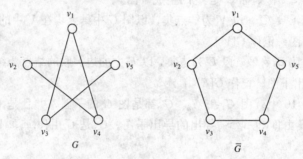

图 4-13 无向图与其补图

【例 4.16】 图 4-14 中是有向图 G 及其补图 $\bar{G}$。

由补图的定义，显然，可得到补图的如下性质：

(1) $\bar{\bar{G}} = G$；

(2) 若 G 为 n 个结点的无向图，则 $E(G) \bigcup E(\bar{G}) = E(K_n)$，且 $E(G) \bigcap E(\bar{G}) = \varnothing$。

(3) 若 G 为 n 个结点的有向图，则 $E(G) \bigcup E(\bar{G}) = E(D_n)$，且 $E(G) \bigcap E(\bar{G}) = \varnothing$。

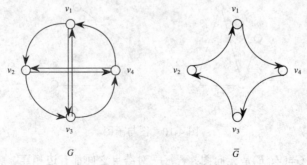

图 4-14 有向图与其补图

【例 4.17】 比赛中的图。

在某些运动项目的比赛中，比如，各国的足球联赛，通常每支球队需要和其他每支球队比赛两次，一次作为主队在自己球队的主场进行比赛，一次作为客队到其他球队的主场进行比赛。如果以每支球队作为图中的结点，有向边<a, b>表示球队 a 作为主队和球队 b 进行比赛，则有 n 个球队的联赛一个赛季下来，所有的比赛可以用有向完全图 D_n 表示。

而另外某些运动项目的比赛采用循环赛的形式，每支参赛队和其他每支参赛队比赛一次，就可以确定相互间的胜负关系，如果仍以每支参赛队作为图中的结点，有向边<a, b>表示参赛队 a 击败了参赛队 b。这样，所有的比赛下来，得到的图称为竞赛图。容易看出，n 个参赛队的竞赛图，如果不考虑该图中边的方向性，就是一个无向完全图 K_n。

图 4-15 所示的竞赛图，参赛队 a 击败了所有其他参赛队，而参赛队 e 被所有其他参赛队击败。

【例 4.18】 网络中的图。

整个互联网可以看作一个由数以亿计的主机作为结点构成的无向图，图中每条边表示主机之间的连接。通常，我们的主机只是处于某个局域网中，而这个局域网只是整个互联网这个非常庞大的图一个很小的子图。

而万维网可以看作是一个有向图，其中，每个网页是图中的一个结点，有向边<a, b>表示网页 a 上有一个超链接指向网页 b。

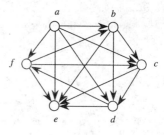

图 4-15 竞赛图

4．图的同构

在图的定义中，强调的是结点集、边集以及边与结点的关联关系，既没有给出结点的相对位置或者顺序，也没有涉及边的长短、形状和相对位置。因此，对于给定的两个图，它们的图形表示看起来可能很不一样，但实际上却可能表示同一个图。

因此，我们引入两个图同构的概念。

定义 4.7 设有图 $G=(V, E)$ 和图 $G'=(V', E')$。如果存在双射 $g:V{\rightarrow}V'$，使得

$(u, v)\in E$ 当且仅当 $(g(u), g(v))\in E'$，或者

<u, v>$\in E$ 当且仅当 <$g(u), g(v)$>$\in E'$

且它们有相同的重数，则称 G 与 G' 同构，记作 $G\cong G'$。

【例 4.19】 图 4-16 中，$G_1\cong G_2$，其中双射 $g:V_1{\rightarrow}V_2$，$g(v_1)=u_1$，$g(v_2)=u_4$，$g(v_3)=u_2$，$g(v_4)=u_5$，$g(v_5)=u_3$。

【例 4.20】 图 4-17 中，$G_3\cong G_4$，其中双射 $h:V_1{\rightarrow}V_2$，$h(v_1)=u_3$，$h(v_2)=u_1$，$h(v_3)=u_2$，$h(v_4)=u_4$。

定义 4.7 和上述两个例子说明，两个图的结点之间，如果存在双射，而且这种映射保持了结点间的邻接关系和边的重数（在有向图时还保持方向），则两个图是同构的。

两个同构的图，在同构的意义下，可以看成是同一个图。

判断任意两个图是否同构是一个非常困难的问题，因为至今还没有找到判断两个图是否同构的便于检查的充分必要条件，因而只能从定义出发判断。不过，容易看出，两个图同构的必要条件是：

（1）结点数相同；

（2）边数相同；

（3）度相同的结点数相同。

但这不是充分条件。

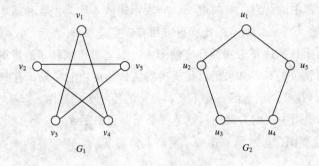

图 4-16 无向图的同构

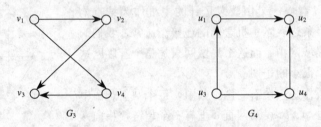

图 4-17 有向图的同构

【例 4.21】 图 4-18 中图 G_5 和 G_6 满足图同构的必要条件，但它们并不同构。图 G_5 中的任一结点，与该结点关联的三个结点间彼此不邻接；而图 G_6 中的任一结点，与该结点关联的三个结点中有两个是邻接的，所以它们不同构。

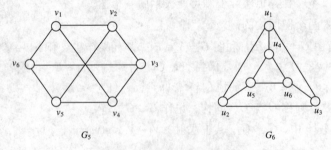

图 4-18 满足必要条件但不同构的两个图

由于判断任意两个图是否同构已经是一个非常困难的问题，构造所有非同构的 (n, m) 图也同样是一个非常困难的图论问题。

4.1.2 图的矩阵表示

由图的数学定义可知，图由结点集和边集组成，因此，可以用集合来描述；前面我们也介绍了图的图形表示，这种表示直观明了，在较简单的情况下有其优越性。但对于较为复杂的图，这种表示有其局限性。所以对于结点较多的图常用矩阵来表示，这样便于用代数知识来研究图的性质，同时也便于计算机处理。

我们可以用结点与结点的邻接矩阵来表示图。

1. 有向图的邻接矩阵

定义 4.8　设有向图 $G=(V, E)$，$V=\{v_1, v_2, \cdots, v_n\}$，$E=\{e_1, e_2, \cdots, e_m\}$，则 G 的邻接矩阵 $A(G)=(a_{ij})_{n \times n}$ 是一个 n 阶方阵，简记作 A，其中

$$a_{ij}=\begin{cases}1 & 如果 <v_i,v_j> \in E \\ 0 & 如果 <v_i,v_j> \notin E\end{cases}$$

【例 4.22】　图 4-5 中有向图的邻接矩阵表示如下：

$$A=\begin{pmatrix} 0 & 1 & 0 & 0 \\ 0 & 1 & 1 & 0 \\ 1 & 0 & 0 & 0 \\ 0 & 0 & 0 & 0 \end{pmatrix}$$

由有向图的邻接矩阵表示，不难看出有向图的邻接矩阵的如下性质：

(1) $\sum\limits_{j=1}^{n} a_{ij}=d^+(v_i)$，即，第 i 行元素的和为 v_i 的出度，因此，$\sum\limits_{i=1}^{n}\sum\limits_{j=1}^{n} a_{ij}=\sum\limits_{i=1}^{n} d^+(v_i)=|E|$；

(2) $\sum\limits_{i=1}^{n} a_{ij}=d^-(v_j)$，即，第 j 列元素的和为 v_j 的入度，因此，$\sum\limits_{j=1}^{n}\sum\limits_{i=1}^{n} a_{ij}=\sum\limits_{j=1}^{n} d^-(v_j)=|E|$；

(3) A 中对角线上某元素 $a_{ii}=1$ 说明结点上 v_i 有环，因此，$\sum\limits_{i=1}^{n} a_{ii}$ 为 G 中的环的数目；

(4) A 中第 i 行和第 i 列元素全为 0，说明 v_i 为孤立点。

此外，完全图的邻接矩阵中，除对角线上元素为 0 外全为 1；而零图的邻接矩阵中所有元素全为 0。

2. 无向图的邻接矩阵

定义 4.9　设无向图 $G=(V, E)$，$V=\{v_1, v_2, \cdots, v_n\}$，$E=\{e_1, e_2, \cdots, e_m\}$，则 G 的邻接矩阵 $A(G)=(a_{ij})_{n \times n}$ 是一个 n 阶方阵，简记作 A，其中

$$a_{ij}=\begin{cases}1 & 如果 (v_i,v_j) \in E \\ 0 & 如果 (v_i,v_j) \notin E\end{cases}$$

【例 4.23】　图 4-3 中无向图的邻接矩阵表示如下：

$$A=\begin{pmatrix} 0 & 1 & 0 & 0 \\ 1 & 0 & 1 & 1 \\ 0 & 1 & 0 & 1 \\ 0 & 1 & 1 & 0 \end{pmatrix}$$

无向图的邻接矩阵与有向图的邻接矩阵的最大不同在于它是对称的，且矩阵的每行（每列）的元素的和等于对应结点的度，其他性质都是类似的，这里就不再重复。

我们还可以用结点和边的关联矩阵来表示图。

3. 无环的有向图的关联矩阵

定义 4.10　设图 $G=(V, E)$ 是无环的有向图，$V=\{v_1, v_2, \cdots, v_n\}$，$E=\{e_1, e_2, \cdots, e_m\}$，则 G 的关联矩阵 $M(G)=(m_{ij})_{n \times m}$，简记作 M，其中

$$m_{ij} = \begin{cases} 1 & \text{如果} v_i \text{是} e_j \text{的起始结点} \\ 0 & \text{如果} v_i \text{与} e_j \text{不关联} \\ -1 & \text{如果} v_i \text{是} e_j \text{的终止结点} \end{cases}$$

【例 4.24】　图 4-4 中有向图的关联矩阵表示如下：

$$M = \begin{pmatrix} 1 & 0 & 0 \\ -1 & 1 & 0 \\ 0 & -1 & 1 \\ 0 & 0 & -1 \end{pmatrix}$$

由无环的有向图的关联矩阵表示，不难看出无环的有向图的关联矩阵的如下性质：

(1) $\sum\limits_{i=1}^{n} a_{ij} = 0$，因为每条边有一个起始结点和一个终止结点。

(2) $\sum\limits_{j=1}^{m} |a_{ij}| = d(v_i)$，即，第 i 行元素的和为 v_i 的度，因此，$\sum\limits_{i=1}^{n}\sum\limits_{j=1}^{m} |a_{ij}| = \sum\limits_{i=1}^{n} d(v_i) = 2|E|$；

(3) 每行中 1 的个数是该结点的出度，−1 的个数是该结点的入度；

(4) M 中第 i 行元素全为 0，说明 v_i 为孤立点。

4. 无向图的关联矩阵

定义 4.11　设无向图 $G = (V, E)$，$V = \{v_1, v_2, \cdots, v_n\}$，$E = \{e_1, e_2, \cdots, e_m\}$，则 G 的关联矩阵 $M(G) = (m_{ij})_{n \times m}$ 简记作 M，其中

$$m_{ij} = \begin{cases} 1 & \text{如果} v_i \text{与} e_j \text{关联} \\ 0 & \text{如果} v_i \text{与} e_j \text{不关联} \end{cases}$$

【例 4.25】　图 4-3 中无向图的关联矩阵表示如下：

$$M = \begin{pmatrix} 1 & 0 & 0 & 0 \\ 1 & 1 & 1 & 0 \\ 0 & 1 & 0 & 1 \\ 0 & 0 & 1 & 1 \end{pmatrix}$$

无向图的关联矩阵与有向图的关联矩阵的性质都是类似的，这里就不再重复。

4.2　路径与连通性

计算机网络中的两台计算机是否可以进行通信？高铁的乘客能否乘高铁从一个城市到另一个城市？这些问题，我们可以建立图论模型利用图论的方法进行研究，这就需要图的路径与连通性的概念。

4.2.1　路径与回路

在图论的研究中，经常要考虑这样的问题，如何从图中一个给定的结点出发，沿着一些边移动到另一个结点，这就引出了路径的概念。

定义 4.12　在图 $G = (V, E)$ 中，从结点 v_0 到 v_n 的一条路径或通路是图的结点和边的一个交错序列 $(v_0 e_1 v_1 e_2 v_2 \cdots v_{n-1} e_n v_n)$，其中 $e_i = (v_{i-1}, v_i)$ 或者 $e_i = \langle v_{i-1}, v_i \rangle$ $(i = 1, 2, \cdots, n)$，v_0、

v_n 分别称为路径的起始结点和终止结点，统称为路径的端点，路径中包含的边数 n 称为路径的长度。当起点和终点相同时，则称该路径为回路。

如果一条路径中的边 e_1，e_2，$\cdots$，e_n 互不相同，则称该路径为简单路径；如果一条路径中结点 v_0，v_1，v_2，$\cdots$，v_n 互不相同，则称其该路径为基本路径。

如果一条回路中的边 e_1，e_2，$\cdots$，e_n 互不相同，则称该回路为简单回路；如果一条回路中结点 v_0，v_1，v_2，$\cdots$，v_n 除起始结点和终止结点外互不相同，则称其该回路为基本回路。

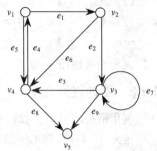

图 4-19　图的通路与回路

【例 4.26】 在图 4-19 的图中：

(1) $P_1 = (v_1 e_5 v_4 e_8 v_5)$ 是一条路径，也是一条简单路径和基本路径，该路径以 v_1 为起始结点，以 v_5 为终止结点，路径长度为 2。

(2) $P_2 = (v_1 e_1 v_2 v_3 e_7 v_3 e_9 v_5)$ 是一条路径，也是一条简单路径，但不是一条基本路径，该路径也是以 v_1 为起始结点，以 v_5 为终止结点，但路径长度为 4。

(3) $P_3 = (v_1 e_1 v_2 e_6 v_4 e_4 v_1 e_1 v_2 e_2 v_3)$ 是一条路径，但不是一条简单路径，也不是一条基本路径，该路径以 v_1 为起始结点，以 v_3 为终止结点，路径长度为 5。

(4) $P_4 = (v_1 e_1 v_2 v_3 e_3 v_4 e_4 v_1)$ 是一条回路，也是一条简单回路和基本回路，该回路的长度为 4。

(5) $P_5 = (v_3 e_7 v_3 e_3 v_4 e_4 v_1 e_1 v_2 e_2 v_3)$ 是一条回路，也是一条简单回路，但不是一条基本回路，该回路的长度为 5。

(6) $P_6 = (v_1 e_1 v_2 e_6 v_4 e_4 v_1 e_5 v_4 e_4 v_1)$ 是一条回路，但不是一条简单回路，也不是一条基本回路，该回路的长度为 5。

在不引起混淆的情况下，路径也可用边的序列或结点的序列来表示，如上例中 P_3 也可记为 $(v_1 v_2 v_4 v_1 v_2 v_3)$ 或（$e_1 e_6 e_4 e_1 e_2$）。特别地，单独一个结点也是一条路径，其长度为 0。另外，由结点 u 和 v 间的平行边 e 和 e' 构成的路径（$ueve'u$）及由结点 u 上的环构成的路径（ueu）均是回路。

通过上例，我们可以发现，路径 P_3 中包含回路（$v_1 e_1 v_2 e_6 v_4 e_4 v_1$），删除该回路可得到基本路径（$v_1 e_1 v_2 e_2 v_3$）；回路 P_6 中包含回路（$v_1 e_1 v_2 e_6 v_4 e_4 v_1$），删除该回路可得到基本回路（$v_1 e_5 v_4 e_4 v_1$）。

由此，我们可以得到下面的定理。

定理 4.3　在一个 (n, m) 图中，如果从结点 v_i 到 v_j（$v_i \neq v_j$）存在一条路径，则从 v_i 到 v_j 存在一条长度不大于 $(n-1)$ 的路径；如果存在一条经过 v_i 的回路，则存在一条经过 v_i 的长度不超过 n 的回路。

证明：假定从 v_i 到 v_j 存在一条路径（$v_i \cdots v_j$），如果其中有相同的结点 v_k，即，有（$v_i \cdots v_k \cdots v_k \cdots v_j$），删去其中从 v_k 到 v_k 的那些边，得到的仍是从 v_i 到 v_j 的路径。如此反复进行，直至（$v_i \cdots v_j$）中没有重复结点为止。此时得到的仍是一条从 v_i 到 v_j 的路径，由于该路径没有重复结点，图中共 n 个结点，路径长度比路径中的结点数少 1，因此，路径的长度不超过 $(n-1)$。

对于经过 v_i 的回路，可仿照上面的证明进行。

定义 4.13 在图 $G=(V, E)$ 中，从结点 v_i 到 v_j 最短路径的长度称为 v_i 到 v_j 的距离，记作 $d(v_i, v_j)$。如果从 v_i 到 v_j 不存在路径，则记 $d(v_i, v_j)=\infty$。

需要注意的是，对于无向图，如果从 v_i 到 v_j 存在路径，则从 v_j 到 v_i 一定也存在路径，因此，$d(v_i, v_j)=d(v_j, v_i)$；但是，在有向图中，如果从 v_i 到 v_j 存在路径，从 v_j 到 v_i 不一定存在路径，因此，$d(v_i, v_j)$ 不一定等于 $d(v_j, v_i)$。关于距离，一般有如下性质：

(1) $d(v_i, v_j) \geqslant 0$；

(2) $d(v_i, v_j)+d(v_j, v_k) \geqslant d(v_i, v_k)$。

性质（2）通常称为三角不等式，顾名思义，它类似于三角形中两边长度之和大于第三边的长度。我们可用图 4-20 来说明该性质。

4.2.2 图的连通性

利用路径的概念，我们可以进一步定义可达性。

定义 4.14 设图 $G=(V, E)$ 中，如果从结点 v_i 到 v_j 存在一条路径，则称从 v_i 到 v_j 是可达的。规定，结点 v_i 自身从 v_i 可达。

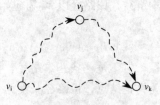

图 4-20 三角不等式

需要注意的是，对于无向图而言，如果从 v_i 到 v_j 可达，则从 v_j 到 v_i 一定也可达。但是，对于有向图而言则未必。

定义 4.15 设图 $G=(V, E)$，$V=\{v_1, v_2, \cdots, v_n\}$，$E=\{e_1, e_2, \cdots, e_m\}$，则 G 的可达性矩阵 $R(G)=(r_{ij})_{n \times n}$ 是一个 n 阶方阵，简记作 R，其中

$$r_{ij}=\begin{cases} 1 & \text{如果从}v_i\text{到}v_j\text{可达} \\ 0 & \text{如果从}v_i\text{到}v_j\text{不可达} \end{cases}$$

【例 4.27】 图 4-4 中有向图的可达性矩阵表示如下：

$$R=\begin{pmatrix} 1 & 1 & 1 & 1 \\ 0 & 1 & 1 & 1 \\ 0 & 0 & 1 & 1 \\ 0 & 0 & 0 & 1 \end{pmatrix}$$

图的连通性基于可达性的概念，分为无向图的连通性和有向图的连通性，而且有向图的连通性要比无向图的连通性更复杂。

1. 无向图的连通性

定义 4.15 在无向图 G 中，如果它的任何两个结点间均是可达的，则称图 G 为连通图，否则称 G 是非连通图。

【例 4.28】 在图 4-21 中，图 G_1 任何两个结点间均可达，因此是连通的；图 G_2 则是不连通的，因为结点 u_1、u_2 与结点 u_3、u_4、u_5 之间是不可达的。

如果我们在无向图 G 的结点集 V 上定义一个二元关系 R：

$$R=\{<v_1, v_2>| v_1, v_2 \in V \text{且} v_1 \text{与} v_2 \text{是可达的}\}$$

容易证明，R 是自反的、对称的、传递的，即 R 是一个等价关系，于是 R 可将 V 划分成若干个非空子集：$V_1, V_2, \cdots, V_k$，它们的导出子图 $G[V_1], G[V_2], \cdots, G[V_k]$ 构成 G 的连通分图，其连通分图的个数记作 $P(G)$。显然，G 是连通图的充分必要条件是 $P(G)=1$。

【例 4.29】 在图 4-21 中，图 G_1 是连通图，$P(G_1)=1$；图 G_2 可由 $\{u_1, u_2\}$ 和 $\{u_3, u_4, u_5\}$ 导出两个不相连通的子图，$P(G_2)=2$。

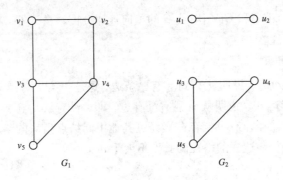

图 4-21 连通图与非连通图

2. 有向图的连通性

定义 4.16 在有向图 G 中，如果它的任何两个结点间均是可达的，则称图 G 为强连通图；若任何两个结点间至少从一个结点到另一个结点是可达的，则称 G 是单向连通图；若忽略 G 中各边的方向时 G 是无向连通图，则称 G 是弱连通图。

【例 4.30】 在图 4-22 中，图 G_1 任何两个结点间均可达，因此是强连通的；图 G_2 是单向连通的；图 G_3 是弱连通的；图 G_4 是非连通的。

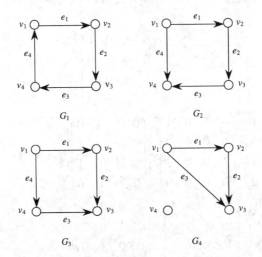

图 4-22 强连通图、单向连通图、弱连通图与非连通图

注意，强连通图一定是单向连通图，单向连通图一定是弱连通图，但反之不真。

如果我们在有向图 G 的结点集 V 上定义一个二元关系 R：

$$R=\{<v_1, v_2>| v_1, v_2 \in V \text{ 且 } v_1 \text{ 与 } v_2 \text{ 是可达的}\}$$

容易证明，R 是自反的、传递的，但不一定是对称的，所以 R 不是一个等价关系。

定义 4.17 在有向图 G 中，具有极大强连通性的子图，称为 G 的一个强连通分图；具有极大单向连通性的子图，称为 G 的一个单向连通分图；具有极大弱连通性的子图，称为 G 的一个弱连通分图。强连通分图的定义中"极大"的含义是：对该子图再加入其他结点，它便不再具有强连通性。对单向连通分图、弱连通分图也类似。

【例 4.31】 在图 4-23 的图 $G=(V, E)$ 中，$V_1=\{v_1, v_2, v_3, v_4\}$，$V_2=\{v_5, v_6, v_7\}$，$V_3=\{v_8\}$ 的导出子图 $G[V_1]$，$G[V_2]$，$G[V_3]$ 均是 G 的强连通分图；$V_4=\{v_1, v_2, v_3, v_4, v_5, v_6, v_7\}$，$V_5=\{v_5,$

v_6，v_7，v_8}的导出子图 $G[V_4]$ 和 $G[V_5]$ 均是 G 的单向连通分图；由于 G 本身是弱连通的，因此，G 的弱连通分图就是自身。

3. 可达性矩阵的计算

在邻接矩阵中，若 $a_{ij}=1$，说明从 v_i 到 v_j 有一条边，这是一条从 v_i 到 v_j 长度为 1 的路径，即，从 v_i 到 v_j 是可达的；若 $a_{ij}=0$，说明从 v_i 到 v_j 没有边，即，没有从 v_i 到 v_j 长度为 1 的路径，但是并不说明从 v_i 到 v_j 没有路径，有可能存在 v_i 经过其他中间结点到 v_j 的路径，不过根据定理 4.3，如果存在从 v_i 到 v_j 的路径，这样的路径的长度不大于 $n-1$。

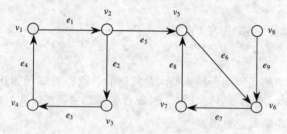 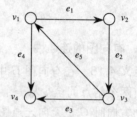

图 4-23　有向图的各种连通分图　　　　图 4-24　【例 4.32】图

【例 4.32】 图 4-24 中，图 G 的邻接矩阵 A 表示如下，求 A^2，A^3、$B = E + A + A^2 + A^3$ 和可达性矩阵 R。

$$A = \begin{pmatrix} 0 & 1 & 0 & 1 \\ 0 & 0 & 1 & 0 \\ 1 & 0 & 0 & 1 \\ 0 & 0 & 0 & 0 \end{pmatrix}$$

解：$A^2 = \begin{pmatrix} 0 & 1 & 0 & 1 \\ 0 & 0 & 1 & 0 \\ 1 & 0 & 0 & 1 \\ 0 & 0 & 0 & 0 \end{pmatrix} \times \begin{pmatrix} 0 & 1 & 0 & 1 \\ 0 & 0 & 1 & 0 \\ 1 & 0 & 0 & 1 \\ 0 & 0 & 0 & 0 \end{pmatrix} = \begin{pmatrix} 0 & 0 & 1 & 0 \\ 1 & 0 & 0 & 1 \\ 0 & 1 & 0 & 1 \\ 0 & 0 & 0 & 0 \end{pmatrix}$；

$A^3 = \begin{pmatrix} 0 & 0 & 1 & 0 \\ 1 & 0 & 0 & 1 \\ 0 & 1 & 0 & 1 \\ 0 & 0 & 0 & 0 \end{pmatrix} \times \begin{pmatrix} 0 & 1 & 0 & 1 \\ 0 & 0 & 1 & 0 \\ 1 & 0 & 0 & 1 \\ 0 & 0 & 0 & 0 \end{pmatrix} = \begin{pmatrix} 1 & 0 & 0 & 1 \\ 0 & 1 & 0 & 1 \\ 0 & 0 & 1 & 0 \\ 0 & 0 & 0 & 0 \end{pmatrix}$；

$B = E + A + A^2 + A^3$

$= \begin{pmatrix} 1 & 0 & 0 & 0 \\ 0 & 1 & 0 & 0 \\ 0 & 0 & 1 & 0 \\ 0 & 0 & 0 & 1 \end{pmatrix} + \begin{pmatrix} 0 & 1 & 0 & 1 \\ 0 & 0 & 1 & 0 \\ 1 & 0 & 0 & 1 \\ 0 & 0 & 0 & 0 \end{pmatrix} + \begin{pmatrix} 0 & 0 & 1 & 0 \\ 1 & 0 & 0 & 1 \\ 0 & 1 & 0 & 1 \\ 0 & 0 & 0 & 0 \end{pmatrix} + \begin{pmatrix} 1 & 0 & 0 & 1 \\ 0 & 1 & 0 & 1 \\ 0 & 0 & 1 & 0 \\ 0 & 0 & 0 & 0 \end{pmatrix}$

$= \begin{pmatrix} 2 & 1 & 1 & 2 \\ 1 & 2 & 1 & 2 \\ 1 & 1 & 2 & 2 \\ 0 & 0 & 0 & 1 \end{pmatrix}$；

$$R=\begin{pmatrix} 1 & 1 & 1 & 1 \\ 1 & 1 & 1 & 1 \\ 1 & 1 & 1 & 1 \\ 0 & 0 & 0 & 1 \end{pmatrix}$$

如果记 $A^k=(a_{ij}^k)_{n\times n}$，由上例我们可以发现：计算 A^2 时，由于 $a_{ij}^2=\sum_{l=1}^{n}a_{il}^1\cdot a_{lj}^1$，如果 $a_{il}^1=1$（即从 v_i 到 v_l 有一条长度为 1 的路径）且 $a_{lj}^1=1$（即从 v_l 到 v_j 有一条长度为 1 的路径），则从 v_i 到 v_j 有一条长度为 2（经过 v_l）的路径，l 依次取遍从 1 到 n 的所有情形，得到的 a_{ij}^2 是从 v_i 到 v_j 长度为 2 的路径的条数。同理，计算 A^3，得到的 a_{ij}^3 是从 v_i 到 v_j 长度为 3 的路径的条数。而单位阵 E 记录的是长度为 0 的路径，如果存在从 v_i 到 v_j 的路径，这样的路径的长度不大于结点数减 1（即长度不大于 3），因此，矩阵 B 中 b_{ij} 是从 v_i 到 v_j 的长度不大于 3 的路径条数。综上，将 B 中非零元素改为 1，得到的就是该图的可达性矩阵。

一般的，对任意图 $G=(V,E)$，利用图 G 的邻接矩阵 A，分以下两步可得到图 G 的可达性矩阵 R：

（1）计算 $B=E+A+A^2+\cdots+A^{n-1}$；

（2）将矩阵中 B 不为零的元素均改为 1，为零的元素不变，所得的矩阵就是可达性矩阵 R。

【例 4.33】 农夫过河问题。

这是一个非常经典的趣题。农夫带了狗、鸡和谷子过河，只有农夫在场的情况下，狗才不咬鸡、鸡才不吃谷子，但是船很小，农夫每次至多只能带一样东西过河，他能成功的将狗、鸡和谷子从河的左岸带到右岸吗？

如果以农夫、狗、鸡和谷子在河两岸的位置作为结点，由于每样事物可以分别位于河的两岸，所以共有 16 个结点；以农夫带某样东西或空手从河上过一次导致所有事物位置的变化为图中的一条边，则农夫过河问题就转化为一个图论问题。

例如，图 4-25（a）显示了该问题的图模型的两个结点，两个结点间的边表示农夫带着狗从河上过一次。

农夫过河问题的初始位置如图 4-25（b）左侧结点所示；如果农夫成功的将狗、鸡和谷子带到河的右岸，则从 4.25（b）左侧结点有一条路径到达右侧结点。即，农夫过河问题有解，当且仅当，图 4-25（b）的两个结点是连通的。

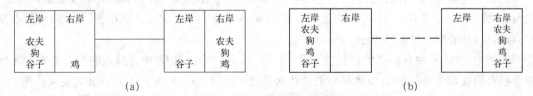

图 4-25　农夫过河问题的图模型

由上例我们可以看到，日常生活中的很多问题可以通过图模型来刻画。

4.3　欧拉图与汉密尔顿图

欧拉图和汉密尔顿图是图论中两种著名的特殊图，二者的定义非常相似，但是二者的判定却有极大的不同。

4.3.1 欧拉图

现在让我们来讨论本篇开始所提及的标志图论起源的著名问题——哥尼斯堡七桥问题。

在 18 世纪的东普鲁士有一座哥尼斯堡（Königsberg，现位于俄罗斯的加里宁格勒），城中有一条普雷格尔（Pregel）河，河中有两座小岛，为了连通河两岸及河中小岛，河上架设了 7 座桥，如图 4-26（a）所示。每逢假日，城里的人们喜欢环城周游。当时人们热衷的一个问题是：能否从某地出发，通过每个桥一次且仅一次，再回到出发地？这就是哥尼斯堡七桥问题。

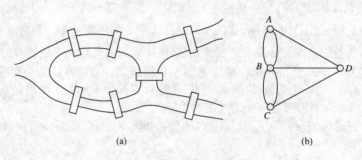

(a)   (b)

图 4-26　哥尼斯堡七桥问题

这个问题似乎不难，谁都想试着解决，但都没有成功。1736 年欧拉写了第一篇图论的论文，对这个问题给出了否定的回答，从而成为图论的创始人。为了证明这个问题无解，欧拉巧妙地把哥尼斯堡城图化为图 4-26（b）所示的由四个结点和七条边组成的图 G，把陆地设为图 G 中的结点 A、B、C、D，把桥画成相应地连接陆地即结点的边。于是，哥尼斯堡七桥问题，就归结为从图 G 中某一结点出发寻找出一条回路，它经过每条边恰好一次后回到出发结点。欧拉在这篇论文中提出了一条简单准则，确定七桥问题是无解的。我们下面就来讨论这个问题。

定义 4.18　设多重图 $G=(V, E)$，经过图 G 所有边的简单回路称为欧拉回路，存在欧拉回路的图称为欧拉图；经过图 G 所有边的简单路径（非回路）称为欧拉路径。

显然，欧拉图都是连通的，因此，我们仅对连通图讨论欧拉回路和欧拉路径。另外，定义 4.18 既适合无向图，又适合有向图。

我们先考虑无向图。

【例 4.34】 在图 4-27 的各无向图中，哪些有欧拉回路？哪些有欧拉路径？

此例中，图 G_1 中有欧拉回路（$v_1v_2v_3v_4v_5v_2v_5v_6v_1$），因此是欧拉图；图 G_2 中没有欧拉回路，也没有欧拉路径；图 G_3 中有欧拉回路（$v_1v_2v_3v_4v_5v_1v_3v_5v_2v_4v_1$），因此是欧拉图；图 G_4 中没有欧拉回路，但是有欧拉路径（$v_1v_2v_3v_4v_5v_6v_1v_5v_2v_4$）。

上例中，图 G_1 中各结点的度依次为 2、4、2、2、4、2，图 G_2 中各结点的度均为 3，图 G_3 中各结点的度均为 4，图 G_4 中各结点的度依次为 3、4、2、3、4、2。由此，我们发现，图 G_1、G_3 中结点的度均是偶数，都有欧拉回路，因而是欧拉图；图 G_4 中除两个结点外其余结点的度均是偶数，图 G_1 有以这两个度为奇数结点为起始结点和终止结点的欧拉路径。这是否是一般规律呢？回答是肯定的。

事实上，我们有下面的定理。

定理 4.4　连通的无向图 $G=(V, E)$ 是欧拉图的充分必要条件是，图 G 中所有结点的度均为偶数；连通的无向图 $G=(V, E)$ 存在一条 v_i 到 v_j 的欧拉路径的充分必要条件是，v_i 和 v_j 是 G 中仅有的两个度为奇数的结点。

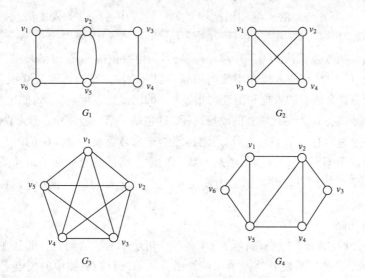

图 4-27　无向图中的欧拉回路与欧拉路径

该定理的证明略。

由定理 4.4，对于哥尼斯堡七桥问题，因为它所对应的图 4-26（b）中所有 4 个结点的度均为奇数，因此是无解的。

接下来，我们考虑有向图。显然，有向欧拉图一定是强连通的。

【例 4.35】　在图 4-28 的各有向图中，哪些是欧拉图？哪些有欧拉路径？

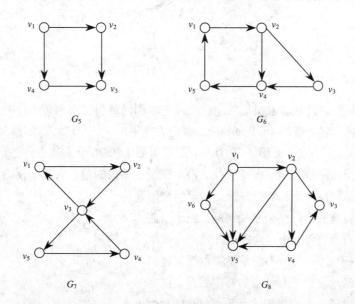

图 4-28　有向图中的欧拉回路与欧拉路径

此例中，图 G_5 中有欧拉回路（$v_1v_2v_3v_4v_1$），因此是欧拉图；图 G_6 中没有欧拉回路，但是有欧拉路径（$v_2v_3v_4v_5v_1v_2v_4$）；图 G_7 中有欧拉回路（$v_3v_1v_2v_3v_5v_4v_3$），因此是欧拉图；图 G_8 不是一个强连通图，因而不可能有欧拉回路，并且，结点 v_3、v_5 都只是边的终止结点，也就不可能有一条路径经过这两个结点，因而没有欧拉路径。

上例中，图 G_5 中各结点的入度和出度均为 1，图 G_6 中各结点的入度依次为 1、1、1、2、1，出度依次为 1、2、1、1、1，图 G_7 中除 v_3 外各结点的入度和出度均为 1，v_3 的入度和出度均为 2；图 G_8 中各结点的入度依次为 0、1、2、1、4、1，出度依次为 3、3、0、2、0、1。由此，我们发现，图 G_5、G_7 中结点的入度和出度均相等，都有欧拉回路，因而是欧拉图；图 G_6 中除两个结点 v_2、v_4 外，其余结点的入度和出度均相等，v_2 的出度比入度大 1，v_4 的出度比入度小 1，图 G_6 有以 v_2 为起始结点、v_4 为终止结点的欧拉路径。这也是一个一般规律，因为我们有下面的定理。

定理 4.5 连通的有向图 $G=(V, E)$ 是欧拉图的充分必要条件是，G 的所有结点的入度等于出度；连通的有向图 $G=(V, E)$ 存在一条从 v_i 到 v_j 的欧拉路径的充分必要条件是，v_i 和 v_j 是 G 中仅有的两个度为奇数的结点，并且 v_i 的出度比入度大 1，v_j 出度比入度小 1，其余结点入度等于出度。

该定理的证明略。

【例 4.36】 欧拉回图和欧拉路径的一个典型应用是一笔画的判定，即，在一张纸上用笔连续移动（笔不离纸，也不重复）将一个图描绘出来。如果我们将图中的顶点看作一个结点，结点间的连线看作一条边，这实质上就是判断该图是否存在欧拉回路或欧拉路径的问题。如图 4-29 所示，图 (a)、(b)、(c) 的图形都可以一笔画，因为图 (a)、(b) 存在欧拉回路，图 (c) 存在欧拉路径。

(a)   (b)   (c)

图 4-29 一笔画

4.3.2 汉密尔顿图

与欧拉回路和欧拉路径非常类似的问题是汉密尔顿回路和汉密尔顿路径的问题。1859 年，爱尔兰数学家汉密尔顿（William Hamilton）爵士首先提出了一个"环球周游"的问题。他把一个正十二面体的 20 个顶点（见图 4-30 (a)）看作世界上的 20 个大城市，把正十二面体的棱看作连接大城市的交通路线，旅游者能否找到沿着正十二面体的棱，从某个顶点（即城市）出发，经过每个顶点（即每座城市）恰好一次，然后回到出发顶点的路线？这便是著名的汉密尔顿问题。正十二面体每个面都是正五边形，将正十二面体展开铺在一张平面上，可得到图 4-30 (b) 所示的图，汉密尔顿问题即在该图上寻找一条经过该图所有结点的基本回路。汉密尔顿爵士对此问题做了肯定的回答，如图 4-30 (b) 中粗实线所示。

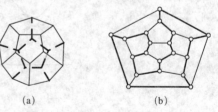

(a)   (b)

图 4-30 汉密尔顿"周游世界"问题

对于任何连通图也有类似的问题。

定义 4.19 设图 $G=(V, E)$，经过图 G 所有结点的基本回路称为汉密尔顿回路，存在汉密尔顿回路的图称为汉密尔顿图；经过图 G 所有结点的基本路径（非回路）称为汉密尔顿路径。

显然，汉密尔顿图都是连通的，因此，我们仅对连通图讨论汉密尔顿回路和汉密尔顿路径。另外，定义 4.19 既适合无向图，又适合有向图。

比较定义 4.18 和定义 4.19，二者确实十分类似，但区别有以下三点：

（1）欧拉回路（或路径）经过的是图的所有边；而汉密尔顿回路（或路径）经过的是图的所有结点；

（2）欧拉回路（或路径）是简单回路（或路径），而汉密尔顿回路（或路径）是基本回路（或路径）；

（3）对于结点间的多重边，欧拉回路（或路径）都需要经过，因而相关联的结点也要经过多次；而汉密尔顿回路（或路径）是基本回路（或路径），结点互不相同，因而结点间的多重边至多选择其中一条，无须限定为多重图。

显然，第（1）点的不同最为关键。

我们先考虑无向图。

【例 4.37】　在图 4-31 的各无向图中，哪些有汉密尔顿回路？哪些有汉密尔顿路径？

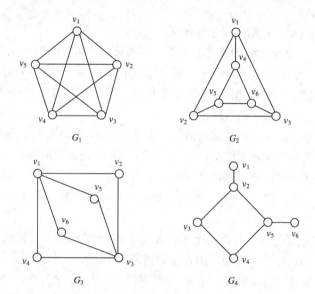

图 4-31　无向图中的汉密尔顿回路与汉密尔顿路径

此例中，图 G_1 中有汉密尔顿回路（$v_1v_2v_3v_4v_5v_1$），因此是汉密尔顿图；图 G_2 中有汉密尔顿回路（$v_1v_2v_3v_6v_5v_4v_1$），因此是汉密尔顿图；图 G_3 中没有汉密尔顿回路，也没有汉密尔顿路径；图 G_4 中没有汉密尔顿回路，但是有汉密尔顿路径（$v_1v_2v_3v_4v_5v_6$）。

尽管汉密尔顿回路（或路径）的定义与欧拉回路（或路径）的定义在形式上非常相似，但是对于汉密尔顿图的判定远不像欧拉图的判定那样方便，事实上，到目前为止，人们还没有找到一个图是汉密尔顿图的充分必要条件。

下面我们先给出汉密尔顿图的必要条件。

定理 4.6　若 $G=(V, E)$ 是汉密尔顿图，则对于结点集 V 的任一非空子集 S 均有 $W(G-S) \leqslant |S|$，其中 $W(G-S)$ 是从 G 中删除 S 后所得到图的连通分图数。

该定理的证明略。

既然是判定汉密尔顿图的必要条件，定理 4.6 可用来判定某些图不是汉密尔顿图。

在【例 4.37】中，图 G_3 共有 6 个结点，如果取结点集 $S=\{v_1, v_3\}$，即 $|S|=2$。而这时 $G-S$ 是由四个孤立点构成的图，因此，$W(G-S)=4>2$，这说明图 G_3 不是汉密尔顿图。

但要注意定理 4.6 只是必要条件，若一个图满足定理 4.6 的条件，也不能保证这个图一定是汉密尔顿图，如图 4-32 所示的彼得森图，对 V 的任意子集 S，均满足 $W(G-S)\leqslant|S|$，但它不是汉密尔顿图。

接下来我们再介绍几个汉密尔顿图的充分条件。

定理 4.7 设 $G=(V, E)$ 是具有 n （$n\geqslant3$）个结点的无向简单图，若对于任意一个结点 v 都有 $d(v)\geqslant n/2$，则 G 是汉密尔顿图。

该定理的证明略。

定理 4.8 设 $G=(V, E)$ 是具有 n （$n\geqslant3$）个结点的无向简单图，若对于 G 中每一对不相邻的结点 u，v 均有 $d(u)+d(v)\geqslant n$，则 G 是一个汉密尔顿图。

该定理的证明略。

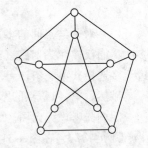

图 4-32 彼得森图

推论 完全图 K_n （$n\geqslant3$）均是汉密尔顿图。

定理 4.8 和 4.9 都是汉密尔顿图的充分条件，即满足这些条件的图一定是汉密尔顿图。

在【例 4.37】中，图 G_1 共有 5 个结点，每个结点的度 $d(v)=4\geqslant5/2$，$d(u)+d(v)=8\geqslant5$，因此，图 G_1 中有汉密尔顿回路；同样，图 G_2 共有 6 个结点，每个结点的度 $d(v)=3\geqslant6/2$，$d(u)+d(v)=6\geqslant6$，因此，图 G_2 中也有汉密尔顿回路。

但不是所有的汉密尔顿图都满足这些条件。例如图 4-33 中的图 G_5、图 G_6 和汉密尔顿"周游世界"问题相应的图都是汉密尔顿图，但它们都不满足上述定理的条件。

关于有向图的汉密尔顿回路和路径也有如下类似的定理。

定理 4.9 若 $G=(V, E)$ 是具有 n 个结点的有向简单图，对于任意一个结点 v 都有 $d^+(v)+d^-(v)\geqslant n$，则 G 是汉密尔顿图。

【例 4.38】 国际象棋的棋盘是由一个 8 行 8 列共 64 个颜色黑白交错的小方格组成正方形，棋子就在这些格子中移动，其中"马"的走法如图 4-34 所示。"骑马周游"问题就是寻找这样一种走法使得"马"从某一方格出发，走 64 步踏遍棋盘上的 64 个方格，并且回到出发的方格。

我们以图为模型对"骑马周游"问题建模：棋盘上的每个方格对应图中一个结点，结点间的边对应棋盘上一个合理的"马"的走法。这样，"骑马周游"问题就转化为寻找该图上的一个汉密尔顿回路问题。"骑马周游"问题是有解的，即，存在这样的汉密尔顿回路，读者可借助计算机编程尝试求解。

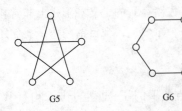

图 4-33 不满足定理 4.7 和 4.8 的汉密尔顿图

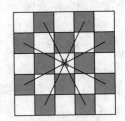

图 4-34 国际象棋中"马"的走法

*4.4 图 的 应 用

前面介绍了图论的基本概念和基本理论，并研究了欧拉图和汉密尔顿图，下面从两个方面介绍图论模型的一些应用。

4.4.1 最短路径问题

有时我们需要在图中的边上标记一些数值以反映此边的某些特征，这个值称为边的权，相应地，边上加有权值的图就是加权图。加权图经常出现在图论的应用中，如交通图中权可以表示两地的距离。

定义 4.20 对于图 $G=(V, E)$ 的每条边 e，都附以一个实数 $w(e)$，称 $w(e)$ 为边 e 上的权。G 连同在它边上的权称为加权图，加权图常记作 $G=(V, E, W)$，其中，$W=\{w(e), e \in E\}$。若 e 的端点是 v_i、v_j，常用 $w(v_i, v_j)$ 表示边 e 的权。

对于加权图 $G=(V, E, W)$ 中的每条边，它的权根据实际情况可以为正、为负，也可以为零。

对于加权图中的路径，我们定义其长度是该路径中各边的权之和。需要注意的是，我们这里所说的长度具有普遍的意义，既可指一般意义的长度，也可指花费的时间或代价等。

在加权图中，若给定了起始结点 v_i 及终止结点 v_j，且 v_i 和 v_j 连通，可能存在多条连通 v_i 和 v_j 的路径，而其中最短路径的长度称为从 v_i 到 v_j 的距离，记作 $d(v_i, v_j)$。

权为正数的最短路径有这样的性质：若 $(v_1v_2\cdots v_{m-1}v_m)$ 是从 v_1 到 v_m 的最短路径，则 $(v_1v_2\cdots v_{m-1})$ 是从 v_1 到 v_{m-1} 的最短路径。否则，假设有从 v_1 到 v_{m-1} 长度为 $d'(v_1, v_{m-1})$ 的更短路径，则

$$d(v_1, v_m)=d(v_1, v_{m-1})+w(v_{m-1}, v_m)>d'(v_1, v_{m-1})+w(v_{m-1}, v_m)$$

这与 $(v_1v_2\cdots v_{m-1}v_m)$ 是从 v_1 到 v_m 的最短路径矛盾。

【例 4.39】 在图 4-35 中，图 $G=(V, E, W)$ 结点 v_1 到其余结点的最短路径如图中方框所标明的数值所示。因此，v_1 到 v_5 的最短路径为 $(v_1v_2v_4v_5)$，长度为 9。由上述性质，v_1 到 v_4 的最短路径为 $(v_1v_2v_4)$，长度为 5；v_1 到 v_2 的最短路径为 (v_1v_2)，长度为 3。

在众多求最短路径的问题中，旅行商问题是计算机科学中一个非常著名并且影响深远的问题。它是指一个旅行商从他所在的城市出发，到 $(n-1)$ 个城市推销商品，要求每个城市都要去恰好一次，然后返回他所在的城市，要怎么设计线路才能最经济？

用图论的术语陈述这个问题：对于无向加权图 $G=(V, E, W)$ 中，结点集 V 表示城市的集合，边集 E 表示城市间的直达路线的集合，权集 W 表示每条边长度的集合，寻找该图最短的汉密尔顿回路。

鉴于目前还没有找到一个图是否存在汉密尔顿回路的充分必要条件，要找到一个无向加权图的最短汉密尔顿回路也没有有效的方法。但是我们可以规定，如果两个结点间没有边，认为它们之间有一条长度为无穷大的边，将该问题重述为"在一个无向加权完全图中寻找最短的汉密尔顿回路"，因为根据定理 4.8 的推论，所有完全图一定存在汉密尔顿回路。

【例 4.40】 在图 4-36 的图中，寻找最短的汉密尔顿回路。

解： 由于要寻找的是回路，因此，从哪个结点开始，回路的长度都是一样；并且，由于图的无向性，按回路的两个方向求长度也是一样的。因此，我们只需考虑以下 3 条回路：

$(v_1v_2v_3v_4v_1)$：该回路的长度=3+5+4+7=19

$(v_1v_2v_4v_3v_1)$：该回路的长度=3+6+4+2=15

$(v_1v_3v_2v_4v_1)$：该回路的长度=2+5+6+7=20

显然，最短的汉密尔顿回路是 $(v_1v_2v_4v_3v_1)$。

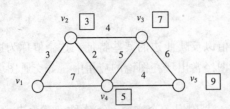

图 4-35　v_1 到其余结点的最短路径

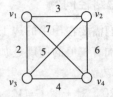

图 4-36　旅行商问题

在上例中，我们通过穷举所有非冗余的汉密尔顿回路来寻找其中最短的汉密尔顿回路。这种方法随着结点集的增大，非冗余的汉密尔顿回路的数量将急剧的增加，对于 25 个结点的无向加权完全图，不同的回路约为 $3.1×10^{23}$ 条，即使产生每条不同的回路仅需 1ns，也需要一千万年才能找到最短的汉密尔顿回路，更不要说结点集更大的图。因此，穷举所有汉密尔顿回路不是求解旅行商问题的好办法。

旅行商问题在理论和实践上都具有重要的意义，因而人们曾经进行了大量的努力以寻求设计一个求解该问题的有效算法，但是到目前，仍没有找到比穷举更有效的方法。

4.4.2　支配集与通信系统建站问题

在一个连通图 $G=(V, E)$ 中，有时我们关心的是结点集 V 的一个子集 D，凡是 V 中不在 D 中的结点，均有 D 中结点与之相邻接，这样的子集 D 称为图 G 的一个支配集。

【例 4.41】　在图 4-37 的图 $G=(V, E)$ 中，V 的子集 $\{v_1, v_2, v_3, v_4, v_5\}$ 是 G 的支配集，$\{v_2, v_4, v_6\}$ 也是 G 的支配集，但是 $\{v_2, v_4\}$ 不是 G 的支配集，因为 v_6 不与 v_2 或 v_4 相邻接。

如果从图 G 的支配集 D 中再去除一个结点，D 就不再是支配集，则 D 称为图 G 的极小支配集。在图 G 的所有极小支配集中，结点个数最少的支配集称为最小支配集，其结点的个数称为图 G 的支配数。

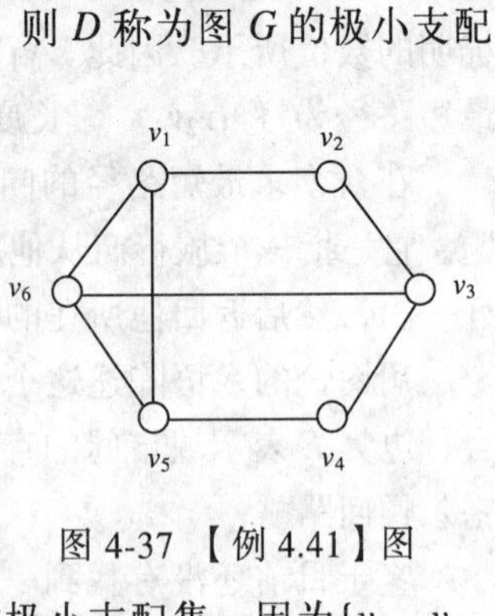

支配集还有如下性质：

（1）如果图 $G=(V, E)$ 中无孤立点，则图 G 中存在一个支配集 D，使得 G 中除 D 以外的所有结点也组成了一个支配集。

（2）如果图 $G=(V, E)$ 中无孤立点，D 为图 G 的极小支配集，则 $V-D$ 也是一个支配集。

我们可以由图 4-37 验证上述性质。

图 4-37　【例 4.41】图

在图 4-37 的图 $G=(V, E)$ 中，$\{v_1, v_2, v_3, v_4, v_5\}$ 不是 G 的极小支配集，因为 $\{v_1, v_2, v_3, v_4\}$、$\{v_1, v_2, v_3\}$ 和 $\{v_1, v_3\}$ 都是 G 的支配集，$\{v_1, v_3\}$ 是 G 的极小支配集。其中，$\{v_1, v_3, v_5\}$ 是 G 的支配集，$\{v_2, v_4, v_6\}$ 也是 G 的支配集，并且是极小支配集，但不是图 G 的最小支配集。$\{v_1, v_3\}$、$\{v_3, v_5\}$ 是图 G 的最小支配集。因此，图 G 的支配数为 2。

通过上例我们可以发现，最小支配集一定是极小支配集，图 G 可能有多个极小支配集，不同极小支配集中所含的结点数也可能不同，但是图 G 的最小支配集所含的结点数一定是相等的，都是图 G 的支配数。

支配集常用于描述在 n 个城市的通讯系统中选址建中心站的问题。

如果将图 4-37 中的结点看作是城市，图中的边看作是两个城市间有直通的通信线路，则建立这些城市间的一个通信系统，需要选择其中几座城市作为中心站。中心站的选址应满足两个基本要求：首先，需要保证系统中传送的信息能送到每一个城市；其次，为降低造价，中心站的数量应该越少越好。

显然，中心站的选址问题，就是求一个能与图 G 中其他结点相邻的结点集，且该结点集所含结点数量越少越好，即，求图 G 的最小支配集。

本 章 小 结

本章主要介绍了图的基本概念和相关术语，在此基础上，介绍了两类特殊的图及图的一些应用。

图的基本概念包括有向图和无向图的定义及 (n, m) 图、简单图、子图等一系列概念；图的基本性质包括结点的度、握手定理以及图的同构的必要条件等，图的性质可以通过图的邻接矩阵和关联矩阵表示来反映。

路径及其相关概念与图的可达性及各种连通性关系密切，图的可达性矩阵可以通过图的邻接矩阵进行计算。

欧拉图和汉密尔顿图作为两类特殊的图，其充分和必要条件对于欧拉图和汉密顿图的判定和求解有着非常重要的理论意义。

图论模型在日常生活和计算机科学中都有广泛的应用。

习 题 四

1. 设结点集 $V = \{ v_1, v_2, v_3, v_4, v_5 \}$，画出下列各图，并给出各图的矩阵表示。各结点的度分别是多少，并画出各图的补图。

(1) $E=\{(v_1, v_2), (v_1, v_3), (v_1, v_4), (v_2, v_4), (v_3, v_4), (v_4, v_5)\}$；

(2) $E=\{(v_1, v_2), (v_1, v_4), (v_2, v_4), (v_3, v_4), (v_3, v_5)\}$；

(3) $E=\{<v_1, v_2>, <v_1, v_4>, <v_2, v_3>, <v_2, v_5>, <v_3, v_2>, <v_3, v_4>, <v_5, v_2>, <v_5, v_3>\}$；

(4) $E=\{<v_1, v_2>, <v_1, v_5>, <v_2, v_1>, <v_2, v_3>, <v_2, v_5>, <v_3, v_2>, <v_3, v_4>, <v_3, v_5>, <v_3, v_4>, <v_4, v_3>\}$。

2. 已知图 G 各结点的度分别列为 1, 1, 2, 3, 3，试画出满足此条件的所有无向简单图。

3. 下面各图有多少个结点？

(1) 10 条边，每个结点的度为 2；

(2) 13 条边，2 个结点度为 4，其余结点度为 3；

(3) 12 条边，每个结点的度均相同。

4. 设图 G 有 n 个结点，$(n+1)$ 条边，证明：G 中至少有一个结点的度数大于等于 3。

5. 证明：在简单图中，若结点数大于等于 2，则至少有两个结点的度相同。

6. 画出一个 4-正则图和一个 5-正则图。

7. 画出 K_4 的所有非同构的子图，并指出其生成子图。

8. 画出 D_4 的所有非同构的生成子图，指出每个图的补图。

9. 证明下面两个图同构。

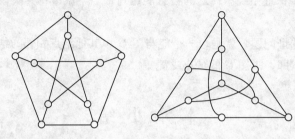

10. 证明下面两个图不同构。

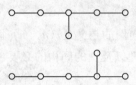

11. 已知图 G 的邻接矩阵如下，画出图 G。

$$A = \begin{pmatrix} 0 & 1 & 0 & 1 & 0 & 0 \\ 0 & 0 & 1 & 1 & 1 & 0 & 1 \\ 1 & 1 & 0 & 0 & 0 & 1 \\ 1 & 0 & 0 & 0 & 1 & 0 \\ 0 & 1 & 1 & 0 & 0 & 0 \\ 0 & 0 & 1 & 1 & 0 & 0 \end{pmatrix}$$

12. 求下图中所有的强连通分图、弱连通分图和单向连通分图。

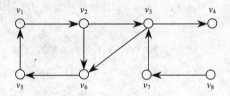

13. 在下图中

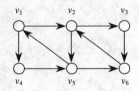

(1) 求从 v_1 到 v_6 的所有简单路径及这些路径的长度；

(2) 求该图所有的简单回路及长度；

(3) 求该图所有的基本回路及长度；

14．根据下图的邻接矩阵 A

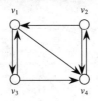

（1）求 A^2，A^3，A^4；

（2）从 v_1 到 v_6 长度为 4 的路径有几条？

（3）长度为 4 的路径一共有几条？其中多少条是回路？

（4）求该图的可达性矩阵。

15．判断下面各图是否是欧拉图，或者，是否存在欧拉路径。

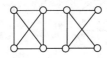

16．对于上题中的各图，是否是汉密尔顿图？或者是否存在汉密尔顿路径？

17．设图 G 是一个有 k 个奇度结点的无向图，问至少加几条边到 G 中，才能能使得图 G 有一条欧拉路径？至少加几条边到 G 中，才能使得图 G 为欧拉图？

18．构造简单欧拉图，使其结点数 n 和边数 m 满足下列条件：

（1）n，m 均为奇数。

（2）n，m 均为偶数。

（3）n 为奇数，m 为偶数。

19．构造满足下面条件的图。

（1）既是欧拉图又是汉密尔顿图。

（2）是欧拉图但不是汉密尔顿图。

（3）不是欧拉图但是汉密尔顿图。

（4）既不是欧拉图又不是汉密尔顿图。

20．在无向完全图 K_n 中有多少条汉密尔顿回路？

21．对下图，求每个结点到其他结点的最短路径。

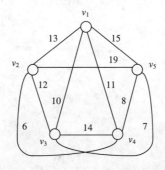

22．对第 21 题图所示的旅行商问题，求最短的汉密尔顿回路。

23. 求下图每个结点到其他结点的最短路径。

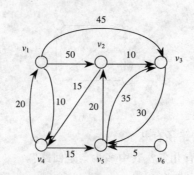

24. 对下图所示的旅行商问题，求最短的汉密尔顿回路。

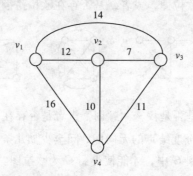

25. 求下图所有极小支配集和支配数。

第5章 树

📡 **本章导读**

本章主要介绍树、根树及其相关的概念、性质和基本算法，以及树的典型应用。

本章内容要点：

- 树与图的生成树；
- 根树；
- 树的应用。

内容结构

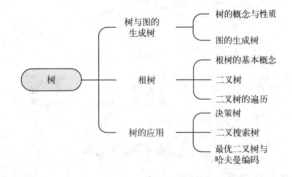

学习目标

本章内容的重点是树的相关概念、性质和基本算法，通过学习，学生应该能够：

- 掌握树的概念和相关术语，理解树的基本性质，能够运用图的生成树的破圈法和避圈法，理解加权图最小生成树的 Prim 算法和 Kruskal 算法；
- 掌握有向树、根树、有序树、二叉树的异同，着重理解二叉树的性质，了解二叉树同构的概念，理解二叉树遍历的算法；
- 了解树的应用。

5.1 树与图的生成树

树是图论中最重要的也是应用最广泛的概念之一，作为一种简单而又特殊的图，树有一组相关的术语和很多良好的性质。

5.1.1 树的概念与性质

日常生活中，我们经常会看到一些树形的图。

例如，美国北达科他州立大学的数学宗谱项目收集了十余万数学研究人员的信息，利用该项目我们可查知一些计算机方面的科学家的情况，如图 5-1 所示。

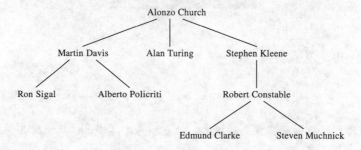

图 5-1　计算机科学家的宗谱图

又如，某公司的组织机构如图 5-2 所示。

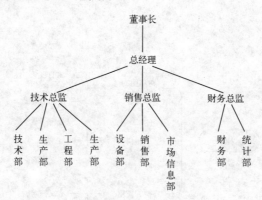

图 5-2　某公司组织机构图

这些图都呈现出了我们日常看到的树的形状。

作为一种特殊的图，树的数学定义如下：

定义 5.1　无回路的无向连通图称为无向树，简称为树，记作 T。

显然，由定义可知，树是个简单图，即它无环和无平行边。

在树中，度为 1 的结点称为叶结点；度大于 1 的结点称为内结点或分支结点。

若图的每个连通分图是树，则称该图为森林。平凡图称为平凡树。

【例 5.1】 图 5-3 中 (a)、(b)、(c) 连通且无回路，因而是树，并且，图 (b) 和 (c) 同构；(d) 不连通，(e) 有回路，因而它们都不是树。在图 (a) 中，v_3、v_4 是叶结点，v_1、v_2、v_5 是分支结点；图 (d) 是由两棵树构成的森林。

树的性质可用下面定理描述。

定理 5.1　设图 $T=(V, E)$ 是树，则 $|E|=|V|-1$。

证明：设 $|V|=n$，我们采用数学归纳法对 n 进行归纳。

当 $n=1$ 时，树 T 不能有边，即 $|E|=0$，结论成立。

假设对任何 $n \leq k$ 的图，结论都成立。对有 $n=k+1$ 个结点的树 T，T 连通且无回路。设 e 是 T 中一边，则 $T-e$ 有两个连通分图，分别设为 T_1（V_1，E_1）、T_2（V_2，E_2），显然 T_1、T_2 不可能有回路，因而 T_1、T_2 都是树，它们的结点数至多为 k，由归纳假设，有 $|E_1|=|V_1|-1$，$|E_2|=|V_2|-1$，因此，$|E|=|E_1|+|E_2|+1=|V_1|-1+|V_2|-1+1$，即，$|E|=|V|-1$。结论仍成立。

综上，对任意树 $T=$（V，E），$|E|=|V|-1$。

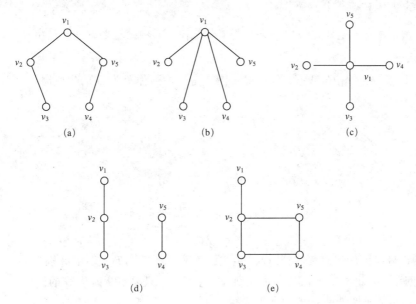

图 5-3 树与非树的图

定理 5.2 图 $G=$（V，E）是树的充分必要条件是图 G 的每对结点间有且仅有一条路径。

证明：证充分性。图 G 的每对结点间有一条路径，则任何一对结点间均是可达的，即 G 是连通图。又因为每对结点间仅有一条路径，G 中不含回路。因此，G 是树。

证必要性。图 G 是树，由树的定义，树是连通图，因此任何一对结点间均是可达的，因此存在一条路径。如果结点 u 和 v 之间不只一条路径，则其中两条路径的连接构成一条回路，这与 G 是树矛盾。因此，每对结点间有且仅有一条路径。

推论 去掉树中任何一条边，树就成了森林；在树中添加任何一条边，就会产生一条回路。

定理 5.3 任何一棵非平凡树中至少有两个叶结点。

证明：采用反正法，证明非平凡树不可能没有叶结点或只有一个叶结点。

对任意树 $T=(V, E)$，设 $|V|=n$。则由握手定理得

$$\sum_{v \in V} d(v) = 2|E| = 2(|V|-1)$$

若 T 没有叶结点，则每个结点的度至少为 2，$\sum_{v \in V} d(v) \geq 2|V| > 2(|V|-1)$，矛盾。

若 T 仅有一片树叶，则其余结点的度至少为 2，$\sum_{v \in V} d(v) \geq 1+2(|V|-1) > 2(|V|-1)$，矛盾。

综上，任何一棵非平凡树中至少有两个叶结点。

【例 5.2】 $T=(V, E)$ 是一棵树，如果有 1 个结点度为 2，1 个结点度为 3，2 个顶点度数为 4，那么 T 中有几个叶结点？

解：设树 T 有 x 个叶结点，则$|V|=1+1+2+x$，$|E|=4+x-1=3+x$。

由握手定理得

$$\sum_{v\in V}d(v) = 2(3+x) = x+1\times2+1\times3+2\times4$$

因此，$x=7$，即树 T 有 7 个叶结点。

5.1.2 图的生成树

有一些图，本身不是树，但它的某些子图却是树，其中很重要的一类是生成树。

1. 生成树

定义 5.2 若无向图 $G=(V, E)$ 的生成子图 T 是树，则称 T 为 G 的生成树。

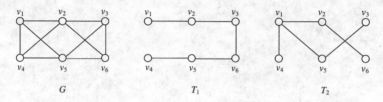

图 5-4   图及其生成树

【例 5.3】 图 5-4 中 T_1、T_2 都是图 G 的生成树。

由【例 5.3】我们可以看到，图 G 的生成树不唯一。G 与 T_1、T_2 的区别是 G 中有回路，而 T_1、T_2 中无回路，因此要在连通图 G 中找到一棵生成树，只要不断地从 G 的回路上删去一条边，最后所得无回路的子图就是 G 的一棵生成树。

因此，我们有下面的定理：

定理 5.4 无向简单图 $G=(V, E)$ 存在生成树的充分必要条件是 G 是连通的。

证明：采用反证法证必要性。若 G 不连通，则它的任何生成子图也不连通，因此不可能有生成树，这与 G 有生成树矛盾。因此，G 是连通图。

证充分性。设 G 连通，则 G 必有连通的生成子图，令 T 是 G 的含有边数最少的生成子图，则 T 中必无回路（否则删去回路上的一条边不影响连通性，与 T 含边数最少矛盾），因此 T 是一棵树，即生成树。

推论 设 $G=(V, E)$ 是连通的 (n, m) 图，则 $m \geqslant n-1$。

证明：图 G 是连通的 (n, m) 图，因此，G 有生成树 $T=(V, E')$。由定理 5.1，我们得到 $|E| \geqslant |E'|=|V|-1$，即，$m \geqslant n-1$。

定理 5.4 为我们求连通图生成树提供了一种方法——破圈法：每次从连通图 G 的回路中删去一条边，直至得到生成树为止，对于 (n, m) 图，共需删去 $m-n+1$ 条边。

【例 5.4】 对于图 5-5 (a) 中的图，由于共有 6 个结点 10 条边，采用破圈法得到该图的生成树需要删去 5 条边，构造生成树的过程如图 5-5 (b)~(f) 所示。

我们也可以采用还有另一个方法求连通图的生成树——避圈法，即，每次选择图中一条不会与已选择的边构成回路的边，直至得到生成树为止。对于 (n, m) 图，共需选择 $(n-1)$ 条边。

【例 5.5】 对于图 5-6 (a) 中的图，由于共有 6 个结点 10 条边，采用避圈法得到该图的生成树需要选择 5 条边，构造生成树的过程如图 5-6 (b) ~ (f) 所示。

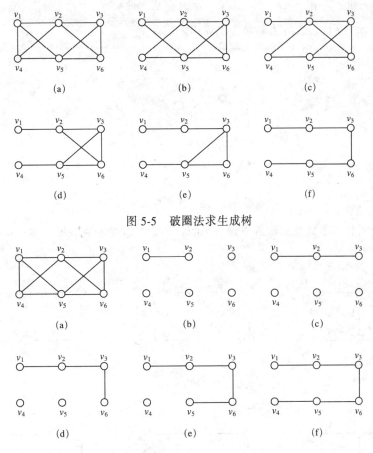

图 5-5 破圈法求生成树

图 5-6 避圈法求生成树

2. 最小生成树

加权图的生成树是实际中应用较多的树。在实际工程中，例如修建连接 n 个城市的通信网络，要保证任意两个城市间彼此通信畅通，需要至少建造 $(n-1)$ 条通信线路。这里，我们把 n 个城市看作图的 n 个结点，各个城市之间的线路看作边。这样，在 n 个城市之间可行的线路有 $\frac{n(n-1)}{2}$ 条，选择其中的 $(n-1)$ 条线路使得 n 个城市间通信畅通，就是寻找该图的生成树的问题。修建每条线路都需要相应的成本，如果把修建成本作为边的权，建成 n 个城市间的通信网络并且总建设花费最小，就是求该加权图的最小生成树问题。

定义 5.3 设 $G=(V,E,W)$ 是加权连通图，T 是 G 的一棵生成树，T 的各边的权之和称为 T 的权，记作 $w(T)$，即，$w(T)=\sum\limits_{e\in T}w(e)$。$G$ 的所有生成树中权最小的生成树称为最小生成树。

一个连通图的生成树不是唯一的，同样的，一个加权图的最小生成树也不一定是唯一的。

最小生成树有这样的性质：设 $G=(V,E,W)$ 是一个连通图，$T=(V',E',W')$ 是正在构造的最小生成树，若边 (u,v) 是 G 中所有一端在 V' 中、另一端在 $V-V'$ 中权值最小的一条边，则存在一棵包含边 (u,v) 的最小生成树。否则，如果所有的最小生成树都不包含边 (u,v)，则边 (u,v) 加入最小生成树 T 中后将得到一条包含 (u,v) 的回路（见图 5-7），并且 T 中必然已有另一条边 (u',v')，其中 $u'\in V'$，$v'\in V-V'$，且 u 和 u'、v 和 v' 之间有路径相通。现在再从 T 中删去 (u', v')，可得到另一棵树 T'，由 $w(u, v) < w(u', v')$，所以 $w(T') < w(T)$。这与 T 是最小生成树矛盾。

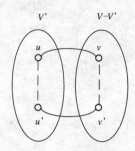

图 5-7　最小生成树性质

我们这里介绍利用了该性质的普里姆（Robert Prim）算法和克鲁斯卡尔（Joseph Kruskal）算法。

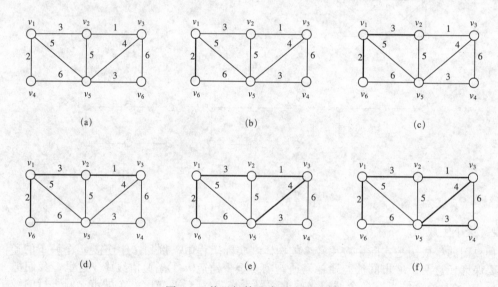

图 5-8　普里姆算法求最小生成树

普里姆算法的基本思想是，通过一系列扩展子树的过程构造最小生成树。最初的子树只包含图 $G=(V, E, W)$ 中某一结点，扩展时不断选择连接树中结点与非树中结点的权值最小的边，将该边及结点加入树中，直至得到最小生成树 $T=(V', E', W')$。

【**例 5.6**】 对于图 5-8（a）中的图，采用普里姆算法以 v_1 为最初子树的结点，构造最小生成树。

　　解：构造的过程如图 5-8（b）～（f）中粗实线所示，$w(T)=13$。

克鲁斯卡尔算法的基本思想是，通过一系列扩展子图的过程构造最小生成树。最初的子图是由图 $G=(V, E, W)$ 中所有结点构成的零图，扩展时选择图中权最小且添加到子图中不会产生回路的一条边，将该边加入子图中，直至得到最小生成树 $T=(V', E', W')$。

克鲁斯卡尔算法实际上是一种避圈法。

【**例 5.7**】 对于图 5-9（a）中的图，采用克鲁斯卡尔算法构造最小生成树。

　　解：构造的过程如图 5-9（b）～（f）中粗实线所示，$w(T)=13$。

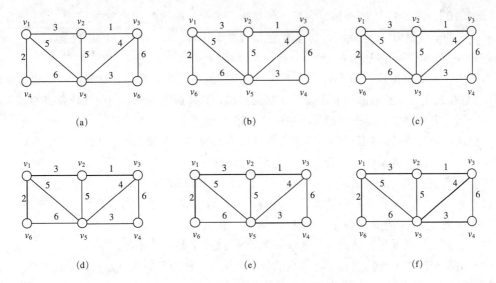

图 5-9　克鲁斯卡尔算法求最小生成树

5.2　根　　树

无向树是一种特殊的无向图，相应地，有向树是一种特殊的有向图，而其中又以根树、有序树、二叉树在计算机科学中应用最为广泛。

5.2.1　根树的基本概念

定义 5.4　如果有向图在不考虑边的方向时是树，则称其为有向树。

【例 5.8】　对于图 5-10 中的图，哪些是有向树？哪些不是？

解： G_1 和 G_2 在不考虑边的方向时，是一模一样的有回路的连通图，因此，它们都不是有向树。G_3 不连通，因此也不是有向树。G_4 在不考虑边的方向时，是没有回路的连通图，因此是有向树。

根树是特殊的有向树。

定义 5.5　有向树 T 如果满足以下条件：

（1）只有一个结点的入度为 0；

（2）其他结点的入度都等于 1。

则称 T 为根树，其中，入度为 0 的结点称为根结点，出度为 0 的结点称为叶结点，非叶的结点称为内结点或分支结点。

一个孤立点也是一棵根树。

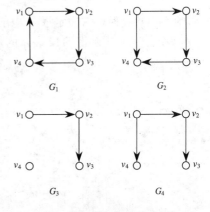

图 5-10　有向图与有向树

【例 5.9】　图 5-10 中的图 G_4，结点 v_1 是入度为 0，其他结点入度都为 1，因此它是一棵根树，其中，v_1 是根结点，v_3、v_4 是叶结点，v_2 是分支结点。

定义 5.6　在根树中，由根到某结点 v 的路径的长度称为结点 v 的层数（或级）。所有结点中最大的层数称为根树的高。

【例 5.10】 图 5-11 中的根树，各结点的层数是多少？根树的高是多少？

解： v_1 的层数是 0，v_2、v_3、v_4 的层数是 1，v_5、v_6、v_7、v_8、v_9、v_{10} 的层数是 2，v_{11}、v_{12} 的层数是 3，该根树的高是 3。

习惯上，我们根据层数的不同，从上到下画出根树中的各层结点，这样根树的根结点层数为 0，总是在最上方，然后依次向下是第 1 层的结点，第 2 层的结点，⋯⋯这样各边的箭头均朝下，由于箭头方向固定，为方便起见，也常略去边上的箭头。

按照这样的习惯，本章开始的图 5-1 计算机科学家的宗谱图和图 5-2 某公司的组织机构图都是根树。同样，计算机文件系统的结构，也是一棵根树。

借鉴人类家族宗谱的术语，根树 $T = (V, E)$ 有如下的概念：

(1) 如果从结点 u 到 v 有一条弧，即，$<u, v> \in E$，则称 u 为 v 的双亲，v 是 u 的孩子。

(2) 如果 u、v 同为 w 的孩子，则称 u、v 为兄弟。

(3) 如果从结点 u 可达结点 v，则称 u 是 v 的祖先，v 是 u 的子孙。

(4) 由某个结点 v 及其所有子孙构成的导出子图 T' 称为 T 的以 v 为根的子树。

【例 5.11】 对于图 5-11 中的根树，v_1 是 v_2、v_3、v_4 的双亲，v_2、v_3、v_4 都是 v_1 的孩子，它们互为兄弟；同理，v_2 有 v_5、v_6 两个孩子，它们互为兄弟；v_3 有 v_7、v_8、v_9 三个孩子，它们互为兄弟；而 v_4 只有 v_{10} 一个孩子；等等。从根结点 v_1 可达所有结点，因此，根结点 v_1 是所有结点的祖先，而所有结点都是根结点 v_1 的子孙；并且，每个结点都可达自身，因此，都是自身的祖先和子孙；v_3 是 v_3、v_7、v_8、v_9、v_{11}、v_{12} 的祖先，而它们是 v_3 的子孙。以 v_2、v_3、v_4 为根结点，可以得到树 T 的三棵子树。

由上例我们可以看到，删去根结点 v_1 及其关联的边，我们得到以 v_2、v_3、v_4 为根结点的树 T 的三棵子树，因此，我们也可以将每棵根树看作是由根结点及以其各孩子为根结点的子树组成的。

在根树中，我们没有考虑结点的出现顺序。但实际上，"兄弟"之间总有"大小"。因此，实际应用中，有时需要给出同一层中结点的相对顺序，这就是有序树的概念。

定义 5.7 在根树中若给定了同一层结点的顺序，则称这样的根树为有序树。

在画有序树时，常假定每一层结点的顺序是从左到右的。

这样，图 5-11 和图 5-12 表示的是同一棵根树，但是两棵不同的有序树。

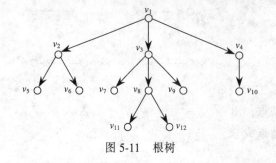
图 5-11 根树

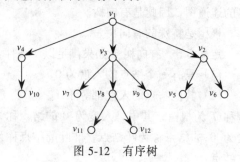
图 5-12 有序树

5.2.2 二叉树

在前面讨论的根树或有序树中，每个结点出度未加任何限制，而实际应用中，经常会用到 m 叉树，其中又以二叉树最容易处理，因而应用也最为广泛。

1. m 叉树及其性质

定义 5.8 在根树 T 中，如果每个结点的出度至多为 m，则称 T 为 m 叉树；如果每个结的出度或者为 0 或者为 m，则称 T 为完全 m 叉树；如果完全 m 叉树的所有叶结点都在同一层，则称为满 m 叉树。

m 叉树作为特殊的根树，和无向树一样，满足 $|E|=|V|-1$，并且还满足其他一些数量关系。

定理 5.5 设 T 是一棵完全 m 叉树，并有 n_0 个叶结点，t 个分支结点，则

$$(m-1)t=n_0-1$$

证明：由完全 m 叉树的定义可知，T 的边数是 mt，结点数为 n_0+t。于是 $mt=n_0+t-1$，即 $(m-1)t=n_0-1$。

2．二叉树及其性质

当 $m=2$ 时，m 叉树就是二叉树。相应地，我们也有完全二叉树、满二叉树等概念。在二叉树中，每个结点至多有两个孩子，分别称为左孩子和右孩子，以左孩子和右孩子分别作为根结点的两棵子树通常称为该结点的左子树和右子树。

【**例 5.12**】 图 5-13 中，T_1 是四叉树但不是完全四叉树，T_2 是二叉树但不是完全二叉树，T_3 是完全二叉树但不是满二叉树，T_4 是满二叉树。

定理 5.6 设 T 是一棵二叉树，n_0 表示叶结点数，n_2 表示出度为 2 的结点数，则

$$n_2=n_0-1。$$

证明：设 T 的出度为 1 的结点数为 n_1，则 T 的边数为 $m=n_1+2n_2$，结点数为 $n_0+n_1+n_2$，由 $|E|=|V|-1$，得 $n_1+2n_2=n_0+n_1+n_2-1$。所以 $n_2=n_0-1$。

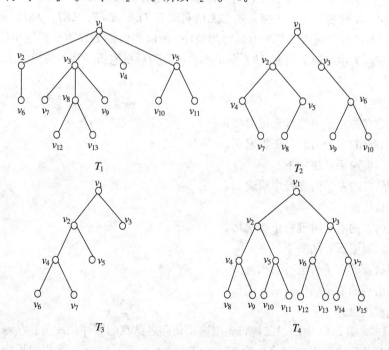

图 5-13 m 叉树

3．二叉树的同构*

树是一种特殊的图，因此，树的同构的定义基于图的同构的定义。而根树的同构，除了要满足树同构的条件外，还要保证根结点的对应关系。而二叉树的同构，除了要满足根树同构的条件外，还要保证左右孩子的对应关系。

【例 5.13】 图 5-14 中的五棵树作为一般的树而言，它们是同构的；但是作为根树，仅有 T_1 和 T_2、T_3 和 T_4 同构，它们均不与 T_5 同构；如果作为二叉树，它们彼此不同构。事实上，由 3 个结点可以构成的不同构的二叉树只有这五种形式。

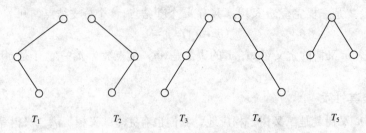

$$T_1 \qquad T_2 \qquad T_3 \qquad T_4 \qquad T_5$$

图 5-14　不同构的五棵二叉树

与图的同构判定上的困难相比，树的同构相对容易实现，而二叉树的同构，则只需首先判断两棵二叉树是否为空树，然后判断两棵二叉树的左右子树是否同构即可。

5.2.3　二叉树的遍历

利用树进行信息处理，经常会涉及逐个不重复地访问树中的所有结点，这称为树的遍历。二叉树的遍历是最基本的遍历算法，下面介绍二叉树遍历的三种常用算法。

根据定义，二叉树由根结点和左、右两棵子树三部分构成，如果用 T 代表访问根结点，L 代表遍历左子树，R 代表遍历右子树，则二叉树可以有 TLR、LTR、LRT、TRL、RTL 和 RLT 六种遍历方式，然而经常用到的总是先左后右的顺序，所以我们将 TLR 表示的遍历称为先根遍历，LTR 表示的遍历称为中根遍历，而 LRT 表示的遍历称为后根遍历。具体的说，二叉树的先根遍历算法如下：

（1）访问根结点；

（2）对根结点的左子树进行先根遍历；

（3）对根结点的右子树进行先根遍历。

二叉树的中根遍历算法如下：

（1）对根结点的左子树进行中根遍历；

（2）访问根结点；

（3）对根结点的右子树进行中根遍历。

二叉树的后根遍历算法如下：

（1）对根结点的左子树进行后根遍历；

（2）对根结点的右子树进行后根遍历；

（3）访问根结点。

【例 5.14】 对图 5-15 中的二叉树，先根遍历访问各结点的顺序依次为：$v_1\,v_2\,v_4\,v_8\,v_5\,v_3\,v_6\,v_9$ $v_{10}\,v_7$；中根遍历访问各结点的顺序依次为：$v_4\,v_8\,v_2\,v_5\,v_1\,v_9\,v_6\,v_{10}\,v_3\,v_7$；后根遍历访问各结点的顺序依次为：$v_8\,v_4\,v_5\,v_2\,v_9\,v_{10}\,v_6\,v_7\,v_3\,v_1$。

利用二叉树可以表示算术表达式。表示时，通常将运算符放在分支结点上；数值或变量放在叶结点上；被减数和被除数作为其双亲结点的左孩子。

【例 5.15】 算术表达式 $a+b\times c-(d+e)/f$ 可表示成图 5-16 中的二叉树。

中根遍历访问各结点的结果是：$a+b\times c-(d+e)/f$。

先根遍历访问各结点的结果是：$+a-\times bc\,/+def$。

后根遍历访问各结点的结果是：$abc\times de+f\,/-+$。

上述遍历结果显示，中根遍历的结果是还原算术表达式，这样的表示因为运算符放在参与运算的两个量之间，也称为中缀表示；先根遍历的结果是将运算符放在参加运算的两个量之前，因而称为前缀表示或波兰式；后根遍历的结果是将运算符放在参加运算的两个量之后，因而称为后缀表示或逆波兰式。对于每个运算，由于参与运算的量的个数固定，因此前缀表示和后缀表示都无须括号；只有中缀表示为了区分不同运算之间的优先级，才须加上括号。

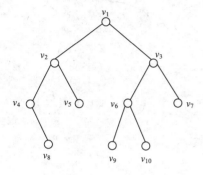 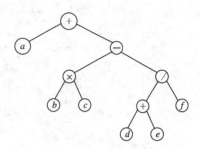

图 5-15　二叉树的遍历　　　　　　图 5-16　算式表达式的二叉树

*5.3　树的应用

前面介绍了树和根树的基本概念和基本算法，下面将介绍根树的一些应用。

5.3.1　决策树

如果树中每个分支结点会问一个问题，每条边代表对问题的不同回答，从根结点开始，每回答一个问题沿相应的边向下移动，最后到达某个叶结点，即获得一个结果，这样的一棵树称为决策树。

【例 5.16】　假定有九枚硬币，除了一枚假币比其他硬币重以外，其他硬币都一样重。如果用天平称重的方法去找出假币，必须称重多少次？

解：用天平称重，可能出现 3 种情况：左边比右边重，天平平衡，右边比左边重。因此，如果决策树中结点的问题是对称重结果的询问，将得到一个三叉决策树。

先考虑三枚硬币、其中一枚假币较重的情形，用天平对其中两枚硬币称重，可能出现三种情况：

（1）天平平衡，则假币为剩下那枚；

（2）左边比右边重，则假币为左边这枚；

（3）右边比左边重，则假币为右边这枚。

现在是九枚硬币，我们基于同样的策略，将硬币依次编号为 C_1 至 C_9。如果我们">"表示天平左边比右边重，"="表示天平平衡，"<"表示天平右边比左边重，叶结点表示假币的编号。图 5-17 给出了这一问题的决策树。

由于该树的高为 3，因此，必须称重 2 次才能得到结论。

通过上例可以看出，决策树的每一分支结点对应于一个部分解，每个叶结点对应于一个解，从根结点到叶结点就是一种求解的过程。一个决策树是所有可能的求解过程的集合。

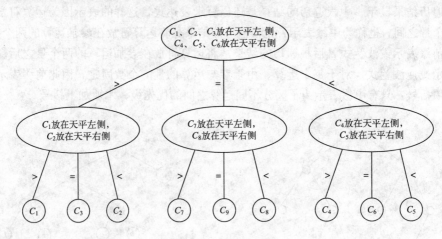

图 5-17　决策树

5.3.2　二叉搜索树

如果树中结点代表树中的一个数据元素，所有结点的元素值各不相同，则结点完全可由元素的值表征。为了查找到特定元素，二叉搜索树是一种有效的方法。二叉搜索树，又称二叉排序树，广泛的应用于存储大量数据的计算机系统中。

定义 5.9　二叉搜索树或者是空树；或者是具有下列性质的二叉树：

（1）如果它的左子树不空，则左子树上各结点的值均小于它的根结点的值；

（2）如果它的右子树不空，则右子树上各结点的值均大于它的根结点的值；

（3）它的左、右子树也分别是二叉搜索树。

由二叉搜索树的定义，我们可得到二叉搜索树的如下性质：对二叉搜索树进行中根遍历访问各结点的值，将得到一个值由小到大排列的序例。

【例 5.17】　图 5-18 是由数据 10，15，6，8，3，13，5，19，11 构成的二叉搜索树。

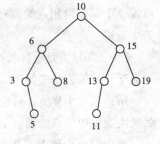

图 5-18　二叉搜索树

对图 5-18 所示的二叉搜索树进行中根遍历，访问各结点的顺序依次为 3，5，6，8，10，11，13，15，19。

在图 5-19 所示的二叉搜索树中，查找数据 11 的过程如下：

（1）11 与根结点的值比较，11＞10，在根结点的右子树中查找；

（2）11＜15，在值为 15 结点的左子树中查找；

（3）11＜13，在值为 13 结点的左子树中查找；

（4）11＝11，返回当前结点。

根据二叉搜索树的定义，由上例，我们可以得到在二叉搜索树中查找特定元素的算法如下：

如果二叉搜索树为空，则搜索失败；否则，从二叉搜索树的根结点开始，进行如下比较：

（1）如果待查找元素与当前结点值相等，则返回当前结点，算法停止；

（2）如果待查找元素小于当前结点值，则进一步搜索当前结点的左子树；

（3）如果待查找元素大于当前结点值，则进一步搜索当前结点的右子树。

显然，查找过程中比较的次数同二叉搜索树的高有关。这种方法显然比从元素值集合中依次比较来查找要有效。

5.3.3 最优二叉树与哈夫曼编码

1. 最优二叉树

最优二叉树是一种特殊的加权二叉树，它在通信编码中的有着重要应用。

定义 5.10 对于二叉树的每个叶结点 v 都对应一个权 $w(v)$，则该二叉树称为加权二叉树。

定义 5.11 在 n 个叶结点的加权二叉树 T 中，如果叶结点 v_i 的层数为 $L(v_i)$，则 $\sum_{i=1}^{n} w(v_i)L(v_i)$ 称为加权二叉树 T 的权，记作 $w(T)$。

【例 5.18】 求图 5-19 中加权二叉树的权。

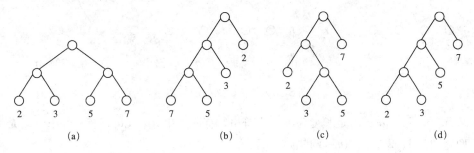

图 5-19 加权二叉树

解： 图（a）：$w(T)=2×2+3×2+5×2+7×2=34$。

图（b）：$w(T)=7×3+5×3+3×2+2×1=44$。

图（c）：$w(T)=2×2+3×3+5×3+7×1=35$。

图（d）：$w(T)=2×3+3×3+5×2+7×1=33$。

由上例我们可以看到，对于叶结点权相同的加权二叉树，叶结点的层数不同，加权二叉树的权也不同，但其中必存在一棵权最小的加权二叉树。

定义 5.12 在所有叶结点权相同的加权二叉树中，权最小的二叉树称为最优二叉树。

可以证明，图 5-19（d）是一棵最优二叉树。

根据最优二叉树的定义，一棵加权二叉树要使其权最小，必须使权值大的叶结点靠近根结点。哈夫曼（David Huffman）算法正是利用这一点构造最优二叉树的。若已知 n 个权值分别为 w_1、w_2、…、w_n 的结点，以这 n 个结点为叶结点构造最优二叉树的哈夫曼算法如下：

（1）把这 n 个叶结点看作 n 棵仅有根结点的加权二叉树组成的森林。

（2）在森林中选择权值最小的两棵加权二叉树，以它们作为左右子树构造一棵新的加权二叉树，新树根结点的权值为左右子树根结点权值之和，从森林中删除选择出的这两棵子树，同时把新加权二叉树加入森林。

（3）重复第（2）步直至森林中只有一棵加权二叉树为止。

对于权值分别为 2，3，5，7 的四个结点构造最优二叉树具体过程如图 5-20 所示。

2. 哈夫曼编码

在计算机通信中常用二进制编码来表示字符。例如可用 2 位二进制编码 00, 01, 10, 11 分别表示字符 A，B，C，D。这样编码 100 个由这四个字符组成的信息需要 200 个二进制位。而实际中上述字符的出现频率一般是不一样的，如果 A 的频率是 50%，B 的频率为 30%，C 的频率为 15%，D 的频率为 5%，我们可以用不等长的二进制编码表示字符 A，B，C，D，例如，用000 表示 D，用 001 表示 C，00 表示 B，1 表示 A。这样编码 100 个字符的信息所用二进制位为：3×5+3×15+2×30+1×50=170。显然此时编码长度短，比用等长的二进制编码表示法好。但是如果收到的信息为 00100，则无法辨认是 BAB 还是 CB。出现这种问题的原因是：00 是字符 B 的编码，但同时也是字符 C 编码的前两位。要解决这个问题，只需让任一字符的编码都不是另一个字符编码的前缀即可。

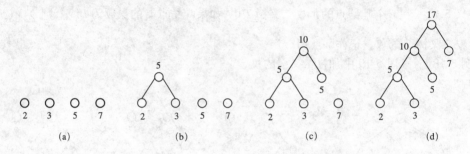

图 5-20　最优二叉树的构造

定义 5.13　设 $a_1a_2\cdots a_n$ 是长度为 n 的字符串，称其子串 a_1，a_1a_2，$\cdots$，$a_1a_2\cdots a_{n-1}$ 是 $a_1a_2\cdots a_n$ 的长度分别为 1，2，$\cdots$，$(n-1)$ 的前缀。

定义 5.14　设 $A=\{b_1, b_2, \cdots, b_n\}$ 是一个字符串的集合，若对于任意的 b_i，$b_j \in A$，$b_i \neq b_j$，b_i 和 b_j 不互为前缀，则称 A 为一个前缀码。

例如 $A=\{0, 10, 110, 1111\}$ 是前缀码，而 $B=\{00, 001, 111\}$ 不是前缀码。

最优二叉树可用于构造使传送字符串的编码长度最短的前缀码，具体方法如下：

设需要编码的字符集为 $\{c_1, c_2, \cdots, c_n\}$，各个字符相应的使用频率为 $w_1, w_2, \cdots, w_n$，以 $c_1, c_2, \cdots, c_n$ 为叶结点，以 $w_1, w_2, \cdots, w_n$ 为叶结点的权构造最优二叉树，规定在最优二叉树中每个结点到其左孩子的边上标 0，到其右孩子的边上标 1，则从根结点到每个叶结点所经过的边上相应的 0 和 1 组成的序列就是该结点对应字符的编码。

这样的编码我们称为哈夫曼编码。

【例 5.19】 假设通信中，A、E、I、O、U 出现的频率分别为 30%、25%、20%、15%、10%。求传输它们的哈夫曼编码。用哈夫曼编码传输 1000 个按上述频率出现的字符需要多少个二进制位？

解：先求带权 30，25，20，15，10 的最优二叉树，然后为各边标上 0、1，如图 5-21 所示。

由此，得到 A、E、I、O、U 的哈夫曼编码分别为 11、10、01、001、000。

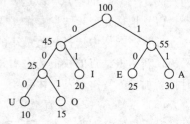

图 5-21　哈夫曼编码

传输 1000 个这样的字符所用的二进制位为

$1000 \times (30\%\times2+25\%\times2+20\%\times2+15\%\times3+10\%\times3)=2250$

即用哈夫曼编码传输 1000 个按上述频率出现的字符需要 2250 个二进制位。

本 章 小 结

本章主要介绍了树的基本概念、相关术语，在此基础上，介绍了多种特殊的树及树在计算机科学中的一些应用。

树是一种简单而又特殊的图，因此，掌握树的概念关键在于区别树、森林与图的异同，这可由相关的定理进行判定。为了由图得到图的生成树，可以使用破圈法和避圈法；而为了得到加权图的最小生成树，可以使用普里姆算法和克鲁斯卡尔算法。

有向树、根树、有序树和二叉树是一组相关的概念，尤其是二叉树，其性质和遍历算法广泛的应用于计算机科学中。

树在计算机科学中典型应用有决策树、二叉搜索树以及最优二叉树与哈夫曼编码。

习 题 五

1．画出 6 个结点能够形成的所有的非同构的无向树。

2．无向树 T 中有 7 个叶结点，3 个度为 3 的结点，其余都是度为 4 的结点，T 中有多少个度为 4 的结点？

3．无向树 T 中有 2 个度为 2 的结点，1 个度为 3 的结点，3 个度为 4 的结点，其余为叶结点，T 中有多少个叶结点？

4．无向树 T 中有 n_2 个度为 2 的结点，n_3 个度为 3 的结点，…，n_k 个度为 k 的结点，T 中有多少个叶结点？

5．无向图 G 中有 m 个结点，n 条边，p 个连通分图，证明：G 是森林，则 $m=n-p$。

6．用破圈法求下图的所有生成树。

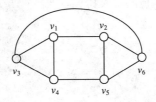

7．用避圈法求上图的所有生成树。

8．用普里姆算法求下面两个图的最小生成树。

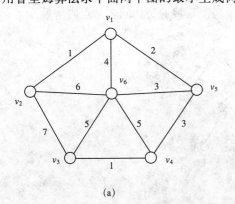

(a)

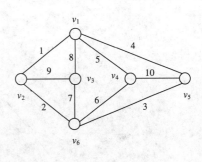

(b)

9．用克鲁斯卡尔算法求上面两个图的最小生成树。

10．根据简单有向图的邻接矩阵，如何确定它是否是根树？如果它是根树， 如何确定它的根结点和叶结点。

11．画出 5 个结点能够形成的所有的非同构的二叉树。

12．由 4 个结点 A、B、C、D 可组成多少种不同的二叉树？（注意：下面两棵是不同的二叉树。）

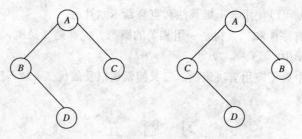

13．画出下图所示有序树相应的二叉树。

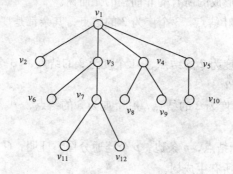

14．画出下图所示有序森林相应的二叉树。

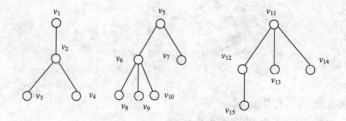

15．写出下图所示二叉树先根遍历、中根遍历、后根遍历访问各结点的结果。

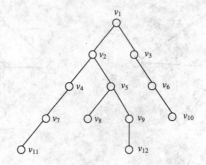

16．画出 $(a×b+c)/(d+e×f)+g×h$ 的二叉树，并将该表达式转换为前缀表示和后缀表示。

17．写出 13 题图中所示根树的先根遍历、中根遍历、后根遍历访问各结点的结果。

18．对于一组数据 13，7，9，20，29，3，5，19，11，15，构造二义搜索树。

19．有 8 枚硬币，除了一枚假币和其他硬币重量不同外，其他硬币都一样重。如果用天平称重的方法去找出假币，必须称重多少次？

20．假定字符集{a，b，c，d，e，f，g}中各个字符的使用频率依次为 0.07，0.19，0.12，0.17，0.22，0.13，试用哈夫曼树设计该字符集的哈夫曼编码。利用设计的编码方案，对信息 $fedadefa$ 进行编码。

21．如果对字符集{A，C，E，S，T}的编码方案如下表所示，试对 00111101101 进行译码。

字　　符	编　　码
A	10
C	000
E	01
S	001
T	11

第三篇

数理逻辑

　　逻辑学是研究思维形式和思维规律的科学，最早由古希腊学者亚里士多德创建。数理逻辑是用数学方法研究逻辑的学科，又称符号逻辑，它既是数学的一个分支，也是逻辑学的一个分支。用数学的方法研究逻辑的系统思想一般追溯到莱布尼茨（Gottfried Wilhelm Leibniz），他曾设想创造一种"通用的科学语言"，可以把推理过程象数学一样利用公式来进行计算，从而得出正确的结论。1847 年，英国数学家布尔（George Boole）建立了"布尔代数"，利用代数的方法研究逻辑问题，初步奠定了数理逻辑的基础。1884 年，德国数学家弗雷格（Gottlob Frege）引入量词的符号，使得数理逻辑的符号系统更加完备，并构造了逻辑演算的第一个公理系统，从而使现代数理逻辑最基本的理论基础逐步形成，成为一门独立的学科。

　　数理逻辑已经成为计算机科学的基础之一，在计算机科学的应用和影响遍及各个领域，无论在计算理论、程序语言设计、数据库与知识库、人工智能等领域，还是在数字电路、程序的正确性、网络通信协议等领域，凡是需要系统建模与规范、推理与验证的，都离不开数理逻辑。数理逻辑与计算机科学之间的关系，犹如当年微积分在自然科学与工程技术中的地位与作用。

　　现代数理逻辑可分为证明论、模型论、递归论、公理化集合论等，本篇仅介绍数理逻辑最基本的内容，包括命题逻辑和谓词逻辑的语法、语义和推理理论

第6章 命题逻辑

本章导读

本章主要介绍命题、命题公式及其真值赋值的基本概念，命题公式的各种范式，以及命题逻辑的推理理论。

本章内容要点：

- 命题与命题公式；
- 命题公式的真值赋值与分类；
- 范式；
- 命题逻辑的推理理论。

内容结构

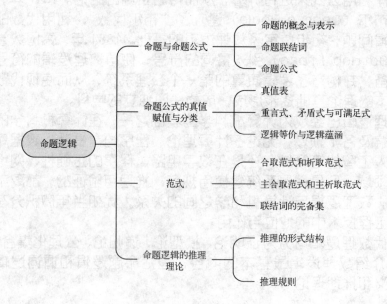

学习目标

本章内容的重点是命题逻辑的推理理论，为此需首先介绍命题公式及相关概念。通过学习，学生应该能够：

- 理解命题和命题公式的定义，熟练掌握五种主要联结词的真值表；
- 能够根据命题变元的真值指派和命题公式中的联结词，熟练的计算命题公式的真值，并根据真值表判定公式是否是重言式、矛盾式和可满足式；
- 深入理解逻辑等价和逻辑蕴涵的定义，能够熟练运用真值表法、逻辑等价定律和逻辑蕴涵定律进行相关的证明；
- 理解各种范式的定义，能够熟练的运用逻辑等价规律和真值表求一个命题公式的主合取范式、主析取范式，了解联结词完备集的概念；
- 理解命题逻辑推理的形式结构，能够熟练的运用命题逻辑推理规则进行命题逻辑的推理。

6.1　命题与命题公式

数理逻辑是用数学方法研究推理的规律，而推理由一系列陈述句组成，这些陈述句就是命题，命题是命题逻辑研究的最基本内容。

6.1.1　命题的概念与表示

自然语言中语句有陈述句、疑问句、感叹句、祈使句等，它们中只有判断结果确定的陈述句才是命题。

定义 6.1　命题是表示判断的陈述句，判断的结果称为命题的真值，真值只能取"真"或"假"二者之一。

需要注意的是，命题的定义有两方面含义：

（1）命题是陈述句，疑问句、感叹句、祈使句都不是命题。

（2）命题有确定的真值，该真值具有客观性，不是由人的主观决定的，无法确定判断结果的语句不是命题。

【例 6.1】　下列语句哪些是命题？如果是命题，它的真值是什么？

（1）2010 年世界杯足球赛在南非举行。

（2）3+4=5。

（3）Java 是一种计算机编程语言。

（4）月亮上有智慧生物。

（5）罗贯中是红楼梦的作者。

（6）2020 奥运会中国获得金牌总数第一。

（7）任何一个不小于 6 的偶数都可以表示成两个素数的和。

（8）最近你还好吗？

（9）各就各位，预备，跑！

（10）祝你新年快乐！

（11）3x+y=5。

（12）我正在说谎。

解：（1）是命题，该命题的真值为"真"。

（2）是命题，显然，该算式计算错误，因此，该命题的真值为"假"。

（3）是命题，该命题的真值为"真"。

（4）是命题，并且，由当前科学发现的结果，它是错误的，因此，该命题的真值为"假"。

（5）是命题，由于红楼梦的作者是曹雪芹，因此，该命题的真值为"假"。

（6）是命题，但是该命题的真值要到 2020 年才知道，我们目前还无法给出，但是它的真值是确定的。

（7）是命题，该命题描述的是数学中著名的哥德巴赫猜想，由于该猜想还未得到证明，我们目前还无法给出该命题的真值，但是它的真值是确定的。

（8）是疑问句，不是命题。

（9）是祈使句，不是命题。

（10）是祈使句，不是命题。

（11）是陈述句，但由于 x、y 不确定，使得整个语句可真可假，没有确定的判断结果，因此不是命题。

（12）是陈述句，但这是一个悖论，无法确定其真假，所以不是命题。

通常用大写字母 P，Q，R，…或带下标的大写字母 P_i，Q_i，R_i，…表示命题，称为命题标识符。例如，用 P 表示命题"地球是圆的"可记为 P：地球是圆的。

一个命题的真值为"真"，用 T 表示，此时称该命题为真命题；一个命题的真值为"假"，用 F 表示，此时称该命题为假命题。

【例 6.1】中，（1）、（3）是真命题，（2）、（4）、（5）是假命题。

一个具体的命题，其真值确定，可用 T 或 F 表示，称为命题常元。

命题标识符泛指任意命题，其真值不确定，称为命题变元。显然，只有将命题变元与一个特定的命题相关联，才能确定它的真值，这时我们也说对该命题变元指派真值。

6.1.2　命题联结词

容易看出，【例 6.1】中的命题都不能进一步分解，这种不能再分的命题，称为原子命题，原子命题是命题逻辑中最基本、最小的单位。而可以分解为更简单命题的命题称为复合命题，这些简单命题之间通过连词或标点符号联结而构成复合命题。

【例 6.2】　下列语句都是复合命题。

（1）夏威夷不是一个国家。

（2）李红是班长，并且是三好学生。

（3）王晨或者选修 Java 语言，或者选修 C#语言。

（4）如果明天下雨，那么我就带伞。

（5）两个三角形全等当且仅当它们的三条边对应相等。

【例 6.2】中各复合命题分别用了"不"、"并且"、"或者"、"如果……那么……"、"当且仅当"等联结词。需要注意的是，虽然我们日常的复合语句都有一定的联系，但是在逻辑中，判断一个命题是否是复合命题的关键是看分解后各部分是否仍为命题。因此，可能某些复合命题是由一些表面上互不相干的命题通过连词复合而成。

复合命题是用自然语言中的连词联结命题所组成的，常用的连词如【例 6.2】中所示。为了便于研究，我们将对自然语言中的各种连词也用符号表示出来，这种自然语言连词的形式符号称为命题联结词。

1. 否定

定义 6.2　设 P 是一命题，"非 P"或"P 的否定"是一复合命题，记作 $\neg P$，符号 $\neg$ 称为否定联结词。规定，¬P 为真当且仅当 P 为假。

由于否定联结词作用的对象只有一个命题，因此，它是一个一元联结词。

否定联结词的形式语义可以通过真值表表示，如表 6-1 所示，表中每一行表示在 P 分别取不同真值时，¬P 的真值。

【例 6.3】　语句"夏威夷不是一个国家"是一个复合命题，如果设 P：夏威夷是一个国家，则原复合命题可以表示为 ¬P。由于 P 的真值为假，因此，¬P 的真值为真。

【例 6.4】　如果设 P：月球上有水，则复合命题 ¬P 表示"月球上没有水"。据美国航天局的最新发现，月球上确实有水，即，P 的真值为真，因此，¬P 的真值为假。

通过上述例子，我们可以发现，自然语言中的"不"、"没有"等表示否定的连词都可以用否定联结词表示。

2. 合取

定义 6.3　设 P 和 Q 是两个命题，"P 与 Q"或"P 并且 Q"是一复合命题，记作 $P \land Q$，符号 $\land$ 称为合取联结词。规定，$P \land Q$ 为真当且仅当 P 与 Q 同时为真。

由于合取联结词作用的对象有两个命题，因此，它是一个二元联结词。

合取联结词的形式语义可以通过真值表表示，如表 6-2 所示，表中每一行表示在 P 和 Q 分别取不同真值时，$P \land Q$ 的真值。

表 6-1　否定联结词的真值表

P	¬P
T	F
F	T

表 6-2　合取联结词的真值表

P	Q	$P \land Q$
T	T	T
T	F	F
F	T	F
F	F	F

【例 6.5】　语句"李红是班长，并且是三好学生"是一个复合命题。如果设 P：李红是班长，Q：李红是三好学生，则原复合命题可以表示为 $P \land Q$。如果李红不是班长，但是她是三好学生，即，P 的真值为假，Q 的真值为真，则 $P \land Q$ 的真值为假。

【例 6.6】　如果设 P：2 是偶数，Q：2 是素数，则复合命题 $P \land Q$ 可以表示"虽然 2 是偶数，但是它是素数"。因为 P 和 Q 的真值均为真，因此，$P \land Q$ 的真值为真。

通过上述例子，我们可以发现，自然语言中的"并且"、"虽然……但是……"及"尽管……还是"、"既……又……"、"同时"、"和"等连词都可以用合取联结词表示。

需要注意的是，有时语句中的"和"并不是表示两个命题的合取。例如，"李红和王晨是同学"就是一个原子命题。

3. 析取

定义 6.4　设 P 和 Q 是两个命题，"P 或 Q"是一复合命题，记作 $P \lor Q$，符号 $\lor$ 称为析取联结词。规定，$P \lor Q$ 为真当且仅当 P 与 Q 至少有一个为真。

由于析取联结词作用的对象有两个命题，因此，它也是一个二元联结词。

析取联结词的形式语义可以通过真值表表示，如表 6-3 所示。

【例 6.7】 语句"王晨或者选修 Java 语言，或者选修 C#语言"是一个复合命题，如果设 P：王晨选修 Java 语言，Q：王晨选修 C#语言，则原复合命题可以表示为 $P \vee Q$。如果王晨既没有选修 Java 语言，也没有选修 C#语言，即，P 和 Q 的真值均为假，则 $P \vee Q$ 的真值为假。

表 6-3 析取联结词的真值表

P	Q	$P \vee Q$
T	T	T
T	F	T
F	T	T
F	F	F

【例 6.8】 如果设 P：红楼梦的作者是罗贯中，Q：红楼梦的作者是曹雪芹，则复合命题 $P \vee Q$ 表示"红楼梦的作者是罗贯中或曹雪芹"。因为 P 的真值为假，Q 的真值为真，因此，$P \vee Q$ 的真值为真。

通过上述例子，我们可以发现，析取联结词 $\vee$ 是自然语言中"或者"的逻辑抽象。但是需要注意的是，自然语言中的"或者"是有歧义的：用"或者"联结的两个命题可能同时成立，称为可兼或，例如"明天或者刮风或者下雨"；也有可能具有排斥性，从而不能同时成立，称为不可兼或，例如"小李明天出差去上海或者广州"。我们定义的析取联结词表示的是可兼或，不可兼或用另外的联结词表示。

4. 条件

定义 6.5 设 P 和 Q 是两个命题，"如果 P 那么 Q"是一复合命题，记作 $P \rightarrow Q$，其中 P 称为 $P \rightarrow Q$ 的前件，Q 称为 $P \rightarrow Q$ 的后件，符号 $\rightarrow$ 称为条件联结词。规定：$P \rightarrow Q$ 为假当且仅当 P 为真且 Q 为假。

由于条件联结词作用的对象有两个命题，因此，它也是一个二元联结词。

条件联结词的形式语义可以通过真值表表示，如表 6-4 所示。

【例 6.9】 语句"如果明天下雨，那么我就带伞"是一个复合命题。如果设 P：明天下雨，Q：我带伞，则原复合命题可以表示为 $P \rightarrow Q$。如果"明天"确实下雨了，但是"我"却没有带伞，即，P 的真值为真，Q 的真值为假，则 $P \rightarrow Q$ 的真值为假。

【例 6.10】 如果设 P：金星上有水，Q：火星上有人，则复合命题 $P \rightarrow Q$ 表示"如果金星上有水，那么火星上有人"。因为 P 的真值为假，Q 的真值为假，因此，$P \rightarrow Q$ 的真值为真。

表 6-4 条件联结词的真值表

P	Q	$P \rightarrow Q$
T	T	T
T	F	F
F	T	T
F	F	T

通过上述例子，我们可以发现，自然语言中的"如果……那么……"、"若……则……"、"倘若……就"等连词都可以用条件联结词表示。

需要注意的是，自然语言中 $P \rightarrow Q$ 的前件和后件一般都有因果联系，如【例 6.11】所示。但在数理逻辑中，他们可能没有任何联系，如【例 6.12】所示，我们只需按真值表判定其真值。并且，对于 $P \rightarrow Q$，我们看重的是前件为真时后件的真值，当前件为假时，因为无从否定 $P \rightarrow Q$，因而采用"善意判定"的方法，认为 $P \rightarrow Q$ 为真。

5. 双条件

定义 6.6 设 P 和 Q 是两个命题，"P 当且仅当 Q"是一复合命题，记作 $P \leftrightarrow Q$，符号 $\leftrightarrow$ 称为双条件联结词。规定，$P \leftrightarrow Q$ 为真当且仅当 P、Q 的真值相同。

由于双条件联结词作用的对象有两个命题，因此，它也是一个二元联结词。

双条件联结词的形式语义可以通过真值表表示，如表 6-5 所示。

【例 6.11】 语句"两个三角形全等当且仅当它们的三条边对应相等"是一个复合命题。如果设 P：两个三角形全等，Q：两个三角形的三条边对应相等，则原复合命题可以表示为 $P \leftrightarrow Q$。由于原复合命题是几何中已经证明成立的定理，因此，$P \leftrightarrow Q$ 的真值为真。

【例 6.12】 如果设 P：雪是黑的，Q：太阳从西方升起，则复合命题 $P \leftrightarrow Q$ 表示"雪是黑的当且仅当太阳从西方升起"。因为 P 和 Q 的真值均为假，因此，$P \leftrightarrow Q$ 的真值为真。

表 6-5　双条件联结词的真值表

P	Q	$P \leftrightarrow Q$
T	T	T
T	F	F
F	T	F
F	F	T

通过上述例子，我们可以发现，双条件联结词 $\leftrightarrow$ 是自然语言中的"当且仅当"或"充分必要"等的逻辑抽象。

6.1.3　命题公式

前面我们介绍了原子命题和复合命题的符号化表示。原子命题是命题逻辑研究的最基本单位，事实上，我们可以假定有无限多个表示原子命题的命题变元，而只有由这些命题变元以及命题常元和联结词符号、括号按照一定关系联结起来才能表示复合命题。这种由命题变元、命题常元、联结词符号和括号构成的合法符号串称为命题逻辑的合式公式。

定义 6.6 命题逻辑的合式公式（或称命题公式，简称公式）按以下规则生成：

（1）命题变元和命题常元是合式公式；

（2）如果 A 是合式公式，那么 $(\neg A)$ 是合式公式；

（3）如果 A，B 是合式公式，那么 $(A \wedge B)$，$(A \vee B)$，$(A \rightarrow B)$，$(A \leftrightarrow B)$ 是合式公式；

（4）合式公式由且仅由从（1）开始、有限步应用（2）和（3）得到。

对任意复杂的命题公式，我们都可以从命题变元和命题常元开始，一步一步的由联结词联结而成。

【例 6.13】 P、Q、$(\neg P)$、$((\neg P) \wedge Q)$、$(Q \vee S)$、$(((\neg P) \wedge Q) \rightarrow (Q \vee S))$ 都是命题公式，$(\rightarrow \neg P))$、$\wedge Q)$、$(QR \vee S)$ 不是命题公式，我们可以用图 6-1 所示的树来描述公式 $((((\neg P) \wedge Q) \rightarrow (Q \vee S))$ 的生成过程。树的叶结点是命题变元 P、Q、S，而根结点是公式 $((((\neg P) \wedge Q) \rightarrow (Q \vee S))$。

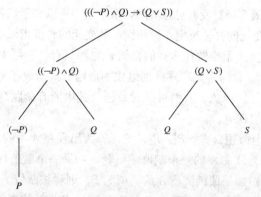

图 6-1　$(((\neg P) \wedge Q) \rightarrow (Q \vee S))$ 的生成过程

由命题公式的定义，我们可以看到，每次联结词联结一个或两个简单的命题公式后，在外层都要有一对括号。这样，如果一个命题公式中有 n 个联结词，则一定有 n 对括号。为了简化表示，我们做如下规定：

（1）五个联结词的优先级从高到低依次为：¬，∧，∨，→，↔。凡符合此优先顺序的命题公式，括号均可省略。

（2）最外层括号可省略。

按照上述规定，命题公式 $(((\neg P) \land Q) \to (Q \lor S))$ 中的括号均可省略，可简写为 $\neg P \land Q \to Q \lor S$。

有了命题公式的定义，对于一些自然语言的语句，我们就可以用命题公式来表示。一般来说，我们首先需要找出语句中的原子命题，将它们用命题变元表示；然后确定原子命题间的联结词；最后按照命题公式的生成规则进行组合。

【例 6.14】 语句"除非明天下雨或者下雪，否则我不会不出门。"是一个复合命题。连词"除非"相当于是"如果不"，因此，如果设 P：明天下雨，Q：明天下雪，R：我出门，则原复合命题可以表示为 $\neg(P \lor Q) \to (\neg \neg R)$。

【例 6.15】 语句"如果火车晚点并且车站没有出租车，赵强将晚点到达会议现场。"是一个复合命题。如果设 P：火车晚点，Q：车站有出租车，R：赵强晚点到达会议现场。则原复合命题可以表示为 $(P \land \neg Q) \to R$。如果实际情况是，火车晚点了，车站有出租车，赵强没有晚点到达会议现场，即，P 和 Q 的真值为真，R 的真值为假，则 $(P \land \neg Q) \to R$ 的真值为真。

【例 6.16】 语句"如果天下雨，张雯没有带伞，那么她将被淋湿。" 是一个复合命题。如果设 P：天下雨，Q：张雯带伞，R：张雯被淋湿。则原复合命题可以表示为 $(P \land \neg Q) \to R$。如果实际情况是，天下雨了，张雯没有带伞，她却没有被淋湿，即，P 的真值为真，Q、R 的真值为假，则 $(P \land \neg Q) \to R$ 的真值为假。

6.2 命题公式的真值赋值与分类

命题公式的真值，由组成该公式的命题变元的真值唯一确定。不同的命题公式基于真值可进行不同的分类，不同的命题公式间也有不同的关系。

6.2.1 真值表

由【例 6.15】和【例 6.16】我们可以看到，两个语句可以表示成相同的命题公式，命题公式的真值由它包含的命题变元的真值决定，对相同命题变元的真值指派不同，公式的真值也不同。

事实上，对于命题变元无论做什么样的指派，它都只有两种结果：或者为"真"，或者为"假"。对于由命题变元、命题常元和联结词组成的命题公式所表示的复合命题，也同样是或者为"真"，或者为"假"。因此，我们可以对命题公式中所有命题变元指派一组真值，从而求得命题公式在该指派下的真值。

定义 6.6 设 A 是一个命题公式，P_1，P_2，$\cdots$，P_n 为出现在 A 中的命题变元，对 P_1，P_1，$\cdots$，P_n 各指派一个真值，称为公式 A 的一个赋值或解释。如果一个赋值使 A 的真值为 T，则称该赋值为公式 A 的成真赋值；如果该赋值使 A 的真值为 F，则称该赋值为公式 A 的成假赋值。

在【例 6.15】中，我们对 $(P \land \neg Q) \to R$ 中的 P、Q、R 指派的真值为 T、T、F，这是一个成真赋值；在【例 6.16】中，我们对 $(P \land \neg Q) \to R$ 中的 P、Q、R 指派的真值为 T、F、F，这是一个成假赋值。

由定义可知，含有 n 个命题变元的命题公式，共有 2^n 个不同的赋值。我们可以将命题公式 A 在所有赋值下的真值情况列表，用类似于联结词真值表的形式表示出来。具体构造步骤如下：

（1）找出公式 A 中含有的所有命题变元 $P_1, P_1, \cdots, P_n$，按行依次列出所有可能的赋值（共 2^n 种），建议按照字典序列出，以避免少写或多写。

（2）对每个赋值，根据联结词结合的先后顺序由简单到复杂按列依次列出中间结果，最后一列是公式 A 的真值。

【例 6.17】 求下列命题公式的真值表。

（1）$\neg P \rightarrow (P \vee Q)$；

（2）$(P \wedge Q) \wedge (P \rightarrow \neg Q)$；

（3）$(P \rightarrow Q) \vee (Q \rightarrow R)$；

（4）$(\neg P \vee Q) \leftrightarrow (P \wedge \neg R)$。

解： （1）该公式的真值表如表 6-6 所示。

表 6-6 公式 $\neg P \rightarrow (P \vee Q)$ 的真值表

P	Q	$\neg P$	$P \vee Q$	$\neg P \rightarrow (P \vee Q)$
T	T	F	T	T
T	F	F	T	T
F	T	T	T	T
F	F	T	F	F

（2）该公式的真值表如表 6-7 所示。

表 6-7 公式 $(P \wedge Q) \wedge (P \rightarrow \neg Q)$ 的真值表

P	Q	$P \wedge Q$	$\neg Q$	$P \rightarrow \neg Q$	$(P \wedge Q) \wedge (P \rightarrow \neg Q)$
T	T	T	F	F	F
T	F	F	T	T	F
F	T	F	F	T	F
F	F	F	T	T	F

（3）该公式的真值表如表 6-8 所示。

表 6-8 公式 $(P \rightarrow Q) \vee (Q \rightarrow R)$ 的真值表

P	Q	R	$P \rightarrow Q$	$Q \rightarrow R$	$(P \rightarrow Q) \vee (Q \rightarrow R)$
T	T	T	T	T	T
T	T	F	T	F	T
T	F	T	F	T	T
T	F	F	F	T	T
F	T	T	T	T	T
F	T	F	T	F	T
F	F	T	T	T	T
F	F	F	T	T	T

（4）该公式的真值表如表 6-9 所示。

表 6-9　公式 $(\neg P \vee Q) \leftrightarrow (P \wedge \neg R)$ 的真值表

P	Q	R	$\neg P$	$\neg P \vee Q$	$\neg R$	$P \wedge \neg R$	$(\neg P \vee Q) \leftrightarrow (P \wedge \neg R)$
T	T	T	F	T	F	F	F
T	T	F	F	T	T	T	T
T	F	T	F	F	F	F	F
T	F	F	F	F	T	T	T
F	T	T	T	T	F	F	F
F	T	F	T	T	T	F	F
F	F	T	T	T	F	F	F
F	F	F	T	T	T	F	F

6.2.2　重言式、矛盾式与可满足式

由【例 6.17】我们可以看到，有些公式在任何赋值情况下真值均为真，有些公式在任何赋值情况下真值均为假，还有些公式则在某些赋值情况下真值为真，某些赋值情况下真值为假。因此，我们可以根据公式的真值取值情况，将公式分为如下三类。

定义 6.7　设 A 是一个命题公式，

（1）如果 A 的所有赋值均为成真赋值，则称 A 为重言式或永真式；

（2）如果 A 的所有赋值均为成假赋值，则称 A 为矛盾式或永假式；

（3）如果 A 至少存在一个成真赋值，则称 A 为可满足式。

由定义 6.7，我们可以得到以下关系：

（1）重言式一定是可满足式，但反之不成立；

（2）重言式的否定一定是矛盾式，矛盾式的否定一定是重言式；

（3）如果一个公式不是重言式，它不一定是矛盾式；同理，如果一个公式不是矛盾式，它也不一定是重言式，但它一定是可满足式。

判定给定公式是否为重言式、矛盾式或可满足式的问题，称为公式的判定问题。利用真值表法，我们可以很容易的判定任意给定公式的类型：

（1）如果真值表最后一列全为 T，则该公式为重言式；

（2）如果真值表最后一列全为 F，则该公式为矛盾式；

（3）如果真值表最后一列至少有一个 T，则该公式为可满足式。

例如，【例 6.17】的（3）为重言式，（2）为矛盾式，而（1）和（4）为可满足式。

由于可满足式、矛盾式都与重言式密切关联，因此，我们将更多关注重言式。

【例 6.18】　利用真值表法判定下列公式是否为重言式。

（1）$(\neg P \vee Q) \leftrightarrow (P \rightarrow Q)$；

（2）$(P \leftrightarrow Q) \leftrightarrow ((P \rightarrow Q) \wedge (Q \rightarrow P))$；

（3）$P \wedge (P \rightarrow Q) \rightarrow Q$；

（4）$\neg P \wedge (P \vee Q) \rightarrow Q$。

解：（1）该公式的真值表如表 6-10 所示。

表 6-10 公式 $(\neg P \vee Q) \leftrightarrow (P \rightarrow Q)$ 的真值表

P	Q	$\neg P$	$\neg P \vee Q$	$P \rightarrow Q$	$(\neg P \vee Q) \leftrightarrow (P \rightarrow Q)$
T	T	F	T	T	T
T	F	F	F	F	T
F	T	T	T	T	T
F	F	T	T	T	T

因此，公式 $(\neg P \vee Q) \leftrightarrow (P \rightarrow Q)$ 是重言式。

（2）该公式的真值表如表 6-11 所示。

表 6-11 公式 $(P \leftrightarrow Q) \leftrightarrow ((P \rightarrow Q) \wedge (Q \rightarrow P))$ 的真值表

P	Q	$P \leftrightarrow Q$	$P \rightarrow Q$	$Q \rightarrow P$	$(P \rightarrow Q) \wedge (Q \rightarrow P)$	$(P \leftrightarrow Q) \leftrightarrow ((P \rightarrow Q) \wedge (Q \rightarrow P))$
T	T	T	T	T	T	T
T	F	F	F	T	F	T
F	T	F	T	F	F	T
F	F	T	T	T	T	T

因此，公式 $(P \leftrightarrow Q) \leftrightarrow ((P \rightarrow Q) \wedge (Q \rightarrow P))$ 是重言式。

（3）该公式的真值表如表 6-12 所示。

表 6-12 公式 $P \wedge (P \rightarrow Q) \rightarrow Q$ 的真值表

P	Q	$P \rightarrow Q$	$P \wedge (P \rightarrow Q)$	$P \wedge (P \rightarrow Q) \rightarrow Q$
T	T	T	T	T
T	F	F	F	T
F	T	T	F	T
F	F	T	F	T

因此，公式 $P \wedge (P \rightarrow Q) \rightarrow Q$ 是重言式。

（4）该公式的真值表如表 6-13 所示。

表 6-13 公式 $\neg P \wedge (P \vee Q) \rightarrow Q$ 的真值表

P	Q	$\neg P$	$P \vee Q$	$\neg P \wedge (P \vee Q)$	$\neg P \wedge (P \vee Q) \rightarrow Q$
T	T	F	T	F	T
T	F	F	T	F	T
F	T	T	T	T	T
F	F	T	F	F	T

因此，公式 $\neg P \wedge (P \vee Q) \rightarrow Q$ 是重言式。

6.2.3 逻辑等价与逻辑蕴涵

在【例 6.17】中我们注意到，这四个公式都是重言式，它们是两类非常重要的重言式，在逻辑推理中有重要作用。

1. 逻辑等价

定义 6.8 设 A、B 是两个命题公式，如果公式 $A \leftrightarrow B$ 是重言式，则称 A 与 B 逻辑等价，记作 $A \Leftrightarrow B$。

需要注意的是，$A \leftrightarrow B$ 和 $A \Leftrightarrow B$ 含义不同：$\leftrightarrow$ 是一个逻辑联结词，用 $\leftrightarrow$ 联结公式 A、B 构成一个新的命题公式 $A \leftrightarrow B$；而 $\Leftrightarrow$ 不是逻辑联结词，$A \Leftrightarrow B$ 不是命题公式，它表示的是 A 与 B 这两个公式间逻辑等价的关系。

判定两命题公式是否逻辑等价，根据定义，可由公式 $A \leftrightarrow B$ 的真值表的最后一列是否全为 T 来判断，若全为 T，则 $A \leftrightarrow B$ 为永真式，即 A 与 B 逻辑等价，否则，A 与 B 不是逻辑等价的。其实，也可以通过真值表中公式 A、B 所在的列的真值是否对应相同来判断，若相同则说明 A 与 B 逻辑等价，否则，A 与 B 不是逻辑等价的。

例如，【例 6.18】（1）的真值表中，$\neg P \vee Q$ 与 $P \rightarrow Q$ 每一行的真值都对应相同；（2）的真值表中，$P \leftrightarrow Q$ 与 $(P \rightarrow Q) \wedge (Q \rightarrow P)$ 每一行的真值也都对应相同。

显然，命题公式间的逻辑等价关系是一个等价关系，它满足：

（1）自反性：即，对任意命题公式 A，$A \Leftrightarrow A$；

（2）对称性：即，对任意命题公式 A、B，如果 $A \Leftrightarrow B$，那么 $B \Leftrightarrow A$；

（3）传递性：即，对任意命题公式 A、B、C，如果 $A \Leftrightarrow B$ 并且 $B \Leftrightarrow C$，那么 $A \Leftrightarrow C$。

判定两个公式 A 与 B 逻辑等价的一个基本方法是真值表法。利用真值表法，我们还可以得到很多公式间的逻辑等价，我们分类列出以下逻辑等价定律：

（1）交换律：$A \wedge B \Leftrightarrow B \wedge A$，$A \vee B \Leftrightarrow B \vee A$。

（2）结合律：$A \wedge (B \wedge C) \Leftrightarrow (A \wedge B) \wedge C$，$A \vee (B \vee C) \Leftrightarrow (A \vee B) \vee C$。

（3）分配律：$A \wedge (B \vee C) \Leftrightarrow (A \wedge B) \vee (A \wedge C)$，$A \vee (B \wedge C) \Leftrightarrow (A \vee B) \wedge (A \vee C)$。

（4）幂等律：$A \wedge A \Leftrightarrow A$，$A \vee A \Leftrightarrow A$。

（5）双重否定律：$\neg \neg A \Leftrightarrow A$。

（6）排中律：$A \vee \neg A \Leftrightarrow T$；。

（7）矛盾律：$A \wedge \neg A \Leftrightarrow F$。

（8）同一律：$A \vee F \Leftrightarrow A$，$A \wedge T \Leftrightarrow A$。

（9）零一律：$A \wedge F \Leftrightarrow F$，$A \vee T \Leftrightarrow T$。

（10）吸收律：$A \wedge (A \vee B) \Leftrightarrow A \vee (A \wedge B) \Leftrightarrow A$；

（11）德·摩根律：$\neg (A \wedge B) \Leftrightarrow \neg A \vee \neg B$，$\neg (A \vee B) \Leftrightarrow \neg A \wedge \neg B$；

（12）条件联结词转化：$A \rightarrow B \Leftrightarrow \neg A \vee B$；

（13）双条件联结词转化：$A \leftrightarrow B \Leftrightarrow (A \rightarrow B) \wedge (B \rightarrow A) \Leftrightarrow (A \wedge B) \vee (\neg A \wedge \neg B)$。

这里 A、B、C 代表任意命题公式。

上述定律都可以利用真值表法加以证明。我们前面【例 6.18】中的（1）和（2）已对其中两个定律进行了证明。今后判定公式的逻辑等价时，我们可以直接应用这些定律。

由于 A、B、C 代表任意命题公式，上述逻辑等价定律中的每一个其实是一个逻辑等价模式，对应了无穷多对具体逻辑公式的等价。例如，如果 A 代表 $P \wedge Q$，B 代表 $P \vee Q$，由 $A \rightarrow B \Leftrightarrow \neg A \vee B$，我们可以得到 $(P \wedge Q) \rightarrow (P \vee Q) \Leftrightarrow \neg (P \wedge Q) \vee (P \vee Q)$。

这里，我们实际上已经运用了一条基本的规则——代入规则：一个重言式中某个命题变元的每一处出现均代入同一公式后，所得的仍是重言式。$A \rightarrow B \Leftrightarrow \neg A \vee B$ 说明 $(A \rightarrow B)$

$\leftrightarrow(\neg A\vee B)$ 是重言式,应用代入规则,得到 $((P\wedge Q)\rightarrow(P\vee Q))\leftrightarrow(\neg(P\wedge Q)\vee(P\vee Q))$ 是重言式,即, $(P\wedge Q)\rightarrow(P\vee Q)\Leftrightarrow\neg(P\wedge Q)\vee(P\vee Q)$ 。

另外一个在判定公式间逻辑等价关系时常用的规则是替换规则:设公式 C 是公式 A 的一部分(称 C 为公式 A 的子公式),公式 B 是将公式 A 中的子公式 C 替换成公式 D 而得到的.若 $C\Leftrightarrow D$,则有 $A\Leftrightarrow B$ 。例如, 由 $P\rightarrow Q\Leftrightarrow\neg P\vee Q$,我们可以将公式 $(P\rightarrow Q)\rightarrow R$ 中 $P\rightarrow Q$ 替换为 $\neg P\vee Q$,从而得到 $(P\rightarrow Q)\rightarrow R\Leftrightarrow(\neg P\vee Q)\rightarrow R$ 。

具体应用上面两个规则时,我们需注意两者的区别:

(1) 代入是对命题变元而言的,而替换可对命题公式进行;

(2) 代入必须是处处代入,替换则可部分替换,亦可全部替换。

【例 6.19】 利用逻辑等价定律证明下列公式的逻辑等价。

(1) $(P\rightarrow Q)\wedge(P\rightarrow\neg Q)\Leftrightarrow\neg P$;

(2) $P\rightarrow Q\Leftrightarrow\neg Q\rightarrow\neg P$;

(3) $(P\vee Q)\rightarrow R\Leftrightarrow(P\rightarrow R)\wedge(Q\rightarrow R)$ 。

证明:证明的方向可以从从左端到右端,也可以从右端到左端,这里我们都采用从左端到右端进行证明。

(1) $(P\rightarrow Q)\wedge(P\rightarrow\neg Q)$

$\Leftrightarrow(\neg P\vee Q)\wedge(P\rightarrow\neg Q)$ 　　　　　　　　　(条件联结词转化)

$\Leftrightarrow(\neg P\vee Q)\wedge(\neg P\vee\neg Q)$ 　　　　　　　　(条件联结词转化)

$\Leftrightarrow\neg P\vee(Q\wedge\neg Q)$ 　　　　　　　　　　　　(分配律)

$\Leftrightarrow\neg P\vee F$ 　　　　　　　　　　　　　　　　　(矛盾律)

$\Leftrightarrow\neg P$ 　　　　　　　　　　　　　　　　　　　(同一律)

$(P\rightarrow Q)\wedge(P\rightarrow\neg Q)\Leftrightarrow\neg P$ 称为归谬律。

(2) $P\rightarrow Q$

$\Leftrightarrow\neg P\vee Q$ 　　　　　　　　　　　　　　　　　(条件联结词转化)

$\Leftrightarrow Q\vee\neg P$ 　　　　　　　　　　　　　　　　　(交换律)

$\Leftrightarrow\neg\neg Q\vee\neg P$ 　　　　　　　　　　　　　　(双重否定律)

$\Leftrightarrow\neg Q\rightarrow\neg P$ 　　　　　　　　　　　　　　(条件联结词转化)

(3) $(P\vee Q)\rightarrow R$

$\Leftrightarrow\neg(P\vee Q)\vee R$ 　　　　　　　　　　　　　　(条件联结词转化)

$\Leftrightarrow(\neg P\wedge\neg Q)\vee R$ 　　　　　　　　　　　　(德·摩根律)

$\Leftrightarrow(\neg P\vee R)\wedge(\neg Q\vee R)$ 　　　　　　　　　(分配律)

$\Leftrightarrow(P\rightarrow R)\wedge(\neg Q\vee R)$ 　　　　　　　　　(条件联结词转化)

$\Leftrightarrow(P\rightarrow R)\wedge(Q\rightarrow R)$ 　　　　　　　　　(条件联结词转化)

【例 6.20】 利用逻辑等价定律化简下列公式。

(1) $P\rightarrow(((P\vee Q)\wedge\neg P)\rightarrow Q)$

(2) $(\neg P\wedge(\neg Q\wedge R))\vee(P\wedge R)\vee(Q\wedge R)$

解: (1) $P\rightarrow(((P\vee Q)\wedge\neg P)\rightarrow Q)$

$\Leftrightarrow P\rightarrow(((P\wedge\neg P)\vee(Q\wedge\neg P))\rightarrow Q)$ 　　　(分配律)

$\Leftrightarrow P\rightarrow((F\vee(Q\wedge\neg P))\rightarrow Q)$ 　　　　　　(矛盾律)

$$\Leftrightarrow P \to ((Q \land \neg P) \to Q) \qquad \text{（同一律）}$$

$$\Leftrightarrow P \to (\neg(Q \land \neg P) \lor Q) \qquad \text{（条件联结词转化）}$$

$$\Leftrightarrow P \to ((\neg Q \lor \neg\neg P) \lor Q) \qquad \text{（德·摩根律）}$$

$$\Leftrightarrow P \to ((\neg Q \lor P) \lor Q) \qquad \text{（双重否定律）}$$

$$\Leftrightarrow P \to ((P \lor \neg Q) \lor Q) \qquad \text{（交换律）}$$

$$\Leftrightarrow P \to (P \lor (\neg Q \lor Q)) \qquad \text{（结合律）}$$

$$\Leftrightarrow P \to (P \lor T) \qquad \text{（排中律）}$$

$$\Leftrightarrow P \to T \qquad \text{（零律）}$$

$$\Leftrightarrow \neg P \lor T \qquad \text{（条件联结词转化）}$$

$$\Leftrightarrow T \qquad \text{（零律）}$$

(2) $(\neg P \land (\neg Q \land R)) \lor (P \land R) \lor (Q \land R)$

$$\Leftrightarrow ((\neg P \land \neg Q) \land R) \lor (P \land R) \lor (Q \land R) \qquad \text{（结合律）}$$

$$\Leftrightarrow ((\neg P \land \neg Q) \land R) \lor ((P \lor Q) \land R)) \qquad \text{（分配律）}$$

$$\Leftrightarrow (\neg(P \lor Q) \land R) \lor ((P \lor Q) \land R)) \qquad \text{（德·摩根律）}$$

$$\Leftrightarrow (\neg(P \lor Q) \lor (P \lor Q)) \land R \qquad \text{（分配律）}$$

$$\Leftrightarrow T \land R \qquad \text{（排中律）}$$

$$\Leftrightarrow R \qquad \text{（同一律）}$$

2. 逻辑蕴涵

定义 6.9 设 A、B 是两个命题公式，如果公式 $A \to B$ 是重言式，则称 A 逻辑蕴涵 B，记作 $A \Rightarrow B$。

需要注意的是，$A \to B$ 和 $A \Rightarrow B$ 含义的不同：$\to$ 是一个逻辑联结词，用 $\to$ 联结公式 A、B 构成一个新的命题公式 $A \to B$；而 $\Rightarrow$ 不是逻辑联结词，$A \Rightarrow B$ 不是命题公式，它表示的是 A 与 B 这两个公式间逻辑蕴涵的关系。

判定公式 A 是否逻辑蕴涵 B，根据定义，可由公式 $A \to B$ 的真值表的最后一列的是否全为 T 来判断，若全为 T，则 $A \to B$ 为永真式，即 A 逻辑蕴涵 B。由 $A \to B$ 的形式语义，只有前件为真、后件为假时，$A \to B$ 才为假。因此，我们也可以通过真值表中公式 A、B 所在的列的真值来判断，如果对所有 A 的真值为真的行，B 的真值也为真，则说明 A 逻辑蕴涵 B；或者，对所有 B 的真值为假的行，A 的真值也为假，同样说明 A 逻辑蕴涵 B。

例如，【例 6.18】中 (3) 的真值表中，$P \land (P \to Q)$ 为真时 Q 也为真，Q 为假时 $P \land (P \to Q)$ 也为假；(4) 的真值表中，$\neg P \land (P \lor Q)$ 为真时 Q 也为真，Q 为假时 $\neg P \land (P \lor Q)$ 也为假。

命题公式间的逻辑蕴涵关系满足以下性质：

(1) 自反性：即，对任意命题公式 A，$A \Rightarrow A$；

(2) 传递性：即，对任意命题公式 A、B、C，如果 $A \Rightarrow B$ 并且 $B \Rightarrow C$，那么 $A \Rightarrow C$；

(3) 对任意命题公式 A、B，如果 $A \Rightarrow B$ 并且 $B \Rightarrow A$，那么 $A \Leftrightarrow B$。

判定公式 A 逻辑蕴涵 B 的一个基本方法是真值表法。我们也可以利用逻辑等价定律，证明 $A \to B \Leftrightarrow T$。

【例 6.21】 利用逻辑等价定律证明下列公式间的逻辑蕴涵。

(1) $\neg(P \to Q) \Rightarrow P$；

(2) $\neg Q \land (P \to Q) \Rightarrow \neg P$；

（3）$(P \to Q) \land (Q \to R) \Rightarrow P \to R$。

证明：（1）我们证明 $\neg(P \to Q) \to P \Leftrightarrow T$

$\neg(P \to Q) \to P$

$\Leftrightarrow \neg\neg(P \to Q) \lor P$ 　　　　　　　　　　　　（条件联结词转化）

$\Leftrightarrow (P \to Q) \lor P$ 　　　　　　　　　　　　　　（双重否定律）

$\Leftrightarrow (\neg P \lor Q) \lor P$ 　　　　　　　　　　　　（条件联结词转化）

$\Leftrightarrow Q \lor (\neg P \lor P)$ 　　　　　　　　　　　　（交换律、结合律）

$\Leftrightarrow Q \lor T$ 　　　　　　　　　　　　　　　　（排中律）

$\Leftrightarrow T$ 　　　　　　　　　　　　　　　　　　（零律）

因此，$\neg(P \to Q) \Rightarrow P$。

（2）我们证明 $\neg Q \land (P \to Q) \to \neg P \Leftrightarrow T$。

$\neg Q \land (P \to Q) \to \neg P$

$\Leftrightarrow \neg Q \land (\neg P \lor Q) \to \neg P$ 　　　　　　　（条件联结词转化）

$\Leftrightarrow (\neg Q \land \neg P) \lor (\neg Q \land Q) \to \neg P$ 　　（分配律）

$\Leftrightarrow (\neg Q \land \neg P) \lor F \to \neg P$ 　　　　　　（矛盾律）

$\Leftrightarrow (\neg Q \land \neg P) \to \neg P$ 　　　　　　　　（同一律）

$\Leftrightarrow \neg(\neg Q \land \neg P) \lor \neg P$ 　　　　　　　（条件联结词转化）

$\Leftrightarrow (Q \lor P) \lor \neg P$ 　　　　　　　　　　　（德·摩根律、双重否定律）

$\Leftrightarrow Q \lor (P \lor \neg P)$ 　　　　　　　　　　　（结合律）

$\Leftrightarrow Q \lor T$ 　　　　　　　　　　　　　　　　（排中律）

$\Leftrightarrow T$ 　　　　　　　　　　　　　　　　　　（零律）

因此，$\neg Q \land (P \to Q) \Rightarrow \neg P$。

（3）我们证明 $(P \to Q) \land (Q \to R) \to (P \to R) \Leftrightarrow T$

$(P \to Q) \land (Q \to R) \to (P \to R)$

$\Leftrightarrow (\neg P \lor Q) \land (\neg Q \lor R) \to (\neg P \lor R)$ 　　（条件联结词转化）

$\Leftrightarrow \neg((\neg P \lor Q) \land (\neg Q \lor R)) \lor (\neg P \lor R)$ 　（条件联结词转化）

$\Leftrightarrow \neg(\neg P \lor Q) \lor \neg(\neg Q \lor R) \lor (\neg P \lor R)$ 　（德·摩根律）

$\Leftrightarrow (P \land \neg Q) \lor (Q \land \neg R) \lor (\neg P \lor R)$ 　（德·摩根律）

$\Leftrightarrow ((P \land \neg Q) \lor \neg P) \lor ((Q \land \neg R) \lor R)$ 　（交换律、结合律）

$\Leftrightarrow ((P \lor \neg P) \land (\neg Q \lor \neg P)) \lor ((Q \lor R) \land (\neg R \lor R))$ 　（分配律）

$\Leftrightarrow (T \land (\neg Q \lor \neg P)) \lor ((Q \lor R) \land T)$ 　（排中律）

$\Leftrightarrow (\neg Q \lor \neg P) \lor (Q \lor R)$ 　　　　　　（同一律）

$\Leftrightarrow \neg Q \lor Q \lor \neg P \lor R$ 　　　　　　　　（交换律）

$\Leftrightarrow T \lor \neg P \lor R$ 　　　　　　　　　　　　（排中律）

$\Leftrightarrow T$ 　　　　　　　　　　　　　　　　　　（零律）

因此，$(P \to Q) \land (Q \to R) \Rightarrow P \to R$。

利用真值表法或逻辑等价定律我们还可以得到很多公式间的逻辑蕴涵关系，我们分组列出以下逻辑蕴涵定律：

（1）$A \land B \Rightarrow A$，$A \land B \Rightarrow B$；

(2)　$A \Rightarrow A \vee B$；

(3)　$\neg A \Rightarrow A \rightarrow B$，$B \Rightarrow A \rightarrow B$；

(4)　$\neg(A \rightarrow B) \Rightarrow A$，$\neg(A \rightarrow B) \Rightarrow \neg B$；

(5)　$A \wedge (A \rightarrow B) \Rightarrow B$，$\neg B \wedge (A \rightarrow B) \Rightarrow \neg A$；

(6)　$(A \rightarrow B) \wedge (B \rightarrow C) \Rightarrow A \rightarrow C$，$(A \leftrightarrow B) \wedge (B \leftrightarrow C) \Rightarrow A \leftrightarrow C$。

这里 A、B、C 代表任意命题公式。上述定律都可以利用真值表法或逻辑等价定律加以证明。我们前面【例 6.18】中的（3）和（4）用真值表法对其中两个定律进行了证明，【例 6.19】则用逻辑等价定律证明了其中三个定律。

同样，上述逻辑蕴涵定律中的每一个其实是一个逻辑蕴涵模式，对应了无穷多对具体逻辑公式的逻辑蕴涵。例如，如果 A 代表 $P \wedge Q$，B 代表 $P \vee Q$，由 $A \Rightarrow A \vee B$，我们可以得到 $P \wedge Q \Leftrightarrow (P \wedge Q) \vee (P \vee Q)$。

逻辑等价定律和逻辑蕴涵定律在逻辑推理中有着重要作用。

6.3　范　式

由于命题公式的逻辑等价，真值完全相同的命题公式可以有多种不同的表示形式，范式是命题公式的规范表示。借助于将命题公式规范化，判断命题公式的类型及公式间的逻辑等价将更加明显。

6.3.1　合取范式与析取范式

在介绍范式之前，我们先介绍几个术语。

定义 6.10　由有限个命题变元或其否定构成的合取式称为原子合取式，由有限个命题变元或其否定构成的析取式称为原子析取式。

【例 6.22】　对命题变元 P、Q，P、$\neg P$、Q、$P \wedge Q$、$P \wedge \neg Q$、$\neg P \wedge \neg Q$ 等都是原子合取式，P、Q、$\neg Q$、$P \vee Q$、$\neg P \vee \neg Q$ 等都是原子析取式。

由定义我们可以得到性质如下：

（1）一个原子合取式是矛盾式的充分必要条件是，它至少同时含有一个命题变元及其否定。

（2）一个原子析取式是重言式的充分必要条件是，它至少同时含有一个命题变元及其否定。

【例 6.23】　原子合取式 $P \wedge Q \wedge \neg Q$ 是矛盾式，原子析取式 $P \vee Q \vee \neg Q$ 是重言式。

定义 6.11　由有限个原子析取式构成的合取式称为合取范式，由有限个原子合取式构成的析取式称为析取范式。

【例 6.24】　$(P \vee \neg Q) \wedge (\neg Q \vee R) \wedge (R \vee \neg P)$、$(P \vee \neg Q \vee R) \wedge (P \vee \neg P)$ 都是合取范式，$(P \wedge \neg Q) \vee (Q \wedge \neg R) \vee (R \wedge \neg P)$、$(P \wedge \neg Q \wedge R) \vee (Q \wedge \neg Q)$ 都是析取范式。

我们可以将原子合取式和原子析取式的性质推广，得到：

（1）一个合取范式为重言式的充分必要条件是，它的每个原子析取式都至少同时含有一个命题变元及其否定；

（2）一个析取范式为矛盾式的充分必要条件是，它的每个原子合取式都至少同时含有一个命题变元及其否定。

对于任一给定的命题公式，我们可以通过下面的三步求得与该命题公式逻辑等价的合取范式和析取范式：

(1)利用条件联结词转化或双条件联结词转化消去公式中含有的条件联结词或双条件联结词；

(2) 利用德·摩根律和双重否定律，使得否定联结词仅出现在命题变元之前且每个命题变元之前至多出现一个否定联结词；

(3) 利用分配律以及结合律、幂等律，使得合取联结词仅联结原子析取式从而求得合取范式，或者，使得析取联结词仅联结原子合取式从而求得析取范式。

【例 6.25】　求命题公式 $\neg(P \to \neg Q) \leftrightarrow (\neg P \vee R)$ 的合取范式和析取范式。

解： $\neg(P \to \neg Q) \leftrightarrow (\neg P \vee R)$

$\Leftrightarrow \neg(\neg P \vee \neg Q) \leftrightarrow (\neg P \vee R)$

$\Leftrightarrow (\neg(\neg P \vee \neg Q) \wedge (\neg P \vee R)) \vee ((\neg P \vee \neg Q) \wedge \neg(\neg P \vee R))$

$\Leftrightarrow ((P \wedge Q) \wedge (\neg P \vee R)) \vee ((\neg P \vee \neg Q) \wedge (P \wedge \neg R))$

$\Leftrightarrow (P \wedge Q \wedge \neg P) \vee (P \wedge Q \wedge R) \vee (\neg P \wedge P \wedge \neg R) \vee (\neg Q \wedge P \wedge \neg R)$

$(P \wedge Q \wedge \neg P) \vee (P \wedge Q \wedge R) \vee (\neg P \wedge P \wedge \neg R) \vee (\neg Q \wedge P \wedge \neg R)$ 已经是析取范式，但是我们还可以对它做进一步的简化，得到析取范式 $(P \wedge Q \wedge R) \vee (P \wedge \neg Q \wedge \neg R)$。因此，一个公式的析取范式不是唯一的。

$(P \wedge Q \wedge R) \vee (P \wedge \neg Q \wedge \neg R)$

$\Leftrightarrow P \wedge ((Q \wedge R) \vee (\neg Q \wedge \neg R))$

$\Leftrightarrow P \wedge (Q \vee \neg Q) \wedge (Q \vee \neg R) \wedge (R \vee \neg Q) \wedge (R \vee \neg R)$

$P \wedge (Q \vee \neg Q) \wedge (Q \vee \neg R) \wedge (R \vee \neg Q) \wedge (R \vee \neg R)$ 已经是合取范式，但是同样我们可以对它做进一步的简化，得到合取范式 $P \wedge (Q \vee \neg R) \wedge (R \vee \neg Q)$。因此，一个公式的合取范式也不是唯一的。

6.3.2　主析取范式与主合取范式

由【例 6.25】我们可以看出，同一个命题公式的析取范式和合取范式都是不唯一的，这说明范式虽然是一种规范表示，但我们还需要在此基础上做进一步的定义。

定义 6.12　对于命题公式 A，包含 A 中的每个命题变元或其否定一次且仅一次的原子合取式称为极小项，包含 A 中的每个命题变元或其否定一次且仅一次的原子析取式称为极大项。

【例 6.26】　对两个命题变元 P、Q，则 $P \wedge Q$、$\neg P \wedge Q$、$P \wedge \neg Q$、$\neg P \wedge \neg Q$ 等都是极小项，而 $\neg P \wedge P \wedge Q$、$\neg P \vee Q$、P 等都不是极小项。$P \vee Q$、$\neg P \vee Q$，$P \vee \neg Q$、$\neg P \vee \neg Q$ 等都是极大项，而 $\neg P \vee Q \vee \neg Q$、$P \wedge \neg Q$、$Q$ 等都不是极大项。

对两个命题变元 P、Q，它们可组成的所有极小项和极大项的真值表如表 6-14 和表 6-15 所示。

表 6-14　两个命题变元所有极小项的真值表

P	Q	$P \wedge Q$	$\neg P \wedge Q$	$P \wedge \neg Q$	$\neg P \wedge \neg Q$
T	T	T	F	F	F
T	F	F	F	T	F
F	T	F	T	F	F
F	F	F	F	F	T

表 6-15 两个命题变元所有极大项的的真值表

P	Q	$P \vee Q$	$\neg P \vee Q$	$P \vee \neg Q$	$\neg P \vee \neg Q$
T	T	T	T	T	F
T	F	T	F	T	T
F	T	T	T	F	T
F	F	F	T	T	T

显然，如果公式 A 包含 n 个命题变元，则每个命题变元可有两种形式出现极小项中，因此，可产生 2^n 个不同的极小项，并且，所有的极小项彼此互不逻辑等价；同理，每个命题变元可有两种形式出现极大项中，可产生 2^n 个不同的极大项，并且同样，所有的极大项彼此互不逻辑等价。

定义 6.13 如果合取范式中每个原子析取式全是极大项，则称该合取范式为主合取范式；如果析取范式中每个原子合取式全是极小项，则称该析取范式为主析取范式。

【例 6.27】 对于两个命题变元 P、Q，$(P \vee \neg Q) \wedge (\neg P \vee Q)$ 是主合取范式，$(\neg P \wedge Q) \vee (P \wedge \neg Q)$ 是主析取范式。对于三个命题变元 P、Q、R，$(P \vee \neg Q \vee R) \wedge (P \vee Q \vee \neg R) \wedge (\neg P \vee \neg Q \vee \neg R)$ 是主合取范式，$(P \wedge \neg Q \wedge R) \vee (P \wedge \neg Q \wedge \neg R) \vee (\neg P \wedge Q \wedge \neg R)$ 是主析取范式；而 $(P \vee \neg Q \vee R) \wedge (Q \vee \neg Q)$ 不是主合取范式，$(P \wedge \neg Q \wedge R) \vee (Q \wedge \neg R)$ 不是主析取范式。

对于任一给定的命题公式，可以在求得与该命题公式逻辑等价的合取范式和析取范式的基础上求主合取范式和主析取范式。

在合取范式的基础上，求主合取范式的步骤如下：

（1）利用同一律，消去所有为重言式的原子析取式；

（2）利用幂等律，消去每个原子析取式中的重复出现的命题变元或其否定，使得每个命题变元或其否定在原子析取式中至多出现一次；

（3）利用同一律，如果原子析取式中未出现命题变元 P，则添加 $P \wedge \neg P$ 为其一个析取项，并用分配律展开。

在析取范式的基础上，求主析取范式的步骤如下：

（1）利用同一律，消去所有为矛盾式的原子合取式；

（2）利用幂等律，消去每个原子合取式中的重复出现的命题变元或其否定，使得每个命题变元或其否定在原子合取式中至多出现一次；

（3）利用同一律，如果原子合取式中未出现命题变元 P，则添加 $P \vee \neg P$ 为其一个合取项，并用分配律展开。

【例 6.28】 求命题公式 $(P \rightarrow Q) \leftrightarrow R$ 的主合取范式和主析取范式。

解： $(P \rightarrow Q) \leftrightarrow R$

$\Leftrightarrow (\neg P \vee Q) \leftrightarrow R$

$\Leftrightarrow ((\neg P \vee Q) \wedge R) \vee (\neg(\neg P \vee Q) \wedge \neg R)$

$\Leftrightarrow ((\neg P \vee Q) \wedge R) \vee (P \wedge \neg Q \wedge \neg R)$

$\Leftrightarrow ((\neg P \vee Q) \vee (P \wedge \neg Q \wedge \neg R)) \wedge (R \vee (P \wedge \neg Q \wedge \neg R))$

$\Leftrightarrow (\neg P \vee Q \vee P) \wedge (\neg P \vee Q \vee \neg Q) \wedge (\neg P \vee Q \vee \neg R) \wedge (R \vee P) \wedge (R \vee \neg Q) \wedge (R \vee \neg R)$——合取范式

$\Leftrightarrow (\neg P \vee Q \vee \neg R) \wedge (R \vee P) \wedge (R \vee \neg Q)$

$\Leftrightarrow (\neg P \lor Q \lor \neg R) \land (R \lor P \lor (Q \land \neg Q)) \land (R \lor \neg Q \lor (P \land \neg P))$

$\Leftrightarrow (\neg P \lor Q \lor \neg R) \land (P \lor Q \lor R) \land (P \lor \neg Q \lor R) \land (P \lor \neg Q \lor R) \land (\neg P \lor \neg Q \lor R)$

$\Leftrightarrow (\neg P \lor Q \lor \neg R) \land (P \lor Q \lor R) \land (P \lor \neg Q \lor R) \land (\neg P \lor \neg Q \lor R)$ ——主合取范式

$(P \to Q) \leftrightarrow R$

$\Leftrightarrow ((\neg P \lor Q) \land R) \lor (P \land \neg Q \land \neg R)$

$\Leftrightarrow (\neg P \land R) \lor (Q \land R) \lor (P \land \neg Q \land \neg R)$ ——析取范式

$\Leftrightarrow (\neg P \land (Q \lor \neg Q) \land R) \lor ((P \lor \neg P) \land Q \land R) \lor (P \land \neg Q \land \neg R)$

$\Leftrightarrow (\neg P \land Q \land R) \lor (\neg P \land \neg Q \land R) \lor (P \land Q \land R) \lor (\neg P \land Q \land R) \lor (P \land \neg Q \land \neg R)$

$\Leftrightarrow (\neg P \land Q \land R) \lor (\neg P \land \neg Q \land R) \lor (P \land Q \land R) \lor (P \land \neg Q \land \neg R)$ ——主析取范式

由于对含有 n 个命题变元的命题公式，共有 2^n 个不同的赋值。对每个极小项，这 2^n 个赋值中仅有一个使其为真，并且这个赋值是其他极小项的成假赋值；对每个极大项，这 2^n 个赋值中仅有一个使其为假，并且这个赋值是其他极大项的成真赋值。例如，上例中，对于极小项 $\neg P \land Q \land R$ 中 P、Q、R 只有指派真值为 F、T、T，才是一个成真赋值。同样，对于极大项 $P \lor \neg Q \lor R$ 中 P、Q、R 只有指派真值为 F、T、F，才是一个成假赋值。

因而，根据命题公式真值表，对其中每一个成假赋值，可唯一确定一个极大项，主合取范式就是所有这些极大项的合取；对其中每一个成真赋值，可唯一确定一个极小项，主析取范式就是所有这些极小项的析取。即，由该公式的真值表可求出相应的主合取范式和主析取范式。

【例 6.29】 利用真值表法求命题公式 $(P \to Q) \leftrightarrow R$ 的主合取范式和主析取范式。

解： $(P \to Q) \leftrightarrow R$ 的真值表如表 6-16 所示。

表 6-16 公式 $(P \to Q) \leftrightarrow R$ 的真值表

P	Q	R	$P \to Q$	$(P \to Q) \leftrightarrow R$
T	T	T	T	T
T	T	F	T	F
T	F	T	F	F
T	F	F	F	T
F	T	T	T	T
F	T	F	T	F
F	F	T	T	T
F	F	F	T	F

可见，$(P \to Q) \leftrightarrow R$ 有四个成假赋值，分别指派 P、Q、R 的真值依次为 T、T、F，T、F、T、F、T、F 和 F、F、F，对应的极大项依次为 $\neg P \lor \neg Q \lor R$、$\neg P \lor Q \lor \neg R$、$P \lor \neg Q \lor R$、$P \lor Q \lor R$。因此，$(P \to Q) \leftrightarrow R$ 的主合取范式为 $(\neg P \lor \neg Q \lor R) \land (\neg P \lor Q \lor \neg R) \land (P \lor \neg Q \lor R) \land (P \lor Q \lor R)$。

同理，$(P \to Q) \leftrightarrow R$ 有四个成真赋值，分别指派 P、Q、R 的真值依次为 T、T、T，T、F、F、T、T 和 F、F、T，对应的极小项依次为 $P \land Q \land R$、$P \land \neg Q \land \neg R$、$\neg P \land Q \land R$、$\neg P \land \neg Q \land R$。因此，$(P \to Q) \leftrightarrow R$ 的主析取范式为 $(P \land Q \land R) \lor (P \land \neg Q \land \neg R) \lor (\neg P \land Q \land R) \lor (\neg P \land \neg Q \land R)$。

主合取范式和主析取范式可用于解决以下问题：

（1）判定两命题公式是否逻辑等价。因为任何命题公式的主合取范式和主析取范式都是唯一的，因此，如果 $A \Leftrightarrow B$，A 与 B 有相同的主合取范式和主析取范式，反之，如果 A 与 B 有相同的主合取范式或主析取范式，必有 $A \Leftrightarrow B$。

（2）判定命题公式的类型。设 A 是含 n 个命题变元的命题公式，A 为重言式的充分必要条件是，A 的主析取范式包含全部 2^n 个极小项，此时无主合取范式（或者说主合取范式为空）；A 为矛盾式的充分必要条件是，A 的主合取范式包含全部 2^n 个极大项，此时无主析取范式（或者说主析取范式为空）。

*6.3.3 联结词的完备集

我们前面已经介绍了 ¬、∧、∨、→、↔ 五种联结词，事实上，在数理逻辑中我们还会用到不可兼或、与非、或非等联结词。

不可兼或，也称异或，记作 ⊕，是一个二元联结词，它的形式语义可以通过真值表表示，如表 6-17 所示。

表 6-17 不可兼或联结词的真值表

P	Q	$P \oplus Q$
T	T	F
T	F	T
F	T	T
F	F	F

与非，记作 ↑，是一个二元联结词，它的形式语义可以通过真值表表示，如表 6-18 所示。

或非，记作 ↓，是一个二元联结词，它的形式语义可以通过真值表表示，如表 6-19 所示。

表 6-18 与非联结词的真值表

P	Q	$P \uparrow Q$
T	T	F
T	F	T
F	T	T
F	F	T

表 6-19 或非联结词的真值表

P	Q	$P \downarrow Q$
T	T	F
T	F	F
F	T	F
F	F	T

由真值表，我们可以发现，$P \oplus Q \Leftrightarrow (P \wedge \neg Q) \vee (\neg P \wedge Q)$，$P \uparrow Q \Leftrightarrow \neg (P \wedge Q)$，$P \downarrow Q \Leftrightarrow \neg (P \vee Q)$。即我们完全无须定义这几个新的联结词，包含这些新联结词的命题公式完全可以由原有的联结词逻辑等价的表示出来。

事实上，由 n 个命题变元形成的任意公式，其真值表都有 2^n 行，对这 2^n 行的每一行，不同的公式只有真和假两种取值，因此，n 个命题变元形成的互不等价公式的个数为 2^{2^n}，因而可以有 2^{2^n} 个不同的 n 元联结词。特别地，当 $n=2$ 时，可以有 $2^{2^2}=16$ 个不同的二元联结词，具体如表 6-20 所示。

表 6-20 不同的二元联结词

P	T	T	F	F
Q	T	F	T	F
联结词 1	T	T	T	T
联结词 2	T	T	T	F
联结词 3	T	T	F	T
联结词 4	T	T	F	F
联结词 5	T	F	T	T
联结词 6	T	F	T	F
联结词 7	T	F	F	T

续表

联结词 8	T	F	F	F
联结词 9	F	T	T	T
联结词 10	F	T	T	F
联结词 11	F	T	F	T
联结词 12	F	T	F	F
联结词 13	F	F	T	T
联结词 14	F	F	T	F
联结词 15	F	F	F	T
联结词 16	F	F	F	F

由表 6-20 我们可以看出，第 1 行为永真，第 2 行为 $P \vee Q$，第 3 行为 $Q \rightarrow P$，第 4 行为 P，第 5 行为 $P \rightarrow Q$，第 6 行为 Q，第 7 行为 $P \leftrightarrow Q$，第 8 行为 $P \wedge Q$，第 9 行为 $P \uparrow Q$，第 10 行为 $P \oplus Q$，第 11 行为 $\neg Q$，第 12 行为 $\neg(P \rightarrow Q)$，第 13 行为 $\neg P$，第 14 行为 $\neg(Q \rightarrow P)$，第 15 行为 $P \downarrow Q$，第 16 行为永假。因此，我们可以看到，已知的联结词已足够用了。

事实上，我们已知的这些联结词也并非全都是必要的，本小节介绍的不可兼或、与非、或非等联结词就不是必要的。由条件联结词转化定律和双条件联结词转化定律，包含条件和双条件联结词的命题公式都可以逻辑等价的表示成只包含 $\neg$、$\wedge$、$\vee$ 的命题公式。

一般的，利用求主合取范式和主析取范式的真值表方法，可以将 n 个命题变元所组成的任意公式表示成主合取范式和主析取范式，因此，只需要 $\neg$、$\wedge$、$\vee$ 就已经足够了。甚至由德·摩根律，只包含 $\neg$、$\wedge$、$\vee$ 的命题公式可以仅由 $\neg$、$\vee$ 表示，也可以仅由 $\neg$、$\wedge$ 表示。

定义 6.10 一个命题联结词的集合，如果任意命题公式都能用该集合中的命题联结词表示，则该集合称为联结词的完备集。如果完备集中的任一联结词都不能用集合中的其他联结词等价表示，则该完备集称为联结词的极小完备集。

由此定义，可以确定，我们最开始介绍的 $\{\neg，\wedge，\vee，\rightarrow，\leftrightarrow\}$ 是联结词的完备集；$\{\neg，\wedge，\vee\}$ 也是一个联结词的完备集，并且是一个非常重要的完备集；但它们不是联结词的极小完备集，$\{\neg，\wedge\}$ 和 $\{\neg，\vee\}$ 是联结词的极小完备集。

【例 6.30】　$\{\wedge，\rightarrow\}$ 不是完备的，因为对于仅包含这两个联结词的命题公式，如果对其中每个命题变元都指派为真，则整个公式的真值也必为真，因而不会有任何公式与 $\neg A$ 逻辑等价。

在研究逻辑系统的演绎和推理时，$\{\neg，\rightarrow\}$ 是一个重要的联结词极小完备集。

在组合逻辑电路中，逻辑门是实现逻辑运算的最小单元。由 $\{\neg，\wedge，\vee\}$ 是一个联结词的完备集，"非"门、"与"门和"或"门是实现这三种逻辑运算的单一逻辑功能的门电路。而由 $\{\uparrow\}$ 和 $\{\downarrow\}$ 是联结词的极小完备集，电路中只需要实现其中一种联结词的逻辑门即可，因而在制造大规模集成电路的芯片中，实现与非运算和或非运算的逻辑门有广泛的应用。

6.4　命题逻辑的推理理论

逻辑的一个重要功能在于提供一种正确的思维规律或推理规则，逻辑等价可以用来推理，但在逻辑推理中我们用得更多的是逻辑蕴涵。

6.4.1 推理的形式结构

从前提出发，依据公认的推理规则，推导出结论的过程称为有效推理或形式证明，所得结论叫做有效结论。

在数理逻辑中，我们关心的不是结论的真实性，而是推理的有效性，前提的实际真值不作为确定推理有效性的依据。

定义 6.11 设 H_1，H_2，$\cdots$，H_n 和 C 为命题公式，如果 $H_1 \wedge H_2 \wedge \cdots \wedge H_n \Rightarrow C$，称 C 是 H_1，H_2，$\cdots$，H_n 的有效结论，或称 C 是前提集合 $\{H_1$，H_2，$\cdots$，$H_n\}$ 的逻辑结论。

根据逻辑蕴涵的定义，$H_1 \wedge H_2 \wedge \cdots \wedge H_n \Rightarrow C$ 意味着 $H_1 \wedge H_2 \wedge \cdots \wedge H_n \rightarrow C$ 是重言式。因此，我们可以采用判定条件重言式的方法判断推理的有效性，例如，可以利用前面所讲的真值表法、逻辑等价变形法和主范式法等。

【例 6.31】 判断下列推理的有效性。

(1) 前提：P，$P \rightarrow Q$，结论：Q。

(2) 前提：Q，$P \rightarrow Q$，结论：P。

(3) 前提：$\neg Q$，$P \rightarrow Q$，结论：$\neg P$。

解： 这里我们采用真值表法。

(1) 由表 6-12，我们知道 $P \wedge (P \rightarrow Q) \rightarrow Q$ 是重言式，因此，该推理是有效的。

(2) 我们列出 $Q \wedge (P \rightarrow Q) \rightarrow P$ 的真值表如表 6-21 所示。

表 6-21 公式 $Q \wedge (P \rightarrow Q) \rightarrow P$ 的真值表

P	Q	$P \rightarrow Q$	$Q \wedge (P \rightarrow Q)$	$Q \wedge (P \rightarrow Q) \rightarrow P$
T	T	T	T	T
T	F	F	F	T
F	T	T	T	F
F	F	T	F	T

由表 6-21，该推理不是有效的。

(3) 我们列出 $\neg Q \wedge (P \rightarrow Q) \rightarrow \neg P$ 的真值表如表 6-22 所示。

表 6-22 公式 $\neg Q \wedge (P \rightarrow Q) \rightarrow \neg P$ 的真值表

P	Q	$P \rightarrow Q$	$\neg Q$	$\neg Q \wedge (P \rightarrow Q)$	$\neg P$	$\neg Q \wedge (P \rightarrow Q) \rightarrow \neg P$
T	T	T	F	F	F	T
T	F	F	T	F	F	T
F	T	T	F	F	T	T
F	F	T	T	T	T	T

由表 6-22，该推理是有效的。

在上例中，我们也可以利用逻辑等价变形和主范式法进行判断。

【例 6.32】 判断下面推理的有效性。

如果火车晚点并且车站没有出租车，赵强到达会议现场将晚点。但是现在火车晚点，赵强到达会议现场却没有晚点。因此，车站有出租车。

解：首先将该推理所涉及的命题符号化。

设 P：火车晚点，Q：车站有出租车，R：赵强晚点到达会议现场，则该推理可表示为 $(P \wedge \neg Q) \to R$，P，$\neg R \Rightarrow Q$。因此，我们需要判定 $((P \wedge \neg Q) \to R) \wedge P \wedge \neg R \to Q$ 是否为重言式。这里我们采用逻辑等价变形法。

$((P \wedge \neg Q) \to R) \wedge P \wedge \neg R \to Q$

$\Leftrightarrow \neg(((P \wedge \neg Q) \to R) \wedge P \wedge \neg R) \vee Q$

$\Leftrightarrow \neg((P \wedge \neg Q) \to R) \vee \neg P \vee R \vee Q$

$\Leftrightarrow \neg(\neg(P \wedge \neg Q) \vee R) \vee \neg P \vee R \vee Q$

$\Leftrightarrow ((P \wedge \neg Q) \wedge \neg R) \vee \neg P \vee R \vee Q$

$\Leftrightarrow (P \wedge \neg Q \wedge \neg R) \vee \neg P \vee R \vee Q$

$\Leftrightarrow (P \vee \neg P \vee R \vee Q) \wedge (\neg Q \vee \neg P \vee R \vee Q) \wedge (\neg R \vee \neg P \vee R \vee Q)$

$\Leftrightarrow T \wedge T \wedge T$

$\Leftrightarrow T$

因此，该论证有效。

6.4.2 推理规则

在推理过程中，如果命题变元较多，采用真值表法、逻辑等价变形法和主范式法就会显得不太方便，因此，这里我们将介绍一种形式化的证明方法来规范推理过程。

形式化证明的过程是一个命题公式序列，其中每一个命题公式或者是已知命题公式，或者是由某些前提根据推理规则推出的结论，序列的最后一个命题公式是需要论证的结论。在该序列中，每个命题公式只能按下面三个规则引入：

（1）P 规则：在证明的任何步骤中，都可以引入前提。

（2）T 规则：在证明的任何步骤中，如果此前证明步骤得到的一个或多个公式逻辑蕴涵公式 S，则可以引入公式 S。

（3）CP 规则：待论证的结论如果具有 $P \to Q$ 的形式，可将 P 作为附加前提引入，论证 Q 成立，则原结论 $P \to Q$ 成立。

前面我们介绍的逻辑蕴涵定律构成了推理规则的基础。下面给出形式化证明中最常用的一些推理规则：

（1）附加规则：$A \Rightarrow A \vee B$，$B \Rightarrow A \vee B$。

（2）化简规则：$A \wedge B \Rightarrow A$，$A \wedge B \Rightarrow B$。

（3）假言推理规则：$A \to B, A \Rightarrow B$。

（4）拒取式规则：$A \to B, \neg B \Rightarrow \neg A$。

（5）析取三段论规则：$A \vee B, \neg A \Rightarrow B$。

（6）假言三段论规则：$A \to B, B \to C \Rightarrow A \to C$。

（7）合取引入规则：　$A, B \Rightarrow A \wedge B$。

同前，这里的 A、B、C 代表任意命题公式。

此外，逻辑等价定律也可以转换为推理规则，每个逻辑等价定律相当于两个方向的逻辑蕴涵，因此可以转换为两个推理规则。

下面我们通过实例来说明形式化证明的过程。

【例 6.33】 前提：$\neg P \wedge Q$，$R \to P$，$\neg R \to S$，$S \to \text{T}$。结论：T。

证明： (1) $\neg P \wedge Q$ P

          (2) $\neg P$ T (1) 化简规则

          (3) $R \to P$ P

          (4) $\neg R$ T (2) (3) 拒取式规则

          (5) $\neg R \to S$ P

          (6) S T (4) (5) 假言推理规则

          (7) $S \to \text{T}$ P

          (8) T   T (6) (7) 假言推理规则

因此，T 是 $\neg P \wedge Q$，$R \to P$，$\neg R \to S$，$S \to \text{T}$ 的有效结论。

【例 6.34】 前提：$\neg P \vee Q$，$\neg Q \vee R$，$\neg R \vee S$。结论：$P \to S$。

证明一： (1) $\neg P \vee Q$ P

          (2) $P \to Q$ T (1)   条件联结词转化

          (3) $\neg Q \vee R$ P

          (4) $Q \to R$ T (3)   条件联结词转化

          (5) $\neg R \vee S$ P

          (6) $R \to S$ T (5)   条件联结词转化

          (7) $P \to R$ T (2) (4) 假言三段论规则

          (8) $P \to S$ T (6) (7) 假言三段论规则

证明二： (1) P P（附加前提）

          (2) $\neg P \vee Q$ P

          (3) Q T (1) (2) 析取三段论规则

          (4) $\neg Q \vee R$ P

          (5) R T (3) (4) 析取三段论规则

          (6) $\neg R \vee S$ P

          (7) S T (5) (6) 析取三段论规则

          (8) $P \to S$ CP

因此，$P \to S$ 是 $\neg P \vee Q$，$\neg Q \vee R$，$\neg R \vee S$ 的有效结论。

日常生活中，我们所进行的推理，其有效性也可以通过形式化证明的方法来解决。

【例 6.35】 判断【例 6.32】推理的有效性。

证明：【例 6.32】中推理的前提：$(P \wedge \neg Q) \to R$，P，$\neg R$。结论：Q。

          (1) $(P \wedge \neg Q) \to R$ P

          (2) $\neg R$ P

          (3) $\neg(P \wedge \neg Q)$ T (1) (2) 拒取式规则

          (4) $\neg P \vee Q$ T (3)   德·摩根律

          (5) P P

          (6) Q T (4) (5) 析取三段论规则

因此，该论证有效。

【例 6.36】 判断下面推理的有效性。

如果 6 是偶数，则 7 被 2 除除不尽。或者 5 不是素数，或者 7 被 2 除可除尽。5 是素数。因此，6 不是偶数。

证明：首先将该推理所涉及的命题符号化。

设 P：6 是偶数，Q：7 被 2 除尽，R：5 是素数。则该推理中的前提：$P \to \neg Q$，$\neg R \vee Q$，R。结论：$\neg P$。

（1）$\neg R \vee Q$ P
（2）R P
（3）Q T（1）（2）析取三段论规则
（4）$P \to \neg Q$ P
（5）$\neg P$ T（3）（4）拒取式规则

上例中，我们证明了该推理的有效性。但是，显然推理的结论是个假命题。这再次强调，逻辑推理关心的是推理的过程是否合乎规则，推理并不要求前提均为真，当前提中有假命题（本例中 Q 是个假命题）时，正确的推理也可推出为假的结论，因此逻辑推理的结论只是有效结论。

【例 6.37】 判断下面推理的有效性。

如果今天是星期二，那么我有一节操作系统课或计算机组成课。如果我有操作系统课，则要进行小测验。如果我有计算机组成课，则去实验室。今天是星期二。因此，如果我没有小测验，则一定要去实验室。

证明：首先将该推理所涉及的命题符号化。

设 P：今天是星期二，Q：我有一节操作系统课，R：我有一节计算机组成课，S：我要进行小测验，T：我要去实验室。则该推理中的前提：$P \to Q \vee R$，$Q \to S$，$R \to T$，P。结论：$\neg S \to T$。

（1）P P
（2）$P \to Q \vee R$ P
（3）$Q \vee R$ T（1）（2）假言推理规则
（4）$Q \to S$ P
（5）$\neg S$ P（附加前提）
（6）$\neg Q$ T（4）（5）拒取式规则
（7）R T（3）（6）析取三段论规则
（8）$R \to T$ P
（9）T T（8）（9）假言推理规则
（10）$\neg S \to T$ CP

因此，该论证有效。

本 章 小 结

本章主要介绍了命题和命题公式的定义，在此基础上，介绍了命题公式的真值赋值、分类和命题公式间的关系以及命题公式的范式，最后介绍命题逻辑的推理理论。

命题是命题逻辑研究的最基本内容，命题联结词将最基本的原子命题按照严格的规则组成越来越复杂的命题公式。我们可以将自然语言中的一些语句，翻译成相应的命题公式来表示。

根据命题公式中变元真值指派的不同，命题公式的取值也不同。不管命题公式多么复杂，总可以列出该公式的真值表，并由此判断它是重言式、矛盾式还是可满足式。逻辑等价和逻辑蕴涵描述的是命题公式间的关系，可用真值表法或逻辑等价定律与逻辑蕴涵定律来证明。

范式是命题公式的规范表示。利用逻辑等价规律可以将命题公式转化为相应的合取范式和析取范式，进一步还可以转化为相应的主合取范式和主析取范式；也可以利用真值表法求相应的主合取范式和主析取范式。可以定义许多不同的命题联结词，极小完备集的存在说明，命题公式仅需要有限的几个联结词。

命题逻辑的推理，是从前提出发，按照推理规则，推导出结论的过程。可以利用真值表法、逻辑等价变形法和主范式法等判断推理的有效性，但更多的是用形式化证明的方法。

习 题 六

1．判断下列句子是否命题，如果是的话，指出其真值。

(1) 请下次上课时提交作业。

(2) 禁止随地吐痰！

(3) 今天你上网了吗？

(4) $a^2+b^2=c^2$。

(5) 埃及是四大文明古国之一。

(6) 2 是唯一的偶素数。

(7) 2014 年足球世界杯和 2016 年奥运会都在巴西举行。

(8) 如果亚洲 2022 年足球世界杯申办不成功，2026 年一定成功。

(9) 两直线平行当且仅当它们与另一条直线形成的同位角相等。

(10) 这个理发师给一切不自己理发的人理发。

2．将下列命题符号化。

(1) 2010 年上海世博会刷新了参观总人数和单日参观人数的记录。

(2) 不是每个人都对离散数学感兴趣。

(3) 如果你觉得逻辑枯燥无味或毫无价值，那是因为你没有体会到它的乐趣。

(4) 学校明天不会停课，除非刮台风或者天气预报温度在 40℃ 以上。

(5) 只要功夫深，铁杵磨成针。

(6) 只要天下大雨，车辆就开不快，上班迟到的人就很多。

3．寻找合适的自然语言语句解释下列公式，使之为真。

(1) $(P \wedge \neg Q) \rightarrow R$；

(2) $(\neg P \rightarrow \neg Q) \rightarrow R$；

(3) $P \wedge (P \rightarrow Q) \rightarrow Q$；

(4) $(P \rightarrow Q) \wedge (Q \rightarrow P)$。

4．求下列命题公式的真值表。

(1) $Q \wedge (P \rightarrow Q) \rightarrow P$；

(2) $P \rightarrow (P \wedge \neg Q) \vee Q$；

(3) $(\neg P \wedge Q) \vee (Q \wedge \neg R) \rightarrow R$；

(4) $(\neg P \vee Q) \wedge \neg (Q \wedge \neg R) \leftrightarrow (P \rightarrow R)$。

5．利用真值表法证明下列公式是重言式。

(1) $(\neg P \vee Q) \wedge \neg(Q \wedge \neg R) \to (P \to R)$；

(2) $(P \to R) \wedge (Q \to R) \wedge (P \vee Q) \to R$；

(3) $(P \to Q \vee R) \wedge \neg R \to (P \to Q)$；

(4) $(P \to (Q \to P)) \leftrightarrow (\neg P \to (P \to Q))$。

6．利用逻辑等价定律证明第 5 题中的公式为重言式。

7．利用逻辑等价定律证明下列公式的逻辑等价。

(1) $\neg(P \leftrightarrow Q) \Leftrightarrow P \leftrightarrow \neg Q$；

(2) $(P \to R) \wedge (Q \to R) \Leftrightarrow (P \vee Q) \to R$；

(3) $P \to (Q \to R) \Leftrightarrow Q \to (P \to R)$；

(4) $\neg P \to (Q \to R) \Leftrightarrow Q \to (P \vee R)$。

8．利用真值表法证明下列公式间的逻辑蕴涵。

(1) $P \to Q \Rightarrow P \to (P \wedge Q)$；

(2) $(P \to (Q \wedge \neg Q)) \to (R \to (R \to (Q \wedge \neg Q))) \Rightarrow R \to P$。

9．利用逻辑等价定律求下列命题公式的合取范式和析取范式、主合取范式和主析取范式。

(1) $\neg P \wedge (P \to Q) \to \neg Q$；

(2) $(\neg P \to (P \vee Q \vee R)) \to \neg R$；

(3) $P \to ((Q \to R) \to \neg Q)$；

(4) $(P \to (Q \wedge R)) \leftrightarrow (\neg R \to (P \wedge Q))$。

10．利用真值表法求第 9 题中的命题公式的主析取范式和主合取范式。

11．将第 9 题中的命题公式转化为只含联结词 $\neg$ 和 $\to$ 的等价公式。

12．将第 9 题中的命题公式转化为只含联结词 $\neg$ 和 $\vee$ 的等价公式。

13．证明：$\{\uparrow\}$ 是联结词极小完备集。

14．$\{\neg, \leftrightarrow\}$ 是联结词的完备集吗？如果是，给出证明；如果不是，给出反例。

15．给出下列推理的形式化证明。

(1) 前提：$\neg(P \wedge \neg Q)$，$\neg Q \vee R$，$\neg R$。结论：$\neg P$。

(2) 前提：$P \to \neg Q$，$P \vee R$，$\neg R$，$\neg S \leftrightarrow Q$。结论：P。

(3) 前提：$P \vee Q$，$Q \to R$，$P \to S$，$\neg S$。结论：$R \wedge (P \vee Q)$。

(4) 前提：$(P \vee Q) \to (R \wedge S)$，$(S \vee T) \to U$。结论：$P \to U$。

(5) 前提：$\neg(P \to Q) \to \neg(R \vee S)$，$(Q \to P) \veebar R$，$R$。结论：$P \leftrightarrow Q$。

(6) 前提：$P \to (Q \wedge R)$，$\neg Q \vee S$，$(T \to \neg U) \to \neg S$，$Q \to (P \wedge \neg T)$。结论：$Q \to T$。

16．将下列自然语言推理形式化，并判断推理的有效性。

(1) 今天我或者去打球，或者去图书馆。如果我去打球，我一定会约上我最好的朋友。如果今天下雨，我只能去图书馆。我没有约我最好的朋友。因此，今天下雨。

(2) 如果李霞不参加课外活动小组，张红也不参加。如果李霞参加，王艳和赵丹也会参加。现在张红参加了课外活动小组。因此，王艳也会参加。

(3) 如果我不锻炼身体，就不能保证身体健康。只有我身体健康，才能好好工作。如果我不能工作，就必须出外疗养或卧床在家。但是我没有出外疗养的机会，并且不愿意在家里卧床。所以，我必须锻炼身体。

(4) 如果天下雪，马路就会结冰。如果马路结冰，汽车就不会开快。如果汽车开得不快，马路上就会塞车。现在马路上没有塞车，因此，天没有下雪。

第7章 谓词逻辑

📡 本章导读

本章主要介绍量词、谓词和谓词公式等概念，谓词公式的语义，以及谓词逻辑的推理理论。

本章内容要点：

- 谓词与谓词公式；
- 谓词公式的解释与分类；
- 前束范式；
- 谓词逻辑的推理理论。

📟 内容结构

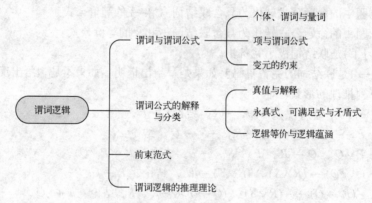

🌐 学习目标

本章内容的重点是谓词逻辑的推理理论，为此需首先介绍谓词公式及相关概念。通过学习，学生应该能够：

- 理解个体、谓词、量词的概念及项与谓词公式的定义，能判断量词的辖域、自由变元和约束变元；
- 能够根据公式的解释及变元的赋值判断公式的真值，理解谓词逻辑的重言式、矛盾式和可满足式的概念，注意谓词逻辑中逻辑等价和逻辑蕴涵与命题逻辑的异同；
- 了解谓词逻辑前束范式的概念；
- 理解谓词逻辑推理的形式结构，能够熟练地运用谓词逻辑推理规则进行谓词逻辑的推理。

7.1　谓词与谓词公式

在命题逻辑中，我们把原子命题看作命题推理的基本单位，这种研究单位有其局限性：命题逻辑无法研究命题的内部结构及命题之间的内在联系，甚至无法有效地研究一些简单的推理。

例如，著名的"苏格拉底三段论"：所有的人都是要死的；苏格拉底是人；所以苏格拉底是要死的。显然，这个推理是正确的，但用命题逻辑无法说明这一点。设 P：所有的人都是要死的，Q：苏格拉底是人，R：苏格拉底是要死的。则"苏格拉底三段论"可以表示为 $P \wedge Q \to R$。显然，$P \wedge Q \to R$ 不是重言式。

因此，为了能够进一步深入地研究命题的内部结构，就需要引入个体、谓词和量词的概念，以表达个体与总体的内在联系和数量关系，这就是谓词逻辑所研究的内容，谓词逻辑也称为一阶逻辑。

7.1.1　个体、谓词与量词

命题是表示判断的陈述句，从语法上分析，一个陈述句由主语和谓语两部分组成。例如，"李红是大学生"、"王晨是大学生"和"赵强是大学生"这几个句子具有相同的谓语，所不同的只是主语。在谓词逻辑中，为揭示命题内部结构及其不同命题的内部结构关系，就按照这两部分对命题进行分析，把主语称为个体，把谓语称为谓词，个体和谓词一起构成了命题中的主谓结构。

1. 个体

个体，是我们讨论的对象，指可以独立存在的事物，它可以是具体的，也可以是抽象的，如李红、王晨、赵强、计算机、自然数、中国等。个体又可以分为个体常元和个体变元，个体常元表示特定的个体，通常以小写字母 a，b，c，…或带下标的小写字母 a_i，b_i，c_i，…表示，个体变元表示不确定的个体，通常以小写字母 x，y，z，…或带下标的小写字母 x_i，y_i，z_i，…表示。个体变元变化的范围称为个体域，一般用 D 表示，个体域可以是有限的，也可以是无限的。

2. 谓词

谓词，用于刻画个体的性质或个体间的关系。如，"是大学生"描述了个体李红、王晨和赵强的性质。描述一个个体的性质的谓词，称为一元谓词；表示两个个体之间的关系的谓词，称为二元谓词；表示三个个体之间的关系的谓词，称为三元谓词。以此类推，表示 n 个体之间关系的谓词称为 n 元谓词。

通常，可以用大写字母 P，Q，R，…或带下标的大写字母 P_i，Q_i，R_i，…来表示谓词符号，用 P（_）表示一元谓词，用 P（_，_）表示二元谓词，用 P（_，_，_）表示三元谓词，以此类推，用 P（_，_，…，_）表示 n 元谓词。谓词本身不能构成一个命题，在表示命题时，谓词中的"_"需填入合适的个体，称为谓词填式。

为了书写方便，常将谓词中的"_"填入若干个体变元，即，用 P（x）、P（x，y）、P（x，y，z）、…和 P（x_1，x_2，…，x_n）表示一元谓词、二元谓词、三元谓词、…、n 元谓词。例如，用 $S(x)$ 表示"x 是大学生"，可记为 $S(x)$：x 是大学生。

【例 7.1】　分析下列命题。

（1）苏格拉底是人。

（2）5 是素数。

（3）李红和张雯是好朋友。

(4) 4>3。

(5) 无锡位于上海与南京之间。

(6) 3+4=7。

解： (1) 苏格拉底是个体，"……是人"是谓词，该谓词描述了一个个体的性质，是一元谓词。如果设 $H(x)$：x 是人，s 表示个体常元苏格拉底，则该命题可以用 $H(s)$ 表示。

(2) 5 是个体，"……是素数"是谓词，这也是一个一元谓词。如果设 $P(x)$：x 是素数，则该命题可以用 $P(5)$ 表示。

(3) 李红和张雯是个体，"……和……是好朋友"是谓词，该谓词描述了两个个体之间的关系，是二元谓词。如果设 $F(x, y)$：x 和 y 是好朋友，a 表示个体常元李红，b 表示个体常元张雯，则该命题可以用 $F(a, b)$ 表示。

(4) 4、3 是个体，"…>…"是谓词，这也是一个二元谓词。如果设 $G(x, y)$：$x>y$，则该命题可以用 $G(4, 3)$ 表示。

(5) 无锡、上海、南京是个体，"……位于……与……之间"是谓词，该谓词描述了三个个体之间的关系，是三元谓词。如果设 $L(x, y, z)$：x 位于 y 与 z 之间，w 表示个体常元无锡，s 表示个体常元上海，n 表示个体常元南京，则该命题可以用 $L(w, s, n)$ 表示。

(6) 3、4、7 是个体，"……+……=……"是谓词，这也是一个三元谓词。如果设 $A(x, y, z)$：$x+y=z$，则该命题可以用 $A(3, 4, 7)$ 表示。

需要注意的是，对于二元及以上的谓词，谓词中的"_"填入个体的位置至关重要，位置不同，表示的命题也就不同，相应的，命题的真值也会发生变化。例如，在上例 (5) 中 $L(w, s, n)$ 表示"无锡位于上海与南京之间"，这是一个真命题，而 $L(s, w, n)$ 表示"上海位于无锡和南京之间"，显然，这是一个假命题。

事实上，上例 (5) 中如果谓词 $L(x, y, z)$ 中限定 z 为南京，则可设 $L'(x, y)$：x 位于 y 与南京之间，$L'(x, y)$ 是一个二元谓词；如果再限定 y 为上海，则可设 $L''(x)$：x 位于上海和南京之间，$L''(x)$ 是一个一元谓词；如果再限定 x 为无锡，则可设 L'''：无锡位于上海和南京之间，这是一个命题。因此，命题是零元谓词，是谓词的一种特殊情况。

3. 量词

在谓词逻辑中，仅有个体和谓词的概念还是不够的。例如，"所有的人都是要死的"中的"所有"，"有些国家已经摆脱经济危机"中的"有些"，都是与个体的数量有关，并且显然它们表示的是不同的数量限制，为此，我们需要再引入两个量词：全称量词和存在量词。

全称量词：在自然语言中"所有的"、"一切"、"任意的"、"每一个"、"凡是"等表示数量的词，统称为全称量词。它用于描述个体域中的全部个体，用符号 $\forall$ 表示，例如，$\forall x F(x)$ 表示个体域里的所有个体均有性质 F。

存在量词：在自然语言中"存在一些"、"有些"、"对于某个"、"至少有一个"等表示数量的词，统称为存在量词。它用于描述个体域中某些个体，用符号 $\exists$ 表示，例如，$\exists x F(x)$ 表示个体域中存在个体具有性质 F。

我们注意到，无论是全称量词，还是存在量词，都特别提到了个体域的概念，这是很重要的。在符号化时，必须首先明确个体域。

【例 7.2】 试用谓词和量词表示下列命题。

(1) 所有的人都是要死的。

（2）每个自然数都是整数。

（3）有些国家已经摆脱经济危机。

（4）某些实数是有理数。

解： （1）以所有人组成的集合为个体域 D，设 $M(x)$: x 是要死的，则该命题可以用 $\forall x M(x)$ 表示。

（2）以所有自然数组成的集合为个体域 D，设 $I(x)$: x 是整数，则该命题可以用 $\forall x I(x)$ 表示。

（3）以所有国家组成的集合为个体域 D，设 $E(x)$: x 已经摆脱经济危机，则该命题可以用 $\exists x E(x)$ 表示。

（4）以所有实数组成的集合为个体域 D，设 $Q(x)$: x 是有理数，则该命题可以用 $\exists x Q(x)$ 表示。

在上例中，每次符号化都要指出个体域，会显得很麻烦。为方便起见，把所有个体聚集在一起构成一个统一的个体域，称为全总个体域。以后在谓词符号化时，若无特殊声明，都将采用全总个体域。

如果采用全总个体域，上例（1）中用 $\forall x M(x)$ 符号化，则表示任意个体不管是否是人，都是要死的，这显然与原命题的含义不一致。因此，在采用全总个体域的情况下，必须加入一个限定个体具有性质的谓词来说明个体的具体范围，以便解决这类问题，称为特性谓词。

在全总个体域的情况下，上例中各命题可等价的叙述如下：

（1）对任意一个个体，如果他是人，则他是要死的。因此，如果设特性谓词 $H(x)$: x 是人，则该命题可以用 $\forall x(H(x) \rightarrow M(x))$ 表示。

（2）对任意一个个体，如果它是自然数，则它是整数。因此，如果设特性谓词 $N(x)$: x 是自然数，则该命题可以用 $\forall x(N(x) \rightarrow I(x))$ 表示。

（3）存在着某些个体，它是国家并且已经摆脱经济危机。因此，如果设特性谓词 $C(x)$: x 是国家，则该命题可以用 $\exists x(C(x) \wedge E(x))$ 表示。

（4）存在着某些个体，它是实数并且还是有理数。因此，如果设特性谓词 $R(x)$: x 是实数，则该命题可以用 $\exists x(R(x) \wedge Q(x))$ 表示。

需要注意的是，特性谓词在加入时选用的联结词不是随意的，如在（1）中如果符号化为 $\forall x(H(x) \wedge M(x))$，则表示的是"对任意一个个体，既是人又是要死的"，由于存在着大量的个体不是人，因此该命题是一个假命题，而原命题显然是一个真命题。在（4）中如果符号化为 $\exists x(R(x) \rightarrow Q(x))$，则表示的是"存在某些个体，如果它是实数的话，那么它就是有理数"，由于实数还包括无理数，因此该命题也是一个假命题，而原命题显然也是一个真命题。一般的，对全称量词，刻画其对应个体域的特性谓词作为条件式的前件加入；对存在量词，刻画其对应个体域的特性谓词作为合取式的合取项加入。

7.1.2　项与谓词公式

在谓词逻辑中我们还可以利用函数的概念，实现由个体到个体的转换，从而表示个体常元和个体变元。函数符号通常以小写字母 f，g，h，$\cdots$ 或带下标的小写字母 f_i，g_i，h_i，$\cdots$ 表示。

【例 7.3】 如果函数 $f(x)$ 表示个体 x 的父亲，设 $S(x)$: x 是大学生，则 $S(f(x))$ 表示 x 的父亲是大学生。

【例 7.4】 如果函数 $f(x)=x+y$，设 $N(x)$: x 是自然数，则 $f(3, 4)=7$，而 $N(f(3, 4))$ 表示 7 是自然数。

由此我们可以看到，函数的结果可以填入谓词中，这种由个体常元或个体变元、函数符号构成的合法符号串称为谓词逻辑的项。

定义 7.1 谓词逻辑中的项按以下规则生成：

(1) 个体常元和个体变元是项；

(2) 若 t_1, t_2, $\cdots$, t_n 是项，f 是 n 元函数符号，则 $f(t_1, t_2, \cdots, t_n)$ 是项；

(3) 项由且仅由从（1）开始、有限步应用（2）得到。

【例 7.5】 a, b, x, y 是项，如果函数 $f(x, y)=x+y$，$g(x, y)=x-y$，$h(x, y)= x \times y$，则 $f(x, y)$，$g(x, y)$，$h(a, b)$，$f(h(a, b), g(x, y))$ 也是项。我们可以用图 7-1 所示的树来描述项 $f(h(a, b), g(x, y))$ 的生成过程。树的叶结点是个体变元 a、b、x、y，而根结点是项 $f(h(a, b), g(x, y))$。

有了个体、谓词、量词和项的概念后，我们可以得到谓词逻辑的原子公式和合式公式的定义如下。

定义 7.2 设 $P(\_, \_, \cdots, \_)$ 是 n 元谓词，t_1, t_2, $\cdots$, t_n 都是项，$P(t_1, t_2, \cdots, t_n)$ 称为原子谓词公式，简称原子公式。

定义 7.3 谓词逻辑的合式公式（或称谓词公式，简称公式），按以下规则生成：

(1) 原子公式是合式公式；

(2) 如果 A 是合式公式，那么 $(\neg A)$ 是合式公式；

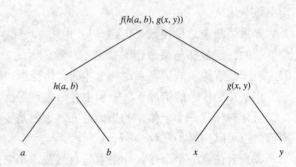

图 7-1　$f(h(a, b), g(x, y))$ 的生成过程

(3) 如果 A，B 是合式公式，那么 $(A \wedge B)$，$(A \vee B)$，$(A \rightarrow B)$，$(A \leftrightarrow B)$ 是合式公式；

(4) 若 A 是合式公式，x 是个体变元，则 $(\forall xA)$，$(\exists xA)$ 也是合式公式；

(5) 合式公式由且仅由从（1）开始、有限步应用（2）、（3）和（4）得到。

对任意复杂的谓词公式，我们都可以从原子公式开始，一步一步的由联结词、量词组合得到。

【例 7.6】 $H(s)$、$G(4, 3)$、$L(w, s, n)$、$(\forall xM(x))$、$(\exists xE(x))$、$(\forall x(H(x) \rightarrow M(x)))$、$(\exists x(C(x) \wedge E(x)))$、$(((\forall xA(x)) \vee (\exists xB(x))) \rightarrow (\exists yC(y)))$ 都是谓词公式，$(\forall \neg x)$、$\exists Q)$、$\forall x(\exists yP(x, y) \vee \exists z)$ 都不是谓词公式，我们可以用图 7-2 所示的树来描述公式 $(((\forall xA(x)) \vee (\exists xB(x))) \rightarrow (\exists yC(y)))$ 的生成过程。树的叶结点是原子公式 $A(x)$、$B(x)$、$C(y)$，而根结点是公式 $(((\forall xA(x)) \vee (\exists xB(x))) \rightarrow (\exists yC(y)))$。

为了简化表示，我们遵循命题逻辑中的规定，并且，量词的优先级高于联结词，即量词总是和最近的谓词公式相结合。

按照上述规定，谓词公式 $(((\forall xA(x)) \vee (\exists xB(x))) \rightarrow (\exists yC(y)))$ 可简写为 $\forall xA(x) \vee \exists xB(x) \rightarrow \exists yC(y)$。

有了谓词公式的定义，我们可以使用谓词逻辑来描述自然语言表达的问题。一般来说，我们首先需要将问题分解成一些原子公式，将它们用适当的谓词表示；然后一方面确定原子公式间的联结词，一方面确定原子公式中项的结构及相应的量词；最后按照谓词公式的生成规则进行组合。

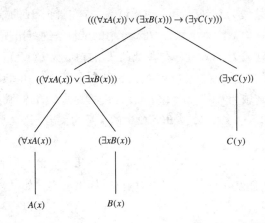

图 7-2 $(((\forall xA(x)) \vee (\exists xB(x))) \rightarrow (\exists yC(y)))$ 的生成过程

【例 7.7】 语句"不是所有的鸟都会飞"是一个命题，它可等价的叙述为"对任意一个个体，如果它是鸟，它就会飞，这是不正确的"。因此，如果设 $B(x)$：x 是鸟，$F(x)$：x 会飞，则原命题可以表示为 $\neg(\forall x(B(x) \rightarrow F(x)))$。由自然常识我们知道，这个命题的真值为真。

【例 7.8】 语句"某些孩子对有些疫苗有不良反映"是一个命题，如果设 $C(x)$：x 是孩子，$V(x)$：x 是疫苗，$W(x,y)$：x 对 y 有不良反映，则原命题可以表示为 $\exists x(C(x) \wedge \exists y(V(y) \wedge W(x,y)))$。

【例 7.9】 语句"所有的学生都崇拜某些科学家"有歧义，它可以理解为"存在某些个体，他是科学家，并且，他为所有的学生所崇拜"，也可以理解为"对于任意个体，如果他是学生，他就有他自己所崇拜的科学家"。因此，如果设 $P(x)$：x 是学生，$S(x)$：x 是科学家，$A(x,y)$：x 钦佩 y，则前者可以表示为 $\exists x(S(x) \wedge \forall y(P(y) \rightarrow A(y,x)))$，后者可以表示为 $\forall x(P(x) \rightarrow \exists y(S(y) \wedge A(x,y)))$。这两种表示都只有一种解释，因而没有歧义。这也说明，逻辑的语言是严格的。

【例 7.10】 语句"没有最大的自然数"是一个命题，它可等价的叙述为"对任意一个自然数，总存在比它更大的自然数"。如果设 $N(x)$：x 是自然数，$G(x,y)$：$x>y$，则原命题可以表示为 $\forall x(N(x) \rightarrow \exists y(N(y) \wedge G(y,x)))$。由数学知识我们知道，这个命题的真值为真。

7.1.3 变元的约束

在谓词公式中，量词所约束的范围称为量词的辖域。具体来说，紧跟在 $\forall x$ 或者 $\exists x$ 后面并用圆括号括起来的公式，或者没有圆括号括着的一个原子公式，称为相应量词的辖域。在 $\forall x$ 或者 $\exists x$ 的辖域中出现的一切 x，称为 x 的约束出现，也称 x 为 $\forall x$ 或者 $\exists x$ 所约束；不受约束的个体变元称为自由变元，相应变元的出现称为自由出现。

【例 7.11】 指出下列各谓词公式中量词的辖域及个体变元的约束情况。

（1） $\forall xP(x) \rightarrow \exists yQ(x,y)$；

（2） $\forall x(\exists y(P(x) \rightarrow Q(x,y)))$；

（3） $\forall xA(x,y) \vee \exists zB(x,z)$；

（4） $\forall y(A(x,y) \wedge B(x,y)) \leftrightarrow \exists yC(y,z)$

解：（1）全称量词 $\forall x$ 的辖域为 $P(x)$，存在量词 $\exists y$ 的辖域为 $Q(x,y)$，其中 $P(x)$ 中的 x 是约束出现，$Q(x,y)$ 中的 y 是约束出现，x 是自由出现。

（2）全称量词 $\forall x$ 的辖域为 $(\exists y(P(x) \rightarrow Q(x, y)))$，存在量词 $\exists y$ 的辖域为 $(P(x) \rightarrow Q(x, y))$，其中 $P(x)$ 和 $Q(x, y)$ 中的 x 均是约束出现，$Q(x, y)$ 中的 y 也是约束出现。

（3）全称量词 $\forall x$ 的辖域为 $A(x, y)$，存在量词 $\exists z$ 的辖域为 $B(x, z)$，其中 $A(x, y)$ 中的 x 是约束出现，$A(x, y)$ 中的 y 是自由出现，$B(x, z)$ 中的 x 是自由出现，$B(x, z)$ 中的 z 是约束出现。

（4）全称量词 $\forall y$ 的辖域为 $(A(x, y) \wedge B(x, y))$，存在量词 $\exists y$ 的辖域为 $C(y, z)$，其中 $A(x, y)$、$B(x, y)$ 中的 x 均是自由出现，$A(x, y)$、$B(x, y)$ 中的 y 是约束出现，$C(y, z)$ 中的 y 是约束出现，z 是自由出现。

从上例中我们可以看到，在一个公式中，同一个个体变元既可以自由出现，又可以约束出现，如（1）中的 x，也可能在不同量词的辖域内同时约束出现，如（4）中的 y。为了表示上的方便，不致引起混淆，我们希望一个个体变元在同一个公式中只以一种身份出现。由于一个公式中，一个个体变元的符号是无关紧要的。如公式 $\forall xP(x)$，若将 x 改为 y，得到 $\forall yP(y)$，它与原公式有相同的意义。为此，我们需要应用下面两条规则：

1. 约束变元的改名规则

（1）将量词中的个体变元及其辖域中此个体变元的所有约束出现都用新的个体变元替换，而公式的其他部分不变。

（2）改名后的新变元不得在该量词的辖域中出现过，最好是在整个公式中都不曾出现过。

2. 自由变元的代换规则

（1）公式中某个个体变元的所有自由出现同时进行代换。

（2）选用的新变元应与原公式中所有个体变元不同。

【**例 7.12**】 分析【例 7.11】中各谓词公式，对需要改名或代换的个体变元进行改名或代换。

解：（1）公式中出现了两次 x，一次是受全称量词 $\forall x$ 约束，一次是自由出现，我们可以将受 $\forall x$ 约束的 x 改名为 z，得到公式 $\forall zP(z) \rightarrow \exists yQ(x, y)$；也可以将自由出现的 x 代换为 z，得到公式 $\forall xP(x) \rightarrow \exists yQ(z, y)$。但是不能将自由出现的 x 代换为 y，这将使得它受存在量词 $\exists y$ 约束。原公式中出现一次的 y 受存在量词 $\exists y$ 约束，无须改名；即使改名，也不能改名为 x。

（2）公式中出现的两次 x 都受全称量词 $\forall x$ 约束，因而无须改名；出现一次的 y 受存在量词 $\exists y$ 约束，也无须改名。即使改名，也不能将 x 改名为 y 或者将 y 改名为 x。

（3）公式中出现了两次 x，一次是受全称量词 $\forall x$ 约束，一次是自由出现，我们可以将受 $\forall x$ 约束的 x 改名为 u，得到公式 $\forall uA(u, y) \vee \exists zB(x, z)$；也可以将自由出现的 x 代换为 u，得到公式 $\forall xA(x, y) \vee \exists zB(u, z)$。但是不能将受 $\forall x$ 约束的 x 改名为 y；也不能将自由出现的 x 代换为 z。原公式中仅自由出现一次的 y，无须代换；即使代换，也不能代换为 x。原公式中出现一次的 z 受存在量词 $\exists z$ 约束，无须改名；即使改名，也不能改名为 x。

（4）公式中出现的两次 x 均是自由出现，无须代换；即使代换，也不能代换为 y。原公式中出现的三次 y，前两次受全称量词 $\forall y$ 约束，最后一次受存在量词 $\exists y$ 约束，因此，我们可以将受 $\forall y$ 约束的 y 改名为 u，得到公式 $\forall u(A(x, u) \wedge B(x, u)) \leftrightarrow \exists yC(y, z)$；也可以将受 $\exists y$ 约束的 y 改名为 u，得到公式 $\forall y(A(x, y) \wedge B(x, y)) \leftrightarrow \exists uC(u, z)$；但是不能将受 $\forall y$ 约束的 y 改名为 x，也不能将受 $\exists y$ 约束的 y 改名为 z。原公式中出现一次的 z 是自由出现，无须代换；即使代换，也不能代换为 y。

7.2 谓词逻辑的语义

命题逻辑中，我们可以使用真值表确定一个命题公式的真值情况。谓词逻辑中的情况则要复杂得多，我们需要对谓词逻辑中的各种符号加以解释，才能确定谓词公式的真值，进而讨论谓词公式的分类和关系。

7.2.1 真值与解释

对于命题公式 $(P \wedge Q) \wedge (P \rightarrow \neg Q)$，对命题变元 P 和 Q 各指派一个真值，我们可以得到该公式的一个赋值或解释。在谓词逻辑中，我们如何得到谓词公式 $\forall x \exists y ((P(x) \wedge Q(y)) \vee (P(y) \rightarrow \neg Q(x)))$ 的真值呢？我们不能简单的将 $P(x)$、$P(y)$、$Q(x)$ 和 $Q(y)$ 指派一个真值，因为我们还需要反映量词 $\forall x$ 和 $\exists y$ 的意义以及它们同 $P(\_)$、$Q(\_)$ 的关系。因此，一个谓词公式的真值依赖于个体域 D、个体常元符号、函数符号、谓词符号的解释。

定义 7.4 一个公式 A 的一个解释 I 由以下四部分组成：

(1) 非空个体域 D；

(2) 公式 A 中的每个个体常元符号 a 指定为 D 中一个特定元素 a^{I}；

(3) 公式 A 中的每个 n 元函数符号 f 指定为 D^n 到 D 的一个特定函数 f^{I}；

(4) 公式 A 中的每个 n 元谓词符号 P 指定为 D^n 到 $\{T, F\}$ 的一个特定谓词 P^{I}。

需要注意的是，对一个公式 A 的一个解释 I，没有涉及个体变元的指定。事实上，没有自由变元的公式称为闭式，它可以表示一个命题；若一个公式中含有自由变元，则它还不能表示一个命题，还需要对自由变元进行赋值。

定义 7.5 赋值 v 是建立在解释 I 上的函数：

(1) 对自由变元 x，$v(x)$ 为 D 中的一个特定元素，即将自由变元 x 指派为 D 中的一个个体；

(2) 对个体常元 a，$v(a) = a^{\text{I}}$，即，a 在解释 I 下指定的 D 中的特定元素；

(3) 对项 $f(t_1, t_2, \cdots, t_n)$，$v(f(t_1, t_2, \cdots, t_n)) = f^{\text{I}}(v(t_1), v(t_2), \cdots, v(t_n))$，其中 $t_1, t_2, \cdots, t_n$ 是项，f 是 n 元函数符号，f^{I} 是 f 在 I 下的解释。

【例 7.13】 给定解释 I 如下：个体域 D 为自然数集 N；$a^{\text{I}}=0$；二元函数符号 f、g 指定为 $f^{\text{I}}(x, y) = x+y$，$g^{\text{I}}(x, y) = x \times y$；二元谓词符号 P、Q 指定为 $P^{\text{I}}(x, y)$：$x=y$，$Q^{\text{I}}(x, y)$：$x<y$。赋值 $v_1(x) = 0$，$v_2(x) = 1$，求下列公式在解释 I 及赋值 v_1、v_2 下的真值。

(1) $\forall x \exists y Q(x, y)$；

(2) $\forall x (P(f(x,a),x) \wedge Q(g(x,a),a))$；

(3) $\forall y (P(x, y) \vee Q(x, y) \vee Q(y, x))$；

(4) $P(f(x,a), g(x,a))$。

解： (1) 公式 $\forall x \exists y Q(x, y)$ 是闭式，无须考虑赋值。该公式在解释 I 下的含义是"对任意自然数 x，存在自然数 y 使得 $x<y$"，显然，这是一个真命题。

(2) 公式 $\forall x (P(f(x,a),x) \wedge Q(g(x,a),a))$ 是闭式，无须考虑赋值，在解释 I 下的含义是"对任意自然数 x，$x+0=x$ 并且 $x \cdot 0 < 0$"，由于 $x \cdot 0 < 0$ 为假，所以这是一个假命题。

(3) 公式 $\forall y (P(x, y) \vee Q(x, y) \vee Q(y, x))$ 在解释 I 下的含义是"对任意自然数 y，$x = y$ 或者 $x < y$ 或者 $y < x$"，由于含有自由变元 x，这不是一个命题。我们觉得这句话似乎是一个真命题，其实是把该公式误解为"对任意自然数 x，y，$x=y$ 或 $x<y$ 或 $y<x$"，这等于给该公式加了一个并不存在的全称量词 $\forall x$。在赋值 v_1 下，该公式的含义是"对任意自然数 y，$0=y$ 或 $0<y$ 或 $y<0$"，

这是真命题；在赋值 v_2 下，该公式的含义是"对任意自然数 y，1=y 或 1<y 或 y<1"，这也是真命题。

（4）公式 $P(f(x,a),g(x,a))$ 在解释 I 下的含义是"$x+0 = x\cdot0$"，同样，由于含有自由变元 x，这不是一个命题。在赋值 v_1 下，该公式的含义是"$0+0 = 0\cdot0$"，这是真命题；在赋值 v_2 下，该公式的含义是"$1+0 = 1\cdot0$"，这是假命题。

【例 7.14】 设有闭式 $\forall x\exists yP(x,y)$，构造两个解释，使得该公式在两个解释下的真值分别为真和假。

解： 在解释 I_1 中，个体域 D 取实数集 R，设 $P^{I_1}(x,y)$：$x+y=1$，则 $\forall x\exists yP(x,y)$ 在该解释下的含义是"对任意实数 x，存在实数 y，使得 $x+y=1$"，显然，这是一个真命题。在解释 I_2 中，个体域 D 仍取实数集 R，设 $P^{I_2}(x,y)$：$x\times y = 1$，则 $\forall x\exists yP(x,y)$ 在该解释下的含义是"对任意实数 x，存在实数 y，使得 $x\times y=1$"，显然，这是一个假命题。

7.2.2 永真式、矛盾式与可满足式

在命题逻辑中，我们曾经给出过命题公式的永真式、永假式和可满足式。在谓词逻辑中，也有类似的概念。

定义 7.6 设 A 为一个谓词公式：

（1）如果 A 在任何解释、任何赋值下都为真，则称 A 为永真式；

（2）如果 A 在任何解释、任何赋值下都为假，则称 A 为矛盾式或永假式；

（3）如果至少存在一个解释和一个赋值使 A 为真，则称 A 为可满足式。

由定义 7.6，我们可以得到以下关系：

（1）永真式一定是可满足式，但反之不成立；

（2）永真式的否定一定是矛盾式，矛盾式的否定一定是永真式；

（3）如果一个公式不是永真式，它不一定是矛盾式；同理，如果一个公式不是矛盾式，它也不一定是永真式，但它一定是可满足式。

由于谓词公式的复杂性和解释、赋值的多样性，谓词公式的判定问题是不可解的，即，没有一个通用可行的算法判定任何公式的类型。但是，对于一些较为简单的公式，或某些特殊公式，还是可以判定其类型的。

【例 7.15】 讨论下列公式的类型：

（1）$\forall xA(x)\vee(\neg\forall xA(x))$；

（2）$\forall x\neg B(x)\wedge\exists xB(x)$；

（3）$\forall xP(x) \rightarrow P(y)$；

（4）$\forall x\exists yR(x,y) \rightarrow \exists x\forall yR(x,y)$。

解： （1）公式 $\forall xA(x)\vee(\neg\forall xA(x))$ 在任何解释 I 下的含义是"或者对个体域 D 中的任意元素 x 均有 A（x）成立，或者不是对个体域 D 中的任意元素 x 均有 A（x）成立"。显然，析取式的两部分必有一个成立，所以公式 $\forall xA(x)\vee(\neg\forall xA(x))$ 是永真式。

（2）公式 $\forall x\neg B(x)\wedge\exists xB(x)$ 在任何解释 I 下的含义是"对个体域 D 中的任意元素 x 均有 B（x）不成立，且对 D 中的某些元素 x 有 B（x）成立。显然，合取式的两部分互相矛盾，不可能同时成立，所以公式 $\forall x\neg B(x)\wedge\exists xB(x)$ 是矛盾式。

（3）公式 $\forall xP(x) \rightarrow P(y)$ 在任何解释 I 下的含义是"如果对个体域 D 中的任意元素 x 均有

$P(x)$ 成立，则有 $P(y)$ 成立"，由于含有自由变元 y，我们还需要对其赋值。但是如果前件 $\forall xP(x)$ 为真，则无论我们将 y 赋值为个体域中任何元素，$P(y)$ 必然为真，所以公式 $\forall xP(x) \rightarrow P(y)$ 是永真式。

(4) 公式 $\forall x \exists yR(x,y) \rightarrow \exists x \forall yR(x,y)$ 是闭式，因此必为永真式、永假式和可满足式中的一种。如果要说明它不是永真式，只需给出一个使其为假的解释；同理，要说明它不是永假式，只需给出一个使其为真的解释即可。

在解释 I_1 中，个体域 D 取自然数集 N，设 $R(x,y): x<y$，则该公式的前件 $\forall x \exists yR(x,y)$ 在该解释下的含义是"对任意自然数 x，存在比 x 大的自然数 y"，这是一个真命题；后件 $\exists x \forall yR(x,y)$ 在该解释下的含义是"存在自然数 x 比任意自然数 y 都大"，这是一个假命题。因此，在解释 I_1 下，$\forall x \exists yR(x,y) \rightarrow \exists x \forall yR(x,y)$ 为假。

在解释 I_2 中，个体域 D 仍取自然数集 N，设 $R(x,y): x>y$，则 $\forall x \exists yR(x,y)$ 在该解释下的含义是"对任意自然数 x，存在比 x 小的自然数 y"，显然，当 $x=0$ 时不存在这样的 y，这是一个假命题。由于在解释 I_2 下，前件为假，不管后件真值如何，均有 $\forall x \exists yR(x,y) \rightarrow \exists x \forall yR(x,y)$ 为真。

综上，$\forall x \exists yR(x,y) \rightarrow \exists x \forall yR(x,y)$ 是一个可满足式，但不是永真式。

如同命题逻辑，我们将更多关注永真式。

注意【例 7.15】的（1），如果将 $\forall xA(x) \lor (\neg \forall xA(x))$ 看作是将命题公式 $P \lor (\neg P)$ 中的命题变元 P 用谓词公式 $A(x)$ 代换得到的，我们可以得到下面的定理。

定理 7.1　设 A 是含命题变元 $P_1, P_2, \cdots, P_n$ 的命题公式，$P_1', P_2', \cdots, P_n'$ 是 n 个谓词公式，用 P_i'（$1 \leqslant i \leqslant n$）处处代换 P_i，所得公式 A' 称为 A 的代换实例。命题公式中的重言式的代换实例在谓词逻辑中都是永真式；命题公式中的矛盾式的代换实例仍为矛盾式。

该定理的证明略。

仿照【例 7.15】的（3），我们还可得到下面的基本永真式：

(1) $P(x) \rightarrow \exists yP(y)$；

(2) $\forall xP(x) \rightarrow \exists xP(x)$。

此外，我们还有下面的定理。

定理 7.2　设 A 为永真式，x 为 A 中的自由变元，t 为由个体变元和常元组成的项，且 t 中的自由变元都不是 A 中的约束变元，将 A 中 x 的所有出现全部代换为 t，得到的公式记作 B，则 B 也是永真式。

该定理的证明略。

该定理说明，如果 A 为永真式，它在任何解释、任何赋值下都为真，因此，它的取值与其中个体变元的取值无关，所以代换后所得公式仍为永真式。

7.2.3　逻辑等价与逻辑蕴涵

谓词逻辑中逻辑等价与逻辑蕴涵的概念与命题逻辑类似。

定义 7.7　设 A、B 是两个谓词公式，如果公式 $A \leftrightarrow B$ 是永真式，则称 A 与 B 逻辑等价，记作 $A \Leftrightarrow B$。

需要注意的是，$A \leftrightarrow B$ 和 $A \Leftrightarrow B$ 含义的不同：$\leftrightarrow$ 是一个逻辑联结词，用 $\leftrightarrow$ 联结公式 A、B 构成一个新的谓词公式 $A \leftrightarrow B$；而 $\Leftrightarrow$ 不是逻辑联结词，$A \Leftrightarrow B$ 不是谓词公式，它表示的是 A 与 B 这两个公式间逻辑等价的关系。

显然，谓词公式间的逻辑等价关系是一个等价关系，它满足：

(1) 自反性：即对任意谓词公式 A，$A \Leftrightarrow A$。

(2) 对称性：即对任意谓词公式 A、B，如果 $A \Leftrightarrow B$，那么 $B \Leftrightarrow A$。

(3) 传递性：即对任意谓词公式 A、B、C，如果 $A \Leftrightarrow B$ 并且 $B \Leftrightarrow C$，那么 $A \Leftrightarrow C$。

根据定义，要证明两个谓词公式逻辑等价，当且仅当在任何解释、任何赋值下，两公式同时为真或者同时为假。而要证明两个公式不是逻辑等价的，只需找到一个解释和该解释中的一个赋值，使得两个公式在该解释和赋值下，一个为真，另一个为假。

在【例 7.15】的（4）中，我们已经看到 $\forall x \exists y R(x, y)$ 与 $\exists x \forall y R(x, y)$ 并不逻辑等价。

定义 7.8 设 A、B 是两个谓词公式，如果公式 $A \rightarrow B$ 是永真式，则称 A 逻辑蕴涵 B，记作 $A \Rightarrow B$。

需要注意的是，$A \rightarrow B$ 和 $A \Rightarrow B$ 含义的不同：$\rightarrow$ 是一个逻辑联结词，用 $\rightarrow$ 联结公式 A、B 构成一个新的谓词公式 $A \rightarrow B$；而 $\Rightarrow$ 不是逻辑联结词，$A \Rightarrow B$ 不是谓词公式，它表示的是 A 与 B 这两个公式间逻辑蕴涵的关系。

谓词公式间的逻辑蕴涵关系满足以下性质：

(1) 自反性：即对任意谓词公式 A，$A \Rightarrow A$。

(2) 传递性：即对任意谓词公式 A、B、C，如果 $A \Rightarrow B$ 并且 $B \Rightarrow C$，那么 $A \Rightarrow C$。

(3) 对任意谓词公式 A、B，如果 $A \Rightarrow B$ 并且 $B \Rightarrow A$，那么 $A \Leftrightarrow B$。

根据定义，要证明公式 A 逻辑蕴涵 B，当且仅当在任何解释、任何赋值下，如果 A 为真则 B 必为真。而要证明 A 不逻辑蕴涵 B，只需找到一个解释和该解释中的一个赋值，使得在该解释和赋值下，A 为真而 B 为假。

在【例 7.15】的（3）中，我们已经看到 $\forall x P(x) \Rightarrow P(y)$。

下面，我们分组列出谓词逻辑中的逻辑等价定律和逻辑蕴涵定律。

1. 量词与否定联结词的关系

$$\forall x \neg A(x) \Leftrightarrow \neg \exists x A(x)$$

$$\exists x \neg A(x) \Leftrightarrow \neg \forall x A(x)$$

在任意解释 I 下，$\forall x \neg A(x)$ 的含义是"对任意个体 x，x 都不满足性质 A"；$\neg \exists x A(x)$ 的含义是"不存在这样的个体 x，x 满足性质 A"。显然，二者在含义上是相同的。

$\exists x \neg A(x)$ 和 $\neg \forall x A(x)$ 可以类似分析。

这两个逻辑等价定律也表明，两个量词是不独立的，可以互相表示，所以只有一个量词就够了。

当个体域 D 为有限集 $\{ a_1, a_2, \cdots, a_n \}$ 时，由于

$$\forall x A(x) \Leftrightarrow A(a_1) \wedge A(a_2) \wedge \cdots \wedge A(a_n)$$

$$\exists x A(x) \Leftrightarrow A(a_1) \vee A(a_2) \vee \cdots \vee A(a_n)$$

因此，上述逻辑等价定律证明如下：

$\exists x \neg A(x)$

$\Leftrightarrow \neg A(a_1) \vee \neg A(a_2) \vee \cdots \vee \neg A(a_n)$

$\Leftrightarrow \neg (A(a_1) \wedge A(a_1) \wedge \cdots \wedge A(a_n))$

$\Leftrightarrow \neg \forall x A(x)$

$\forall x \neg A(x)$

$$\Leftrightarrow \neg A(a_1) \wedge \neg A(a_2) \wedge \cdots \wedge \neg A(a_n)$$
$$\Leftrightarrow \neg (A(a_1) \vee A(a_1) \vee \cdots \vee A(a_n))$$
$$\Leftrightarrow \neg \forall x A(x)$$

【例 7.16】 "班上某些同学没有学过微积分"的含义与"不是班上所有的同学都学过微积分"等价，这说明 $\exists x \neg A(x) \Leftrightarrow \neg \forall x A(x)$。

2. 量词与合取、析取联结词的关系

$$\forall x (A(x) \wedge B(x)) \Leftrightarrow \forall x A(x) \wedge \forall x B(x)$$
$$\exists x (A(x) \vee B(x)) \Leftrightarrow \exists x A(x) \vee \exists x B(x)$$

如果个体域为有限集，我们可以采用前面的方法进行证明上述逻辑等价定律。

$$\forall x A(x) \vee \forall x B(x) \Rightarrow \forall x (A(x) \vee B(x))$$
$$\exists x (A(x) \wedge B(x)) \Rightarrow \exists x A(x) \wedge \exists x B(x)$$

需要注意的是，这两个逻辑蕴涵定律的方向。以 $\exists x (A(x) \wedge B(x)) \Rightarrow \exists x A(x) \wedge \exists x B(x)$ 为例，在任意解释 I 下，$\exists x (A(x) \wedge B(x))$ 含义是"存在某个个体 x，x 同时满足性质 A 和性质 B"，这自然有"存在某个个体 x，x 满足性质 A，并且，存在某个个体 x，x 满足性质 B"。但反方向是不成立的，因为"满足性质 A 的 x"完全可能和"满足性质 B 的 x"不同。$\forall x A(x) \vee \forall x B(x) \Rightarrow \forall x (A(x) \vee B(x))$ 也可以类似分析。

【例 7.17】 "班上某些同学学过微积分，并且，班上某些同学学过线性代数"与"班上某些同学既学过微积分，又学过线性代数"并不等价，由后者能推出后者，但反之不行。这说明 $\exists x (A(x) \wedge B(x)) \Rightarrow \exists x A(x) \wedge \exists x B(x)$。

3. 量词辖域的扩大与缩小

$$\forall x (A(x) \wedge B) \Leftrightarrow \forall x A(x) \wedge B$$
$$\forall x (A(x) \vee B) \Leftrightarrow \forall x A(x) \vee B$$
$$\exists x (A(x) \wedge B) \Leftrightarrow \exists x A(x) \wedge B$$
$$\exists x (A(x) \vee B) \Leftrightarrow \exists x A(x) \vee B$$

上述逻辑等价定律的应用条件是，公式 B 中不含 x 的自由出现。

由于 B 中不含 x 的自由出现，前端的量词对 B 起不到实际的约束作用，因此辖域的扩大和缩小具有同样的含义。

4. 量词间的顺序

$$\forall x \forall y A(x, y) \Leftrightarrow \forall y \forall x A(x, y)$$
$$\exists x \exists y A(x, y) \Leftrightarrow \exists y \exists x A(x, y)$$

如果个体域为有限集，我们可以采用前面的方法进行证明上述逻辑等价定律。

$$\exists x \forall y A(x, y) \Rightarrow \forall y \exists x A(x, y)$$

同样，我们需要注意该逻辑蕴涵定律的方向。在任意解释 I 下，$\exists x \forall y A(x, y)$ 含义是"存在某个个体 x，对任意个体 y，均有 A (x, y) 成立"，即，"对任意个体 y，存在某个固定的个体 x，$A(x, y)$ 成立"。但反方向是不成立的，因为"对任意个体 y，存在某个个体 x，使得 $A(x, y)$ 成立"，这样的 x 可能随着 y 的不同而不同。

【例 7.18】 "存在小于等于任意自然数 y 的自然数 x"，因为 0 就是这样的 x，因此，我们可以说"对任意自然数 y，都有小于等于它的自然数 x"。但是，"对任意整数 y，都有小于它的整数 x"，我们却不能说，"存在小于任意整数 y 的整数 x"。这说明 $\exists x \forall y A(x, y) \Rightarrow \forall y \exists x A(x, y)$。

上述逻辑等价和蕴涵定律中的每一个其实是一个模式，对应了无穷多对具体逻辑公式的逻辑等价和逻辑蕴涵。

逻辑等价定律和逻辑蕴涵定律在逻辑推理中有着重要作用。

*7.3 前束范式

命题逻辑中公式有各种范式，谓词逻辑中也有类似情况。

定义 7.9 设 A 是一个谓词公式，若 A 具有如下形式

$$Q_1 x_1 Q_2 x_2 \cdots Q_k x_k B$$

则称 A 为前束范式。其中 Q_i（$1 \leqslant i \leqslant k$）是 $\forall$ 或 $\exists$，x_i（$1 \leqslant i \leqslant k$）是个体变元，$B$ 是不含量词的公式。

因此，前束范式的所有量词均非否定地出现在公式最前面，且它们的辖域一直延伸到公式末尾。例如，$\forall x \exists y (A(x, y) \to B(y, x))$、$\forall x \exists y \forall z ((\neg A(x, y) \land B(y, z)) \to C(x, z))$ 都是前束范式，而 $\forall x P(x) \to \exists y Q(x, y)$、$\forall x \neg B(x) \land \exists x B(x)$ 不是前束范式。

对于任一给定的谓词公式，我们可以通过下面的步骤求得与该公式逻辑等价的前束范式：

(1) 利用条件联结词转化或双条件联结词转化消去公式中含有的条件联结词或双条件联结词；

(2) 利用量词与否定联结词的关系，将否定联结词移到量词之后；

(3) 利用约束变元的改名规则，使公式中约束变元与自由变元使用不同的符号；

(4) 利用量词与合取、析取联结词的关系及量词辖域的扩大，使量词出现在公式最前面。

【例 7.19】 求谓词公式 $\forall x P(x) \to \exists x P(x)$ 和 $\forall x \exists y P(x, y) \to \exists x \forall y Q(x, y)$ 的前束范式。

解： $\forall x P(x) \to \exists x P(x)$

$\Leftrightarrow \neg \forall x P(x) \lor \exists x P(x)$

$\Leftrightarrow \exists x \neg P(x) \lor \exists x P(x)$

$\Leftrightarrow \exists x (\neg P(x) \lor P(x))$

$\forall x \exists y P(x, y) \to \exists x \forall y Q(x, y)$

$\Leftrightarrow \neg \forall x \exists y P(x, y) \lor \exists x \forall y Q(x, y)$

$\Leftrightarrow \exists x \forall y \neg P(x, y) \lor \exists x \forall y Q(x, y)$

$\Leftrightarrow \exists x \forall y \neg P(x, y) \lor \exists u \forall v Q(u, v)$

$\Leftrightarrow \exists x \forall y \exists u \forall v (\neg P(x, y) \lor Q(u, v))$

7.4 谓词逻辑的推理理论

到现在为止，我们还未讨论本章开头介绍的"苏格拉底三段论"的推理是否有效，这需要介绍谓词逻辑推理的有效性及相关的推理规则。

谓词逻辑的推理，可以看作是命题逻辑推理方法的扩展。

在谓词逻辑中，推理的形式结构仍为 $H_1 \land H_2 \land \cdots \land H_n \Rightarrow C$，其中，$H_1$，$H_2$，$\cdots$，$H_n$ 和 C 为谓词公式。即，如果 $H_1 \land H_2 \land \cdots \land H_n \to C$ 是永真式，则推理正确，称 C 是 H_1，H_2，$\cdots$，H_n 的有效结论，或称 C 是前提集合 $\{H_1, H_2, \cdots, H_n\}$ 的逻辑结论。

由定理 7.1，命题逻辑中的推理规则在谓词逻辑中的代换实例，都可作为谓词逻辑的推理规则。前面我们介绍的谓词逻辑中的一些基本永真式以及它们经代入或替换规则得到的永真式都可作为推理规则。

此外，还有四条有关量词的消去和添加的规则。为此，我们先引入下面的定义。

定义 7.10　设 A 是一个谓词公式，给定项 t、个体变元 x，如果对 t 中出现的任意个体变元 y，没有 x 自由出现在量词 $\forall y$ 或 $\exists y$ 的辖域中，则称 t 对 A 中的 x 是自由的。

【例 7.20】　如果 A 为 $\forall x B(x, y) \rightarrow \exists z C(x, z)$，则项 $f(x, w)$ 对 y 不是自由的，而项 $g(y, z)$ 对 y 是自由的。

该定义的实质是，当我们用特定的项 t 代替公式中的个体变元时，不能造成公式中变元约束状况的改变。

量词消去和添加的四条重要推理规则是：

（1）全称指定规则（简称 US）：

$$\forall x A(x) \Rightarrow A(t)$$

其中，t 为由个体变元或常元组成的项，并且 t 对 A 中的 x 是自由的。

该规则的意义是：如果 $\forall x A(x)$ 为真，那么对由个体域中变元或者常元组成的任意项 t，均有 $A(t)$ 为真。

【例 7.21】　对于谓词公式 $\forall x \exists y Q(x, y)$，解释 I 的个体域 D 为实数集 R，$Q^{\mathrm{I}}(x, y) : x < y$，则该公式在解释 I 下的含义是"对任何实数 x，存在实数 y 使得 $x < y$"，这是一个真命题。但是，如果由 $\forall x \exists y Q(x, y)$ 错误地使用 US 规则得到 $\exists y Q(y, y)$，它在解释 I 下的含义是"存在实数 y，$y < y$"，这显然是一个假命题。出错的原因在于 y 对 A 中的 x 不自由。

（2）存在指定规则（简称 ES）：

$$\exists x A(x) \Rightarrow A(c)$$

其中，c 是使 $A(x)$ 为真的特定个体常元，并且，c 不曾在此之前中出现过。

该规则的意义是：如果 $\exists x A(x)$ 为真，那么可以指定一个新的个体常元 c 来表示这个使得 $A(x)$ 为真的个体。需要注意的是，我们不能任意指定个体常元，因为此前出现过的个体常元不一定使 $A(x)$ 为真。

【例 7.22】　对于谓词公式 $\exists x F(x) \wedge \exists x G(x)$，解释 I 的个体域 D 为自然数集 N，$F^{\mathrm{I}}(x) : x$ 为奇数；$G^{\mathrm{I}}(x) : x$ 为偶数，则该公式在解释 I 下的含义是"存在某个自然数是奇数，并且，存在某个自然数是偶数"，这是一个真命题。但是，如果由 $\exists x F(x) \wedge \exists x G(x)$ 使用 ES 规则得到 $F(c) \wedge \exists x G(x)$，然后再次使用 ES 规则得到 $F(c) \wedge G(c)$，它在解释 I 下的含义是"自然数 c 既是奇数又是偶数"，这显然是一个假命题。出错的原因在于第二次使用 ES 规则时不应该选取已经出现过的 c。

（3）全称推广规则（简称 UG）：

$$A(t) \Rightarrow \forall x A(x)$$

其中，t 为由个体变元或常元组成的项，并且 t 对 A 中的 x 是自由的。

该规则的意义是：如果 $A(t)$ 在某解释下为真，那么在该解释下将 t 赋值为任意个体 x，都有 $A(x)$ 为真。

【例 7.23】　对于谓词公式 $\exists x Q(x, t)$，解释 I 的个体域 D 为实数集 R，$Q^{\mathrm{I}}(x, y) : x < y$，则该公式在解释 I 下的含义"存在实数 x 使得 $x < t$"，显然，无论将 t 怎样赋值，都可以找到比 t

小的实数 x，因此，该公式为真。但是，如果由 $\exists xQ(x,t)$ 错误地使用 UG 规则得到 $\forall x\exists xQ(x,x)$，它在解释 I 下的含义是"对任意个体 x，存在这个 x 使得 $x<x$"，这显然是一个假命题，出错原因在于 t 对 A 中的 x 不自由。

(4) 存在推广规则（简称 EG）：

$$A(c) \Rightarrow \exists xA(x)$$

其中，c 是特定的个体常元，并且，x 不能在 $A(c)$ 中出现过。

该规则的意义是：如果 $A(c)$ 为真，那么当然存在个体域中的 x 使得 $A(x)$ 为真，即，$\exists xA(x)$ 为真。

【例 7.24】 对于谓词公式 $\exists xQ(c,x)$，解释 I 的个体域 D 为实数集 R，$Q^I(x,y)$：$x<y$，$c^I=0$，则该公式在解释 I 下的含义是"存在实数 x 使得 $0<x$"，这是一个真命题。但是，如果由 $\exists xQ(c,x)$ 错误地使用 EG 规则得到 $\exists x\exists xQ(x,x)$，它在解释 I 下的含义是"存在实数 x，使得 $x<x$"，这显然是一个假命题，出错原因在于 x 已经在 $\exists xQ(c,x)$ 中出现过。

下面我们通过实例来说明利用推理规则进行形式化证明的过程。

【例 7.25】 证明"苏格拉底三段论"推理的有效性。

证明：首先将该推理所涉及的命题符号化。

设 $H(x)$：x 是人，$M(x)$：x 是要死的，s：苏格拉底。则该推理中的前提：$\forall x(H(x) \rightarrow M(x))$，$H(s)$，结论：$M(s)$。

(1) $\forall x(H(x) \rightarrow M(x))$ P

(2) $H(s)$ P

(3) $H(s) \rightarrow M(s)$ US (1)

(4) $M(s)$ T (2)（3）假言推理规则

因此，该论证有效。

【例 7.26】 前提：$\forall x(A(x) \rightarrow B(x))$，$\exists xA(x)$，结论：$\exists xB(x)$。

证明一：   (1) $\forall x(A(x) \rightarrow B(x))$ P

          (2) $A(c) \rightarrow B(c)$ US (1)

          (3) $\exists xA(x)$ P

          (4) $A(c)$ ES (3)

          (5) $B(c)$ T (2)（4）假言推理规则

          (6) $\exists xB(x)$ EG (5)

需要注意，上述推理中由 (3) 到 (4) 使用 ES 规则是错误的，(2) 指定的个体 c 满足 $A(x) \rightarrow B(x)$，但不一定就是满足 $A(x)$ 的个体 c。出现该错误的原因就在于推理过程中先使用了 US，后使用 ES。正确的推理过程如下：

证明二：   (1) $\exists xA(x)$ P

          (2) $A(c)$ ES (1)

          (3) $\forall x(A(x) \rightarrow B(x))$ P

          (4) $A(c) \rightarrow B(c)$ US (3)

          (5) $B(c)$ T (2)（4）假言推理规则

          (6) $\exists xB(x)$ EG (5)

因此，$\exists xB(x)$ 是 $\forall x(A(x) \rightarrow B(x))$，$\exists xA(x)$ 的有效结论。

【例 7.27】 前提：$\forall xF(x) \rightarrow \forall y((F(y) \vee G(y)) \rightarrow R(y)))$，$\exists xF(x)$，结论：$\exists x(F(x) \wedge R(x))$。

证明： (1) $\exists xF(x)$ P

        (2) $F(c)$ ES（1）

        (3) $\forall xF(x) \rightarrow \forall y((F(y) \vee G(y)) \rightarrow R(y)))$ P

        (4) $F(c) \rightarrow \forall y((F(y) \vee G(y)) \rightarrow R(y)))$ US（3）

        (5) $\forall y((F(y) \vee G(y)) \rightarrow R(y)))$ T（2）（4） 假言推理规则

        (6) $(F(c) \vee G(c)) \rightarrow R(c)$ US（5）

        (7) $F(c) \vee G(c)$ T（2） 附加规则

        (8) $R(c)$ T（6）（7） 假言推理规则

        (9) $F(c) \wedge R(c)$ T（2）（8） 合取引入规则

        (10) $\exists x(F(x) \wedge R(x))$ EG（9）

因此，$\exists x(F(x) \wedge R(x))$ 是 $\forall xF(x) \rightarrow \forall y((F(y) \vee G(y)) \rightarrow R(y)))$，$\exists xF(x)$ 的有效结论。

【例 7.28】 所有人在计算机上或者安装了 Windows 操作系统，或者安装了 Linux 操作系统，在计算机上安装 Windows 操作系统的人都喜欢微软，并非所有人都喜欢微软，因此，有些人的计算机上安装的是 Linux 操作系统。

证明：首先将该推理所涉及的命题符号化。

设个体域 D 为所有的人，$W(x)$: x 在计算机上安装 Windows 操作系统，$L(x)$：x 在计算机上安装 Linux 操作系统，$M(x)$:x 喜欢微软。则该推理中的前提：$\forall x(W(x) \vee L(x))$，$\forall x(W(x) \rightarrow M(x))$，$\neg\forall xM(x)$，结论：$\exists xL(x)$。

     (1) $\neg\forall xM(x)$ P

     (2) $\exists x\neg M(x)$ T（1） 逻辑等价

     (3) $\neg M(c)$ ES（2）

     (4) $\forall x(W(x) \rightarrow M(x))$ P

     (5) $W(c) \rightarrow M(c)$ US（4）

     (6) $\neg W(c)$ T（3）（5） 拒取式规则

     (7) $\forall x(W(x) \vee L(x))$ P

     (8) $W(c) \vee L(c)$ US（7）

     (9) $L(c)$ T（6）（8） 析取三段论规则

     (10) $\exists xL(x)$ EG（9）

因此，该论证有效。

【例 7.29】 有些人崇拜所有伟大的科学家，任何人都不会崇拜白痴，因此，伟大的科学家都不是白痴。

证明：首先将该推理所涉及的命题符号化。

设 $H(x)$: x 是人，$S(x)$: x 是伟大的科学家，$I(x)$：x 是白痴，$A(x,y)$：x 崇拜 y。则该推理中的前提：$\exists x(H(x) \wedge \forall y(S(y) \rightarrow A(x,y)))$，$\forall x\forall y(H(x) \wedge I(y) \rightarrow \neg A(x,y))$，结论：$\forall x(S(x) \rightarrow \neg I(x))$。

     (1) $\exists x(H(x) \wedge \forall y(S(y) \rightarrow A(x,y)))$ P

     (2) $H(c) \wedge \forall y(S(y) \rightarrow A(c,y))$ ES（1）

     (3) $H(c)$ T（2） 化简规则

(4) $\forall y(S(y) \to A(c, y))$	T (2)	化简规则
(5) $S(z) \to A(c, z)$	US (4)	
(6) $\forall x \forall y(H(x) \land I(y) \to \neg A(x, y))$	P	
(7) $\forall y(H(c) \land I(y) \to \neg A(c, y))$	US (6)	
(8) $H(c) \land I(z) \to \neg A(c, z)$	US (7)	
(9) $\neg(H(c) \land I(z)) \lor \neg A(c, z)$	T (8)	条件联结词转化
(10) $\neg H(c) \lor \neg I(z) \lor \neg A(c, z)$	T (9)	德·摩根律
(11) $H(c) \to (\neg I(z) \lor \neg A(c, z))$	T (10)	条件联结词转化
(12) $\neg I(z) \lor \neg A(c, z)$	T (3) (11)	假言推理规则
(13) $A(c, z) \to \neg I(z)$	T (13)	条件联结词转化
(14) $S(z) \to \neg I(z)$	T (5) (13)	假言三段论规则
(15) $\forall x(S(x) \to \neg I(x))$	UG (14)	

因此，该论证有效。

本 章 小 结

本章主要介绍了个体、谓词和量词的概念及项与谓词公式的定义，在此基础上，介绍了谓词公式的解释及赋值的概念，并介绍了谓词公式间的关系以及谓词公式的范式，最后介绍谓词逻辑的推理理论。

为刻画命题的内部结构，谓词逻辑引入了个体、变元、量词、项等概念，谓词公式则是由原子谓词公式按照严格的规则组成。在谓词公式中，量词所约束的范围称为量词的辖域；相应地，变元有约束出现和自由出现。变元可以改名和代换，但不应改变变元的约束性质。

根据谓词公式的解释和赋值，谓词公式可以有不同的真值。判断谓词公式是重言式、矛盾式还是可满足式，远比命题公式的判断要复杂。谓词公式间也有逻辑等价和逻辑蕴涵的关系，谓词逻辑逻辑也有一组逻辑等价定律和逻辑蕴涵定律。

前束范式是逻辑公式的规范表示。利用逻辑等价规律及变元的改名将谓词公式转化为相应的前束范式。

谓词逻辑推理时，不仅可以应用命题逻辑推理规则在谓词逻辑中的代换实例，还可以谓词逻辑中的永真式以及四条有关量词的推理规则。

习 题 七

1. 试用谓词和量词表示下列命题。

(1) 中国的所有自治区人口都不多；

(2) 凡是 60 的因子都是 120 的因子；

(3) 除了 0 以外的所有实数都有倒数；

(4) 任意两个实数之间还有实数；

(5) 存在某种溶液能溶解任意金属；

(6) 没有不犯错误的人；

(7) 计算机并不能完成人能完成的任何事情；

(8) 计算机系的学生都必须学离散数学；

(9) 瘦死的骆驼比马大；

(10) 是金子都会发亮，但是发亮的不都是金子。

2. 指出下列各谓词公式中量词的辖域及个体变元的约束情况。

(1) $\forall x \exists y P(x,y) \vee \exists x \forall y Q(x,y)$；

(2) $\exists y P(x,y) \wedge \forall x(Q(x,y) \rightarrow R(x,y))$；

(3) $\forall x(P(x,y) \rightarrow \forall z Q(z,y)) \leftrightarrow \exists y R(x,y)$；

(4) $\forall x(P(x) \rightarrow \forall y(Q(y,z))) \wedge R(x,y)$。

3. 对第 2 题中需要改名或代换的个体变元进行改名或代换。

4. 对下列公式寻找合适的解释和赋值，使之为真。

(1) $\exists x \forall y P(x,y)$；

(2) $\exists x(P(x) \wedge P(f(x,a)))$；

(3) $\forall x \forall y \forall z(P(f(x,y),z) \rightarrow P(f(y,x),z))$；

(4) $\forall x \forall y(P(x,y) \rightarrow \exists z(P(x,z) \wedge P(z,y)))$。

5. 给定解释 I 如下：个体域 D 为实数集 R；$a^{1}=0$，$b^{1}=1$；二元函数符号 f、g 指定为 $f^{1}(x,y)=x+y$，$g^{1}(x,y)=xy$；二元谓词符号 P 指定为 $P^{1}(x,y):x=y$。求下列公式在解释 I 下的真值。

(1) $\forall x P(f(x,a),g(x,b))$；

(2) $\exists x P(f(x,x),g(x,x))$；

(3) $\forall x \exists y P(f(x,y),x)$；

(4) $\forall x \exists y P(f(x,y),g(x,y))$。

6. 给定解释 I 如下：个体域 D 为自然数集 N；$a^{1}=2$；一元谓词符号 P 指定为 $P^{1}(x):x$ 是素数，一元谓词符号 E 指定为 $E^{1}(x):x$ 是偶数，二元谓词符号 M 指定为 $M^{1}(x,y):x$ 是 y 的倍数。求下列公式在解释 I 下的真值。

(1) $P(a) \wedge E(a)$；

(2) $\exists x(\neg P(x) \wedge \neg E(x))$；

(3) $\forall x(M(x,a) \rightarrow E(x))$；

(4) $\forall x(P(x) \rightarrow \exists y(E(y) \wedge M(y,x)))$。

7. 下列公式哪些是永真式？哪些是矛盾式？哪些是可满足式？

(1) $\neg(\exists x P(x) \wedge Q(a)) \rightarrow (\exists x P(x) \rightarrow \neg Q(a))$；

(2) $\forall x(P(x) \wedge Q(x)) \wedge (\forall x \neg P(x)) \rightarrow \exists x Q(x)$；

(3) $\forall x P(x) \vee \forall x \neg P(x)$；

(4) $\neg(\exists x P(x) \rightarrow Q(x)) \leftrightarrow (\forall x P(x) \rightarrow \exists x Q(x))$；

(5) $\forall x \exists y P(x,y) \rightarrow \exists y \forall x P(x,y)$。

8. 如果不满足量词辖域的扩大与缩小逻辑等价定律的应用条件，这些等价关系并不成立，试寻找合适的解释说明。

9. 将第 6 题中的各公式转化为前束范式。

10. 利用逻辑等价规律将下列公式的否定词深入到原子公式前方。

(1) $\neg(\exists xP(x) \to \forall xQ(x))$；

(2) $\neg(\forall xP(x) \vee \exists xQ(x))$；

(3) $\neg(\forall x(P(x) \wedge Q(x)) \vee \exists xC(x))$；

(4) $\neg((\exists xA(x) \leftrightarrow \forall xB(x)) \wedge \forall xC(x))$。

11. 给出下列推理的形式化证明。

(1) 前提：$\forall x(P(x) \vee Q(x))$，结论：$\forall xP(x) \vee \exists xQ(x)$。

(2) 前提：$\exists xP(x) \to \forall xQ(x)$，结论：$\forall x(P(x) \to Q(x))$。

(3) 前提：$\exists xP(x) \to \forall y((P(y) \vee Q(y)) \to R(y))$，$\exists xP(x)$，结论：$\exists xR(x)$。

(4) 前提：$\forall x(P(x) \vee Q(x))$，$\forall x(Q(x) \to \neg R(x))$，$\forall xR(x)$，结论：$\forall xP(x)$。

(5) 前提：$\forall x(P(x) \to Q(x) \wedge R(x))$，$\exists x(P(x) \wedge S(x))$，结论：$(\exists x)(S(x) \wedge R(x))$。

(6) 前提：$\forall x(P(x) \to Q(x))$，结论：$\forall x(\exists y(P(y) \wedge R(x,y)) \to \exists z(Q(z) \wedge R(x,z)))$。

12. 将下列自然语言推理形式化，并判断推理的有效性。

（1）程序员都是编程高手，非计算机专业的学生有的也是程序员，因此，非计算机专业的学生有的也是编程高手。

（2）所有的菱形都是平行四边形，并非所有菱形都是正方形，因此，存在某些平行四边形不是正方形。

（3）所有的整数都是实数，任何一个实数不是有理数就是无理数，每个整数都不是无理数，因此，每个整数都是有理数。

（4）每个喜欢运动的人都不喜欢睡懒觉，每个人或者喜欢运动或者喜欢睡懒觉，有的人不喜欢睡懒觉，所以有的人喜欢运动。

第四篇

组合数学

组合数学是一个古老而又年轻的数学分支，研究的核心问题是把有限集中的元素按一定规则或模式进行安排，这种安排称为组态，组合数学要解决的问题包括组态的存在性问题、组态的计数问题、组态的构造问题和组态的优化问题。

组合数学起源于古老的数学娱乐和游戏，据传说，4000 多年前大禹治水时就观察到了神龟背上的河洛图——幻方；1261 年南宋数学家杨辉所著的《详解九章算法》中曾引用贾宪的"开方作法本源图"，即，二项式展开系数表；1666 年在莱布尼茨所著的《组合数学论文》是组合数学的第一部专著，书中第一次使用了"组合学"（Combinatorics）一词。

组合数学不仅在数学研究中具有极其重要的地位，在物理、化学、生物等学科，甚至在企业管理、交通规划、战争指挥、金融分析、城市物流等领域均有重要应用。随着计算机科学的日益发展，计算机算法运行的时间效率和空间效率的分析需要大量组合数学的思想；计算机通信和数据处理所需的编码，需要组合数学提供理论基础；在计算机安全领域，密码的设计和安全分析，同样也离不开组合数学。

本篇主要介绍组合数学的基础知识，包括组合计数的基本原理、二项式定理、鸽笼原理和递归关系的解法。

第8章 组合数学

本章导读

本章主要介绍基本的计数原理、排列和组合，二项式系数和组合恒等式，鸽笼原理及递归关系的解法。

本章内容要点：

- 基本基数原理；
- 排列与组合二项式系数与组合恒等式；
- 鸽笼原理；
- 递归关系及其解法。

内容结构

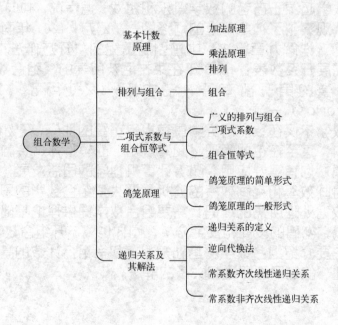

学习目标

本章内容的重点是组合计数的基本原理和方法，通过学习，学生应该能够：

- 熟练运用加法原理和乘法原理计算基本计数问题；

- 理解排列和组合的概念，能够熟练运用加法原理和乘法原理在计算排列组合问题，能计算基本的广义排列组合问题；
- 熟练掌握二项式定理和一些组合恒等式，能进行基本组合恒等式的证明；
- 了解鸽笼原理的简单形式和一般形式，能运用鸽笼原理进行一些计数问题的判断；
- 了解递归关系的定义及求解递归关系的基本解法。

8.1 基本计数原理

加法原理和乘法原理是两个基本的计数原理，它们几乎是所有计数问题的基础。

8.1.1 加法原理

加法原理描述了这样一个基本事实：整体等于组成它的各个部分的和。

在第 2 章中，我们介绍过"划分"这样一个概念，一个集合 S 的划分是满足下列条件的集合：

(1) 该集合中的每个元素都是 S 的非空子集；

(2) 该集合中的元素两两不交；

(3) 该集合中所有元素的并等于 S。

如果我们把集合 S 看作整体，S 的划分中的这些元素看作是组成 S 的部分，可得到加法原理如下。

加法原理 设集合 S 被划分为 n 个部分 S_1，S_2，$\cdots$，S_n，则 S 中元素的个数等于各组成部分元素个数之和，即，

$$|S| = |S_1| + |S_2| + \cdots + |S_n|$$

需要注意的是，加法原理应用的两个条件：

(1) 讨论范围局限于有限集；

(2) 任意两个部分都不相交。

若有相交的情形出现，则要用到第 1 章介绍的容斥原理。

加法原理的另一种基于"选择"的表述如下：

从 n 堆物品中选择一个，如果第一堆物品有 p_1 个，第二堆物品有 p_2 个，$\cdots$，第 n 堆物品有 p_n 个，则共有 $p_1 + p_2 + \cdots + p_n$ 种不同的选择方式。

【例 8.1】 每天从上海到广州的火车有 6 趟，飞机有 10 班，轮船有 2 班，则每天从上海到广州的旅行方式有 $6 + 10 + 2 = 18$ 种。

【例 8.2】 一个学生收到了四家公司的暑期实习计划表，第一家公司的计划表上列出了 3 个不同的项目，第二家公司列出了 4 个不同的项目，第三家公司列出了 2 个不同的项目，第四家公司列出了 5 个不同的项目，则该学生有 $3 + 4 + 2 + 5 = 14$ 个项目可以选择。

8.1.2 乘法原理

在第 2 章中，我们介绍过 n 阶笛卡儿乘的概念，n 阶笛卡儿积中的每个有序 n 元组是从 n 个集合中的每一个选择一个元素组成的。利用此概念，可得到乘法原理如下。

乘法原理 设集合 S_1，S_2，$\cdots$，S_n，则

$$|S_1 \times S_2 \times \cdots \times S_n| = |S_1| \times |S_2| \times \cdots \times |S_n|$$

乘法原理同样讨论的是有限集。

乘法原理的另一种基于"选择"的表述如下：

从 n 堆物品中每堆选择一个，如果第一堆物品有 p_1 个，第二堆物品有 p_2 个，…，第 n 堆物品有 p_n 个，则共有 $p_1 \times p_2 \times \cdots \times p_n$ 种不同的选择方式。

乘法原理适用于将一个复杂过程分成若干个步骤时。

【例 8.3】 从甲地到乙地有四条道路，从乙地到丙地有三条道路，从甲地经乙地到丙地有 $3 \times 2 = 6$ 条不同的道路。

【例 8.4】 某水笔厂生产的水笔有 4 种不同的长度，12 种不同的颜色，5 种不同的直径，则该厂一共生产 $4 \times 12 \times 5 = 240$ 种不同的水笔。

【例 8.5】 设有限集 X 和 Y 的元素个数分别为 m 和 n，从 X 到 Y 的函数有多少个？如果 $m \leqslant n$，从 X 到 Y 的单射函数有多少个？

解： 一个函数意味着对 X 中的第一个元素，选择 Y 中一个元素作为像，有 n 种选择；对 X 中的第二个、第三个、…、第 m 个元素，同样有 n 种不同的像选择。因此，由乘法原理，从 X 到 Y 可以有 n^m 个不同的函数。因此，我们也常用 Y^X 表示所有从 X 到 Y 的函数的集合。

单射要求对 X 中不同的元素，其像也不同，因此，对 X 中的第二个元素不能选择与第一个元素相同的 Y 中元素作为像，因此，只有 $n-1$ 种不同的选择；第三个元素不能选择与前两个元素相同的 Y 中元素作为像，因此，只有 $n-2$ 种不同的选择；以此类推，第 m 个元素不能选择与前 $m-1$ 个元素相同的 Y 中元素作为像，因此，只有 $n-m+1$ 种不同的选择。由乘法原理，从 X 到 Y 可以有 $n(n-1)(n-2)\cdot\cdots\cdot(n-m+1)$ 个不同的单射。

接下来我们再看两个加法原理与乘法原理相结合应用的实例。

【例 8.6】 C 程序设计语言规定，标识符由字母、数字、下画线构成，并且不以数字开头。如果我们再规定，程序中定义的标识符长度最多为 8 位，求所有可能的标识符总数。

如果用 Σ 表示大小写字母的集合，D 表示数字的集合，则 $|\Sigma| = 52$，$|D| = 10$。

解： 如果我们将所有可能的标识符的集合记为 S，长度为 i 的标识符集合记为 S_i，其中每个标识符的第 1 个字符只能是字母或下画线，因此有 $|\Sigma| + 1 = 53$ 种选择，其余 $i-1$ 个字符有 $|\Sigma| + |D| + 1 = 63$ 种选择，由乘法原理，$|S_i| = 53 \times 63^{i-1}$。而 S 可划分为 S_1、S_2、S_3、S_4、S_5、S_6、S_7、S_8 这 8 个子集。因此，由加法原理

$$|S| = \sum_{i=1}^{8} 53 \times 63^{i-1} = 53 \times \frac{63^8 - 1}{63 - 1} = 212133167002880$$

【例 8.7】 根据 IPv4 网络协议，每个计算机的网络地址是一个 32 位二进制数，它以网络标识开头，后跟主机标识，以表示主机属于特定的网络。对于不同类型的地址，网络标识和主机标识的位数不同：A 类地址用于最大型的网络，它的第一位是 0，然后是 7 位网络标识，其余 24 位是主机标识；B 类地址用于中等规模的网络，它的前两位是 10，然后是 14 位网络标识，其余 16 位是主机标识；C 类地址用于小型网络，它的前三位是 110，然后是 21 位网络标识，其余 8 位是主机标识。此外，A 类地址中全 1 不能做网络标识，三类地址中全 0 和全 1 都不能做主机标识。因特网上的计算机或者拥有 A 类地址，或者拥有 B 类地址，或者拥有 C 类地址。那么，IPv4 协议中有多少个有效地址？

解： 记所有 IPv4 协议的有效地址数为 N，A 类、B 类、C 类有效地址数为 N_A、N_B、N_C，则由加法原理，$N = N_A + N_B + N_C$。

由于全 1 不能做网络标识，因此 A 类网络标识有 $2^7 - 1 = 127$ 个；对于每个网络标识，由于全 0 和全 1 都不能做主机标识，因此存在 $2^{24} - 2 = 16777214$ 个主机标识。因此，$N_A = 127 \times 16777214 = 2130706178$。

B 类网络标识有 $2^{14} = 16384$ 个；对于每个网络标识，由于全 0 和全 1 都不能做主机标识，因此存在 $2^{16} - 2 = 65534$ 个主机标识。因此，$N_B = 16384 \times 65534 = 1073709056$。

C 类网络标识有 $2^{21} = 2097152$ 个；对于每个网络标识，由于全 0 和全 1 都不能做主机标识，因此存在 $2^8 - 2 = 254$ 个主机标识。因此，$N_B = 2097152 \times 254 = 532676608$。

因此，$N = N_A + N_B + N_C = 2130706178 + 1073709056 + 532676608 = 3737091842$。

现在，这样的地址总数已经不够用了，因此 IPv6 协议采用 128 位的地址格式，从而提供更多的有效地址。

8.2　排列与组合

集合中元素的选择可以分为有序和无序，有序选择对应集合元素的排列，无序选择对应集合元素的组合，排列与组合的计数是基本的计数问题。

8.2.1　排列

定义 8.1　从 n 个不同元集的集合 A 中，取 m 个不同的元素按顺序排列，称为 A 的一个 m 排列，不同 m 排列的个数记作 $P(m, n)$。当 $n = m$ 时，A 的 n 排列又称 A 的全排列。

【例 8.8】　集合 $S = \{a, b, c\}$，S 的 1 排列有 a、b、c，即，$P(3, 1) = 3$；S 的 2 排列有 ab、ac、ba、bc、ca、cb，即，$P(3, 2) = 6$；S 的全排列有 abc、acb、bac、bca、cab、cba，即 $P(3, 3) = 6$。由于 $|S| = 3$，没有 S 的 4 排列。

一般的，对 $m > n$，没有 n 个元素的 m 排列，即，$P(n, m) = 0$。对 $m \leqslant n$，我们有下面的定理。

定理 8.1　对非负整数 m 和 n，$m \leqslant n$，$P(n, m) = n(n-1)(n-2) \cdots \cdot (n-m+1) = \dfrac{n!}{(n-m)!}$。

证明：由于集合中有 n 个不同元素，排列的第一个元素有 n 种选择；排列第二个元素只能从集合中剩下的 $n-1$ 个元素中选择，因此，有 $n-1$ 种选择；以此类推，排列的第 m 个元素只能从集合中剩下的 $n-m+1$ 个元素中选择，因此，有 $n-m+1$ 种选择。由乘法原理，

$$P(n, m) = n(n-1)(n-2) \cdots \cdot (n-m+1)$$

$$= \frac{n(n-1)(n-2) \cdots (n-m+1)(n-m)(n-m-1) \cdots \cdot 2 \times 1}{(n-m)(n-m-1) \cdots 2 \times 1} = \frac{n!}{(n-m)!}$$

注意，由于 $P(n, n) = n(n-1)(n-2) \cdot \cdots \cdot 2 \times 1 = n! = \dfrac{n!}{(n-n)!} = \dfrac{n!}{0!}$，因此，我们规定 $0! = 1$。

类比定理 8.1 和【例 8.5】，我们可以看出，从 m 个元素的有限集 X 到 n 个元素的有限集 Y 的函数可以看作 Y 中元素的一个 m 排列，X 中第 i 个元素对应排列中的第 i 个元素。

【例 8.9】　一个班级有 32 个学生，要选出班长、副班长和团支书各一名，共有多少种不同的选法？

解：如果 32 个学生的排列的第一人选为班长，第二人选为副班长，第三人选为团支书，则排列就是一种选法，因此，不同的选法有 $P(32, 3) = 32 \times 31 \times 30 = 29760$ 种。

【例 8.10】 6 个人站成一排，如果甲一定要紧挨着站在乙的左侧，共有多少种不同的站法？如果甲和乙不得紧挨着站，共有多少种不同的站法？

解：为了保证甲一定紧挨着站在乙的左侧，可将甲乙看作一个整体，将其他人和甲乙这个整体进行排列，这将是五个元素的全排列，因此，共有 $P(5, 5) = 5! = 120$ 种不同的站法。

在所有站法中，甲一定紧挨着站在乙的左侧有 $P(5, 5)$ 种不同的站法，同理，甲一定紧挨着站在乙的右侧也有 $P(5, 5)$ 种不同的站法，其他站法甲和乙不是紧挨着，所以甲和乙不是紧挨着的站法有 $P(6, 6) - P(5, 5) - P(5, 5) = 6! - 120 - 120 = 480$ 种。

【例 8.11】 7 个男生和 5 个女生站成一排，要求女生不能相邻，共有多少种不同的站法？

解：站成一排的过程可以分为 2 步，先让 7 个男生站成一排，然后让 5 个女生分别站在如下所示 8 个空位中的 5 个。

$$\_M_1\_\ M_2\_\ M_3\_\ M_4\_\ M_5\_\ M_6\_\ M_7\_$$

因此，共有 $P(7, 7) \times P(8, 5) = 5040 \times 6720 = 33868800$ 种不同的站法。

【例 8.12】 在一个 n 个结点的无向完全图中，有多少种不同的汉密尔顿回路？

解：对于任何一条汉密尔顿回路，我们以其中任意一个结点作为起始结点（同时也是终止结点），沿着回路正向或者逆向所经过的所有结点对应了 n 个结点的一个排列，因此，一条汉密尔顿回路对应了 $2n$ 个不同的排列。

例如，图 8-1 中回路（$abcda$）对应的排列有 $abcd$, $bcda$, $cdab$, $dabc$, $adcb$, $badc$, $cbad$, $dcba$。

由于 n 个结点的排列共有 $P(n, n) = n!$ 个，所以，不同的汉密尔顿回路数有 $\dfrac{n!}{2n} = \dfrac{(n-1)!}{2}$ 条。因此，如第 4 章所述，25 个结点的无向完全图，将有

$$\frac{(25-1)!}{2} = 12 \times 23! \approx 3.1 \times 10^{23}$$ 条汉密尔顿回路。

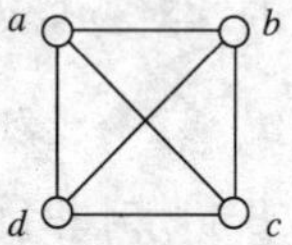

8.2.2 组合

定义 8.2 从 n 个不同元集的集合 A 中，取 m 个不同的元素构成一组，不考虑它们的顺序，称为 A 的一个 m 组合，不同 m 组合的个数记作 $C(m, n)$。

图 8-1　完全图中的汉密尔顿回路

【例 8.13】 集合 $S = \{a, b, c\}$，S 的 1 组合有 a、b、c，即，$C(3, 1) = 3$；S 的 2 组合有 ab、ac、bc，即，$C(3, 2) = 6$；S 的 3 组合只有 abc，即 $C(3, 3) = 1$。由于 $|S| = 3$，没有 S 的 4 组合。

一般的，对 $m > n$，没有 n 个元素的 m 组合，即，$C(n, m) = 0$。对 $m \leqslant n$，我们有下面的定理。

定理 8.2 对非负整数 m 和 n，$m \leqslant n$，$C(n, m) = \dfrac{n!}{m!(n-m)!}$。

证明：由于 n 个元素集合的所有 m 排列可以分两步得到，先取出 n 个元素的 m 组合，再对 m 组合进行全排列。由乘法原理，$P(n, m) = C(n, m) \times P(m, m)$，因此，

$$C(n, m) = \frac{P(n, m)}{P(m, m)} = \frac{n!}{m!(n-m)!}$$

推论　（1）对非负整数 m 和 n，$m \leqslant n$，$C(n, m) = C(n, n-m)$

（2）n 个元素的集合 A 共有 $C(n, m)$ 个 m 个元素的子集。

证明：（1）由定理 8.2，$C(n, m) = \dfrac{n!}{m!(n-m)!}$，

$$C(n, n-m) = \frac{n!}{(n-m)!(n-(n-m))!} = \frac{n!}{m!(n-m)!},$$

因此，$C(n, m) = C(n, n-m)$。

（2）从 n 个不同元集的集合 A 中，取 m 个不同的元素构成一组，就是 A 的一个子集，因此，A 的 m 组合数就是 A 的 m 个元素的子集数。

【例 8.14】　平面上任三点都不共线的 25 个点，可形成多少条直线？可形成多少个三角形？

解： 从这 25 个点中任取 2 点可确定一条直线，因此，可形成直线 $C(25, 2) = 25!/(2! \, 23!) = 300$ 条直线；同理，从这 25 个点中任取 3 点可确定一个三角形，因此，可形成三角形 $C(25, 3) = 25!/(3! \, 22!) = 2300$ 个。

【例 8.15】　书架上有 10 本不同的中文书，7 本不同的英文书，5 本不同的法文书。取 2 本不同文字的书、取 2 本相同文字的书、任取 2 本书各有多少种不同的取法？

解： 取两本不同文字的书有三种可能性，取 1 本中文书和 1 本英文书、取 1 本中文书和 1 本法文书、取 1 本英文书和 1 本法文书，由加法原理，有 $C(10, 1) \times C(7, 1) + C(10, 1) \times C(5, 1) + C(7, 1) \times C(5, 1) = 10 \times 7 + 10 \times 5 + 7 \times 5 = 155$ 种取法；取 2 本相同文字的书也有三种可能性，取 2 本中文书、取 2 本英文书、取 2 本法文书，由加法原理，有 $C(10, 2) + C(7, 2) + C(5, 2) = 76$ 种取法；任取 2 本书则是从这 $10 + 7 + 5 = 22$ 本中选择，所以有 $C(22, 2) = 231$ 种取法。

【例 8.16】　一个班级有 18 个男生和 14 个女生，要选出 3 个男生和 2 个女生组成班委会，共有多少种不同的选法？

解： 组成班委会的过程可以分为 2 步，选出男生班委，再选出女生班委。因此，由乘法原理，共有 $C(18, 3) \times C(14, 2) = 816 \times 91 = 74256$ 种不同的站法。

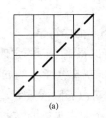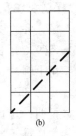

图 8-2　网格的不同走法

【例 8.17】　从图 8-2（a）所示的 4×4 网格的左下角沿着边走到右上角，只允许向右或向上走，有多少种不同的走法？如果规定，路线不得穿越从左下角到右上角的对角线，有多少种不同的走法？

解： 从左下角走到右上角，必然得走八步，其中四步向右走、四步向上走。如图 8-2 粗实线所示的走法。我们可以首先确定八步中哪四步向右走，则其余四步是向上走。因此，共有 $C(8, 4) = 70$ 种不同的走法。

如果我们称不穿越对角线的走法为正确走法，记正确走法总数为 R，穿越对角线的走法为错误走法，记错误走法总数为 W，则 $R + W = C(8, 4) = 70$。如果能统计出错误走法总数，则可求出正确走法总数。

对任意错误走法，如图 8-2（a）粗实线所示，找到第一个穿越对角线的点，其后每向上走一步改为向右走一步、每向右走一步改为向上走一步，则可得图 8-2（b）中的走法。反之，在这个新的 3×5 网格中，任何一个从左下角走到右上角的走法，如果找到第一个穿越图中虚线的点，将

其后每向上走一步改为向右走一步、每向右走一步改为向上走一步，则可得图 8-2 (a) 中 4×4 网格的一种错误走法。而在 3×5 网格中，从左下角走到右上角的共有 C (8, 3) =56 种不同的走法。

因此，正确走法的总数为 70 – 56 = 14。

一般地，对于 $n×n$ 网格，从左下角沿着边走到右上角共有 C (2n, n) 种不同的走法，其中不穿越对角线的走法有

$$C\ (2n,\ n)\ -\ C\ (2n,\ n-1) = \frac{(2n)!}{n!n!} - \frac{(2n)!}{(n-1)!(n+1)!} = \frac{(2n)!}{(n-1)!n!}(\frac{1}{n} - \frac{1}{n+1})$$

$$= \frac{(2n)!}{(n-1)!n!} \cdot \frac{1}{n(n+1)} = \frac{(2n)!}{n!n!} \cdot \frac{1}{n+1}$$

$$= \frac{C(2n,n)}{n+1}$$

$\frac{C(2n,n)}{n+1}$ 是比利时数学家 Charles Catalan 首先得到的，因此也称为 Catalan 数，如果记

$\frac{C(2n,n)}{n+1}$ 为 C_n，则前几个 Catalan 数为 $C_1=1$，$C_2=2$，$C_3=5$，$C_4=14$，$C_5=42$，这是一个在组合数学中非常有用的数列。

*8.2.3 广义的排列与组合

前面我们介绍的排列和组合，都要求取出的元素不同，但是在许多计数问题中，元素是可以重复使用的，解决此类问题基本方法还是基本计数原理。

1. 有重复的排列

这类问题有两类：一类是集合中元素可无限次重复选择，一类是每个元素都有一个可重复选择的次数。

【例 8.18】 由 26 个英文字母可以构成多少个长度为 4 的字符串？

解：长度为 4 的字符串的每个字符都可以从 26 个英文字母中选择，由乘法原理，有 26^4=456976 个长度为 4 的字符串。

由上例，我们可以得到下面的定理。

定理 8.3 元素可无限次重复的 n 个元素集合的 m 排列数为 n^m。

证明：由于元素可以无限次重复，对 m 排列中每个位置都有 n 中不同的选择，有乘法原理，元素允许重复时，n 个元素集合的 m 排列数为 n^m。

【例 8.19】 将 2 个 a、3 个 b、4 个 c 全部用来组成字符串，可以组成多少个不同的字符串？

解：用 2 个 a、3 个 b、4 个 c 组成的字符串长度为 9，我们可以将这些字母填入下面 9 个空格中。

—— —— —— —— —— —— —— —— ——

填入的过程分 3 步：第一步选择 2 个位置填入 a，有 C (9, 2) 种选择；第二步从剩下 7 个位置中选择 3 个填入 b，有 C (7, 3) 种选择；其余的位置填入 c。因此，由乘法原理，可以组成的不同字符串个数为 C (9, 2) ×C (7, 3) ×C (4, 4) =36×35×1=1260。

由上例，我们可以得到下面的定理。

定理 8.4 若有 k 类对象共 n 个，其中第 i 类有 n_i 个，则 n 个对象的不同排列个数为

$$\frac{n!}{n_1!n_2!\cdots n_k!}$$

证明：为这 n 个对象在排列中安排位置可以分 k 步，第一步安排第 1 类对象的位置，共有 $C(n,\ n_1)$ 种不同的方法；第二步在剩下的 $n-n_1$ 个位置中安排第 2 类对象，共有 $C(n-n_1,\ n_2)$ 种不同的方法；依次类推，第 k 步在剩下的 $n-n_1-n_2-\cdots-n_{k-1}$ 即 n_k 个位置中安排第 k 类对象，有 $C(n_k,\ n_k)=1$ 种方法。因此，由乘法原理，不同的排列个数为

$$C(n,n_1)\times C(n-n_1,n_2)\times C(n-n_1-n_2,n_3)\times\cdots\times C(n-n_1-n_2-\cdots-n_{k-1},n_k)$$

$$=\frac{n!}{n_1!(n-n_1)!}\cdot\frac{(n-n_1)!}{n_2!(n-n_1-n_2)!}\cdots\cdot\frac{(n-n_1-n_2-\cdots-n_{k-1})!}{n_k!(n-n_1-n_2-\cdots-n_k)!}=\frac{n!}{n_1!n_2!\cdots n_k!}$$

对于每个元素都有一个可重复选择次数的有重复全排列问题，我们可以用定理 8.4 求解，但是对于 m 排列（$m<n$），没有简单的公式可以使用。对于这类问题的简单情形，我们可以通过分情况讨论，利用加法原理来求解。

【例 8.20】 用 2 个 a、3 个 b、4 个 c 可以组成多少个不同的长度为 8 的字符串？

解：长度为 8 的字符串可以由下面三种组成情况。

用 2 个 a、3 个 b、3 个 c 组成字符串，有 $\dfrac{8!}{2!\cdot3!\cdot3!}=560$ 个。

用 2 个 a、2 个 b、4 个 c 组成字符串，有 $\dfrac{8!}{2!\cdot2!\cdot4!}=420$ 个。

用 1 个 a、3 个 b、4 个 c 组成字符串，有 $\dfrac{8!}{1!\cdot3!\cdot4!}=280$ 个。

因此，由加法原理，不同的长度为 8 的字符串有 560+420+280=1260 个。

2．有重复的组合

同样，这类问题也有两类：一类是集合中元素可无限次重复选择，一类是每个元素都有一个可重复选择的次数。

【例 8.21】 水果店有苹果、梨、桃子三种水果出售，买四个水果，有多少种不同的买法？

解：假设我们在装水果的篮子中放两块隔板，第 1 块隔板左侧放苹果，两块隔板中间放梨，第 2 块隔板右侧放桃子。则问题转化为，如何在下面 6 个位置中选择 2 个位置放隔板？

— — — — — —

因此，有 $C(6,\ 2)=15$ 种不同的买法。

由上例，我们可以得到下面的定理。

定理 8.5 元素可无限次重复的 n 类对象的 m 组合数为 $C(n+m-1,\ m)$。

证明：每个 n 类对象的 m 组合可以看作从 $n+m-1$ 个位置中选择 $n-1$ 放隔板，隔板用于分隔不同类的对象，其余 m 个位置放相应类别的对象。因此，元素可无限次重复的 n 类对象的 m 组合数为 $C(n+m-1,\ n-1)=C(n+m-1,\ m)$。

【例 8.22】 方程 $x_1+x_2+x_3+x_4=20$ 共有多少组非负整数解？有多少组满足条件 $x_1\geqslant1$，$x_2\geqslant2$，$x_3\geqslant3$，$x_4\geqslant4$ 的整数解？

解：方程 $x_1+x_2+x_3+x_4=20$ 的每一组非负整数解等价于从 4 类对象中取 20 个，因此，共有 $C(20+4-1,\ 4)=8855$ 组非负整数解。

令 $y_1=x_1-1$，$y_2=x_2-2$，$y_3=x_3-3$，$y_4=x_4-4$，则满足条件 $x_1\geqslant1$，$x_2\geqslant2$，$x_3\geqslant3$，$x_4\geqslant4$ 的整数解即为 $y_1+y_2+y_3+y_4=10$ 的非负整数解。因此，共有 $C(10+4-1,4)=715$ 组解。

对于每个元素都有一个可重复选择的次数的有重复组合问题，求解起来要困难一些，对于这类问题，通常需要利用第 1 章介绍的容斥原理来求解。

【例 8.23】 将 3 个苹果、4 个梨、5 个桃子取出 10 个放在水果盘里，有多少种不同的放法？

解：假设苹果、梨、桃子的个数都有无限多个，从中取出 10 个水果的所有情形记为全集 U，其中取苹果至少 4 个的所有情形记为集合 A_1，取梨至少 5 个的所有情形记为集合 A_2，取桃子至少 6 个的所有情形记为集合 A_3，满足题意的情形为 $\overline{A_1} \cap \overline{A_2} \cap \overline{A_3} = \overline{A_1 \cup A_2 \cup A_3}$ 。

由容斥原理，

$|\overline{A_1} \cap \overline{A_2} \cap \overline{A_3}|$

$=|U| - |A_1 \cup A_2 \cup A_3|$

$=|U| - (|A_1| + |A_2| + |A_3|) + (|A_1 \cap A_2| + |A_1 \cap A_3| + |A_2 \cap A_3|) - |A_1 \cap A_2 \cap A_3|$

由定理 8.5，$|U| = C(3+10-1, 10) = C(12,10) = 66$。

对于集合 A_1，由于苹果至少 4 个，意味着从水果盘中去掉 4 个苹果，余下 6 个水果由苹果、梨、桃子组成。因此，$|A_1| = C(3+6-1, 6) = C(8, 6) = 28$。

同理，$|A_2| = C(3+5-1, 5) = C(7,5) = 21$。

$|A_3| = C(3+4-1,4) = C(6,4) = 15$。

对于 $A_1 \cap A_2$，由于苹果至少有 4 个，梨至少有 5 个，意味着从水果盘中去掉 4 个苹果和 5 个梨后，余下 1 个水果从苹果、梨、桃子中任取，因此，$|A_1 \cap A_2| = C(3+1-1,1) = C(3, 1) = 3$。

同理，$|A_1 \cap A_3| = C(3+0-1,0) = C(2,0) = 1$。

但是，不可能同时出现梨至少 5 个、桃子至少 6 个的情形，因此，$|A_2 \cap A_3| = 0$。

同理，$|A_1 \cap A_2 \cap A_3| = 0$。

综上，$|\overline{A_1} \cap \overline{A_2} \cap \overline{A_3}| = 66 - (28+21+15) + (3+1+0) - 0 = 6$。

因此，有 6 种不同的放法。

8.3　二项式系数与组合恒等式

代数表达式中各项的系数经常和计数问题有关，二项式定理给出了 $(a+b)^n$ 的展开式中各项的系数，它们和组合数密切相关。

8.3.1　二项式系数

我们都知道 $(a+b)^2 = a^2 + 2ab + b^2$， $(a+b)^3 = a^3 + 3a^2 b + 2ab^2 + b^3$，一般地，我们有下面的定理。

定理 8.6　设 n 为非负整数，则 $(a+b)^n = \sum_{i=0}^{n} C(n,i) a^{n-i} b^i$ 。

证明：因为 $(a+b)^n = \overbrace{(a+b)(a+b) \cdots (a+b)}^{n \text{个}}$，要完全展开这个乘积，我们需要使用乘法分配律并合并同类项。由于从每一个因子（$a+b$）中我们或者选择 a 或者选择 b，如果从 $\overbrace{(a+b)(a+b) \cdots (a+b)}^{n \text{个}}$ 的 $n-j$ 个因子选择 a，其余 j 个因子选择 b，则得到展开式中的一项 $a^{n-j} b^j$，因此，$(a+b)^n$ 展开式中的每一项都具有 $a^{n-j} b^j$ 的形式（$0 \leqslant j \leqslant n$）。并且，项 $a^{n-j} b^j$ 的系数是 $C(n, n-j) = C(n, j)$。因此，$(a+b)^n = \sum_{i=0}^{n} C(n,i) a^{n-i} b^i$ 。

因此，定理 8.6 就是著名的二项式定理，$C(n, m)$ 也称为二项式系数。

推论　（1）$\displaystyle\sum_{i=0}^{n}C(n,i)=2^n$；　（2）$\displaystyle\sum_{i=0}^{n}C(n,i)(-1)^i=0$。

证明：　（1）在二项式定理中，令 $a=b=1$，则有

$$\sum_{i=0}^{n}C(n,i)a^{n-i}b^i=\sum_{i=0}^{n}C(n,i)1^{n-i}1^i=\sum_{i=0}^{n}C(n,i)=(1+1)^n=2^n$$

（2）在二项式定理中，令 $a=1$，$b=-1$，则有

$$\sum_{i=0}^{n}C(n,i)a^{n-i}b^i=\sum_{i=0}^{n}C(n,i)1^{n-i}(-1)^i=\sum_{i=0}^{n}C(n,i)=(1-1)^n=0$$

【**例 8.24**】　求 $(a+b)^4$ 的展开式。

解：　由二项式定理，

$$(a+b)^4=\sum_{i=0}^{4}C(4,i)a^{4-i}b^i$$

$$=C(4,0)a^{4-0}b^0+C(4,1)a^{4-1}b^1+C(4,2)a^{4-2}b^2+C(4,3)a^{4-3}b^3+C(4,4)a^{4-4}b^4$$

$$=a^4+4a^3b+6a^2b^2+4ab^3+b^4$$

【**例 8.25**】　求 $(a+b)^8$ 中项 a^3b^5 的系数。

解：　在二项式定理中，令 $n=8$，$i=5$，可得项 a^3b^5 的系数为 $C(8，5)=56$。

【**例 8.26**】　求 $(2x-3y)^9$ 中项 x^3y^6 的系数。

解：　在二项式定理中，令 $a=2x$，$b=-3y$，$n=9$，$i=6$，可得项 x^3y^6 的系数为

$$C（9，6）\cdot2^3\cdot(-3)^6=489888。$$

我国宋代数学家杨辉于 1261 年所所著《详解九章算法纂类》中，记有一个奇妙的三角形，如图 8-3 所示，并指出贾宪（约 1100 年）已经用到过它，该三角形的第 n 行对应的是 $(a+b)^{n-1}$ 展开式中各项的系数。西方国家称它为帕斯卡（Blaise Pascal）三角形。

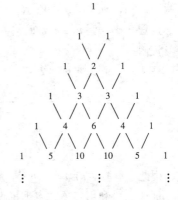

图 8-3　杨辉三角形

8.3.2　组合恒等式

我们接下来介绍一些二项式系数满足的恒等式。

定理 8.7　设 n 和 k 为正整数，且 $k\leqslant n$，则 $C（n+1，k）=C(n,k-1)+C(n,k)$。

证明：

证法一，利用定理 8.2。

$C(n，k-1)+C(n，k)$

$$=\frac{n!}{(k-1)!(n-(k-1))!}+\frac{n!}{k!(n-k)!}$$

$$=\frac{n!}{(k-1)!(n-k)!}\left(\frac{1}{n-k+1}+\frac{1}{k}\right)=\frac{n!}{(k-1)!(n-k)!}\cdot\frac{n+1}{(n-k+1)k}$$

$$=\frac{(n+1)!}{k!(n+1-k)!}$$

$$=C(n+1，k)$$

证法二：利用二项式定理证明。

$(a+b)^{n+1}$

$$= \sum_{i=0}^{n+1} C(n+1,i)a^{n+1-i}b^i$$

$$= (a+b)(\sum_{i=0}^{n} C(n,i)a^{n-i}b^i)$$

$$= a\sum_{i=0}^{n} C(n,i)a^{n-i}b^i + b\sum_{i=0}^{n} C(n,i)a^{n-i}b^i$$

$$= \sum_{i=0}^{n} C(n,i)a^{n+1-i}b^i + \sum_{i=0}^{n} C(n,i)a^{n-i}b^{i+1}$$

$$= \sum_{i=0}^{n} C(n,i)a^{n+1-i}b^i + \sum_{i=1}^{n+1} C(n,i-1)a^{n+1-i}b^i$$

$(a+b)^{n+1}$ 展开式中 $a^{n+1-k}b^k$ 的系数是 $C(n+1,k)$，而 $(a+b)^n \cdot (a+b)$ 中 $a^{n+1-k}b^k$ 的系数是 $C(n,k)+C(n,k-1)$。

因此，$C(n+1,k) = C(n,k-1)+C(n,k)$。

定理 8.7 在杨辉三角形中的表现是，从第 3 行开始，除每行两端的项外，其余每项都是其双肩两项之和，如图 8-3 中所示。

定理 8.8 设 n 和 k 为正整数，且 $k \leqslant n$，则 $kC(n,k)= nC(n-1,k-1)$。

证明：

证法一，利用定理 8.2。

$$kC(n,k) = k\frac{n!}{k!(n-k)!} = \frac{n!}{(k-1)!(n-k)!},$$

而 $nC(n-1,k-1) = n\frac{(n-1)!}{(k-1)!(n-k)!} = \frac{n!}{(k-1)!(n-k)!},$

因此，$kC(n,k)=nC(n-1,k-1)$。

证法二：利用二项式定理证明。

因为 $(1+x)^n = \sum_{i=0}^{n} C(n,i)x^i$，两边同时求 x 的导数，得 $n(1+x)^{n-1} = \sum_{i=0}^{n} iC(n,i)x^{i-1}$。而 $n(1+x)^{n-1} = n\sum_{i=0}^{n-1} C(n-1,i)x^i = n\sum_{i=1}^{n} C(n-1,i-1)x^{i-1}$。因此，$\sum_{i=0}^{n} iC(n,i)x^{i-1}$ 与 $n\sum_{i=1}^{n} C(n-1,i-1)x^{i-1}$ 中 x^{k-1} 的系数相等，即，$kC(n,k)=nC(n-1,k-1)$。

定理 8.9 设 n 和 k 为正整数，且 $k \leqslant n$，则 $C(n+k+1,n) = \sum_{i=0}^{k} C(n+i,n)$。

证明：由定理 8.7，$C(n+1,k) - C(n,k) = C(n,k-1)$，因此

$$\sum_{i=0}^{k} C(n+i,n)$$

$=C(n,n)+C(n+1,n)+ C(n+2,n)+\cdots+ C(n+k,n)$

$=C(n,n)+C(n+2,n+1)-C(n+1,n+1)+C(n+3,n+1)-C(n+2,n+1)+\cdots+C(n+k+1,n+1)-$
$C(n+k,n+1)$

$=C(n+k+1，n+1)$

定理 8.10 设 m、n 和 k 为非负整数，且 $k \leqslant m$ 且 $k \leqslant n$，则

$$C(m+n,k)=\sum_{i=0}^{k}C(m,k-i)\cdot C(n,i)$$

证明：利用二项式定理证明。

$(1+x)^{m+n}$

$=\sum_{i=0}^{m+n}C(m+n,i)x^{i}$

$=(1+x)^{m}\cdot(1+x)^{n}$

$=(\sum_{i=0}^{m}C(m,i)x^{i})\cdot(\sum_{i=0}^{n}C(n,i)x^{i})$

$(1+x)^{m+n}$ 展开式中 x^{k} 的系数是 $C(m+n,k)$，而对于 $(1+x)^{m}\cdot(1+x)^{n}$，$(1+x)^{m}$ 中 x^{k-i} 项与 $(1+x)^{n}$ 中 x^{i} 项的积也是 x^{k} 项，因此，$(1+x)^{m}\cdot(1+x)^{n}$ 展开式中 x^{k} 系数是 $\sum_{i=0}^{k}C(m,k-i)\cdot C(n,i)$。

因此，$C(m+n,k)=\sum_{i=0}^{k}C(m,k-i)\cdot C(n,i)$。

推论 如果 n 是非负整数，则 $C(2n,n)=\sum_{i=0}^{n}(C(n,i))^{2}$。

证明：在定理 8.10 中，令 $m=n=k$，得

$C(2n,n)=\sum_{i=0}^{n}C(n,n-i)\cdot C(n,i)=\sum_{i=0}^{n}(C(n,i))^{2}$。

*8.4 鸽 笼 原 理

鸽巢原理，也称抽屉原理，是组合数学中一个非常重要而且基本的原理，有着广泛的应用，特别是对于许多有趣的问题，往往能带来意想不到的结论。

8.4.1 鸽笼原理的简单形式

粗略的讲，鸽笼原理是说，很多鸽子飞进不够多的鸽笼时，至少有一个鸽笼得飞进两只或更多只鸽子。鸽笼原理简单形式的严格描述如下。

鸽笼原理的简单形式 如果将 $n+1$ 件物品放入"n"个盒子，那么至少有一个盒子中放了两件或更多件物品。

需要注意的是，鸽笼原理并没有指出究竟哪个盒子中放了两件或更多件物品，它仅仅是断言，存在某个盒子放了两件或更多件物品，即，鸽笼原理仅仅保证了这个盒子的存在性。因此，鸽巢原理只能用来证明某种安排或某种现象的存在性，但却不能用来构造这种安排，或找出这种现象中的实例。

还需要注意的是，如果只有 n 件或更少件物品，就不能保证鸽笼原理的结论成立，因为我们可以将不同的物品放入不同的盒子，虽然我们也能将两件或更多件物品放入某个盒子，但这并不是必然的结果。

【例 8.27】 在 13 个人中，至少有 2 人的生日在同一个月份。

【例 8.28】 在 367 个人中，至少有 2 人的生日相同。

鸽笼原理的简单形式也可以等价的描述为：

（1）如果将 n 件物品放入 n 个盒子，要求没有盒子空着，那么每个盒子正好放了一件物品。

（2）如果将 n 件物品放入 n 个盒子，没有盒子放了两件或更多件物品，那么每个盒子中有一件物品。

在第 2 章中，定理 2.3 的推论告诉我们，对 n 个元素的有限集上的关系 R，R 的传递闭包 $t(R) = \bigcup_{i=1}^{n} R^i$。

在第 3 章我们曾介绍满射、单射、双射的性质如下：

设 X 和 Y 是有限集，如果存在满射 $f: X \to Y$，则 $|X| \geqslant |Y|$；如果存在单射 $f: X \to Y$，则 $|X| \leqslant |Y|$；如果存在双射 $f: X \to Y$，则 $|X| = |Y|$。

在第 4 章，定理 4.3 告诉我们，n 个结点的图中，如果两不同结点间存在路径，则这两结点间存在长度不大于 $(n-1)$ 的路径。

上述这些性质或定理，都可以利用鸽笼原理进行证明。

【例 8.29】 某学术会议邀请了 n 位学者，如果每位学者都至少认识其余 $(n-1)$ 位中的一位，证明：至少有两位学者认识的人数相等。

证明：由于每位学者认识的人数有 1，2，$\cdots$，$n-1$，共 $n-1$ 种可能，现在有 n 位学者，由鸽笼原理，至少有两位学者认识的人数相等。

【例 8.30】 从 1 到 100 中任取 51 个数，证明：必有两个数的和是 101。

证明：用 1 到 100 构造 50 个集合，每个集合包含两个数，且其和为 101，即，这 50 个集合为 $\{1, 100\}$，$\{2, 99\}$，$\{3, 98\}$，$\cdots$，$\{50, 51\}$。从这 50 个集合中选出 51 个数，由鸽笼原理，必有两个数属于同一个集合，因此，必有两个数的和是 101。

【例 8.31】 从 1 到 $2n$ 中任取 $n+1$ 个数，证明：必有两个数，其中一个是另一个的倍数。

证明：设 a_1，a_2，$\cdots$，a_{n+1} 为取出的 $n+1$ 个数。将每一个 a_i 写成 $a_i = 2^{p_i} \cdot q_i$，其中 p_i 为 0 或正整数，q_i 为奇数。则 q_1，q_2，$\cdots$，q_{n+1} 是 $n+1$ 个奇数，但它们的取值只有 1，3，5，$\cdots$，$2n-1$ 这 n 种可能，由鸽笼原理，必有 $1 \leqslant i < j \leqslant n+1$，使得 $q_i = q_j$。因此，如果 $p_i > p_j$，则 $\dfrac{a_i}{a_j} = \dfrac{2^{p_i} \cdot q_i}{2^{p_j} \cdot q_j} = 2^{p_i - p_j}$，即，$a_i$ 为 a_j 的倍数；如果 $p_j > p_i$，则 $\dfrac{a_j}{a_i} = \dfrac{2^{p_j} \cdot q_i}{2^{p_i} \cdot q_i} = 2^{p_j - p_i}$，即，$a_j$ 为 a_i 的倍数。

【例 8.32】 设 x_1，x_2，$\cdots$，x_n 是 n 个正整数，证明：其中存在着连续的若干个数，它们的和是 n 的倍数。

证明：令 $S_i = x_1 + x_2 + \cdots + x_i$，$i = 1$，2，$\cdots$，$n$。$S_i$ 除以 n 的余数记为 r_i，则 $0 \leqslant r_i \leqslant n-1$。如果有某个 i，使得 $r_i = 0$，则 $x_1 + x_2 + \cdots + x_i$ 可以被 n 整除。否则，n 个 r_i 只能有 1，2，$\cdots$，$n-1$ 种可能的取值，由鸽笼原理，一定有 $1 \leqslant j < k \leqslant n$，使得 $r_j = r_k$。因此有 $S_k - S_j = x_{j+1} + x_{j+2} + \cdots + x_k$ 可以被 n 整除。

定理 8.11 设 m 和 n 是互质的正整数，设 $0 \leqslant a \leqslant m-1$，$0 \leqslant b \leqslant n-1$，那么，存在正整数 x 使得 x 与 a 模 m 同余，x 与 b 模 n 同余，即，存在 x 使得 $x = pm + a$ 并且 $x = qn + b$。

证明：构造 n 个模 m 同余的整数序列 a，$m+a$，$2m+a$，$\cdots$，$(n-1)m+a$。

假设它们中有 $im+a$ 和 $jm+a$ 这两个数模 n 同余，并且 $i<j$，设

$$im+a = un+r$$
$$jm+a = vn+r$$

则，$(i-j)m =(u-v)n$。由于 m 和 n 是互质的正整数，因此，n 是 $i-j$ 的因子。但是 $0 \leqslant i < j$ $\leqslant n-1$ 意味着 $0 < j-i \leqslant n-1$，因而 n 不可能 $i-j$ 的因子。这说明我们开始的假设有误。因此，a，$m+a$，$2m+a$，$\cdots$，$(n-1)m+a$ 这 n 个数被 n 整除后，余数各不相同，因而由鸽笼原理，必有一个与 b 模 n 同余，设这个数为 $pm+a$，则 $pm+a$ 就是要找的 x，因为 x 与 b 模 n 同余，必有一个数 q 使得 $x=qn+b$。

定理 8.11 是著名的中国余数定理的简单形式。

8.4.2　鸽笼原理的一般形式

鸽笼原理简单形式是鸽笼原理一般形式的特殊情形。

鸽笼原理的一般形式　设有正整数 q_1，q_2，$\cdots$，q_n，若将 $q_1+q_2+\cdots+q_n-n+1$ 件物品放入 n 个盒子，那么，或者第一个盒子中至少放了 q_1 件物品，或者第二个盒子中至少放了 q_2 件物品，$\cdots\cdots$，或者第 n 个盒子中至少放了 q_n 件物品。

需要注意的是，如果只有 $q_1+q_2+\cdots+q_n-n$ 件物品，就不能保证鸽笼原理的结论成立，因为我们可以在第一个盒子中放 q_1-1 件物品，在第二个盒子中放 q_2-1 件物品，$\cdots\cdots$，在第 n 个盒子中放 q_n-1 件物品。

鸽笼原理的简单形式可由一般形式中令 $q_1 = q_2 = \cdots = q_n = 2$ 得到。而在鸽笼原理的一般形式的日常应用中，也通常是 $q_1 = q_2 = \cdots = q_n = r$ 这种情形。即，我们有下面的推论。

推论　若 $n(r-1)+1$ 件物品放入 n 个盒子，那么至少有一个盒子放了 r 件或更多件物品。

【例 8.33】　在 100 个人中，至少有 9 人的生日在同一个月。

（证明略）

【例 8.34】　书架有 3 层，共放了 40 本书，则至少有一层了至少有 14 本书。

（证明略）

【例 8.35】　证明：6 个人中，必然有 3 个人两两认识或者两两不认识。

证明：任取 6 个人中的一个，称之为甲。由鸽笼原理，其余 5 个人中，或者他认识的人至少 3 个，或者他不认识的人至少 3 个。

对于他认识的人至少 3 个的情形，如果他认识的人中有 2 个人认识，则这两个人和甲两两认识；如果他认识的人两两不认识，则有 3 个人两两不认识。

对于他不认识的人至少 3 个的情形，如果他不认识的人中有 2 个人互不认识，则这两个人和甲两两不认识；如果他不认识的人两两认识，则有 3 个人两两认识。

【例 8.36】　证明：任意 n^2+1 个实数所成的序列 a_1，a_2，$\cdots$，a_{n^2+1} 中都含有一个长为 $n+1$ 的递增子序列或递减子序列。

证明：假设给定实数序列 a_1，a_2，$\cdots$，a_{n^2+1} 中没有长度为 $n+1$ 的递增子序列，我们将证明必有长度为 $n+1$ 的递减子序列。

对任意 a_i，令 m_i 表示从 a_i 为起点的递增子序列的最大长度。由假设得，对任意 $1 \leqslant i \leqslant n^2+1$，$1 \leqslant m_i \leqslant n$。对于 m_1，m_2，$\cdots$，m_{n^2+1} 这 n^2+1 个数，它们的取值只有 1，2，$\cdots$，n 这 n 种可能，因此，由鸽笼原理，必有 $n+1$ 个 m_i 取同一个值。令 $m_{i_1} = m_{i_2} = \cdots = m_{i_{n+1}}$ 且 $1 \leqslant i_1 < i_2 < \cdots < i_{n+1} \leqslant n^2+1$。若 $a_{i_1} \leqslant a_{i_2}$，则 a_{i_1} 接上以 a_{i_2} 为起点的最长递增序列构成以 a_{i_1} 为起点，长度为 $m_{i_2}+1$ 的递增子序列，因此 $m_{i_2}+1 \leqslant m_{i_1}$，这与 $m_{i_1} = m_{i_2}$ 矛盾；因此，$a_{i_1} > a_{i_2}$，同理 $a_{i_2} > a_{i_3}$，$\cdots$，$a_{i_n} > a_{i_{n+1}}$。因此，$a_{i_1} > a_{i_2} > \cdots > a_{i_{n+1}}$，这 $n+1$ 个数构成了长度为 $n+1$ 的递减子数列。

*8.5 递归关系及其解法

求解一些计数问题，常用到递归定义的数列，并且，这些递归定义的数列可以很自然的用于分析递归算法。

8.5.1 递归关系的定义

许多组合计数问题依赖于一个自然数参数 n，n 通常表示问题的规模，因而组合计数问题通常是一系列计数问题，可以利用递归定义的数列来描述。

例如，数列 $a_n = 2^n$（$n \geq 0$）也可以定义如下：

$$a_n = \begin{cases} 1 & n = 0 \\ 2a_{n-1} & n > 1 \end{cases}$$

这种通过指定数列初始项、然后指定由前项计算后项规则的定义方式，就是递归定义。

定义 8.3 递归定义的数列是一个定义域为自然数集 N 的函数，函数定义分两步：

(1) 基本步：指定定义域中元素 0、1 等最初几个元素的函数值。

(2) 递归步：对于定义域中的元素 n，指定由定义域中较小自然数的函数值计算 n 的函数值的规则。

这样的定义也称为归纳定义。

通常，对于递归定义的数列 a_0，a_1，$\cdots$，a_n，$\cdots$，简记为 $\{a_n\}$，在递归步中，将项 a_n 用 a_0，a_1，$\cdots$，a_{n-1} 中的某些项表示，这样的表达式称为数列 $\{a_n\}$ 的递归关系；在基本步中指定的若干初始项，是为了使递归关系发生作用，称为初始条件。

显然，只有递归关系和初始条件一起，才能确定一个递归定义的数列。而对于一个递归关系，如果一个数列的项满足该递归关系，称该数列为该递归关系的解。

【例 8.37】 试给出阶乘函数 f：N→N，$f(n) = n!$ 的递归定义。

解：根据定义，我们需要

(1) 基本步：指出阶乘函数的初始值，显然，$f(0) = 0! = 1$。

(2) 递归步：因为 $n! = 1 \times 2 \times 3 \times \cdots \times (n-1) \times n = (n-1)! \times n$，因此，

$$f(n) = n \times f(n-1) \qquad (n \geq 1)$$

由此递归定义，我们可计算 $f(5)$ 如下：

$$f(5) = 5 \times f(4) = 5 \times 4 \times f(3) = 5 \times 4 \times 3 \times f(2) = 5 \times 4 \times 3 \times 2 \times f(1)$$
$$= 5 \times 4 \times 3 \times 2 \times 1 \times f(0) = 5 \times 4 \times 3 \times 2 \times 1 \times 1 = 120$$

对函数 g：N→N，$g(n) = 2n!$，当 $n \geq 1$ 时，

$$n \times g(n-1) = n \times 2(n-1)! = 2n!$$

即，$g(n) = 2n!$（$n \geq 0$）也满足递归关系 $f(n) = n \times f(n-1)$，但是，$g(0) = 2$，不满足初始条件。

【例 8.38】 对于递归关系 $a_n = 3a_{n-1} - 2a_{n-2}$（$n \geq 2$），验证下面三个数列是否为该递归关系的解。

(1) $a_n = 2$ $\qquad$ （$n \geq 0$）

(2) $a_n = 2n$ $\qquad$ （$n \geq 0$）

(3) $a_n = 2^n$ $\qquad$ （$n \geq 0$）

解: (1) 对数列 $a_n = 2$ $(n \geqslant 0)$,当 $n \geqslant 2$ 时,

$$3a_{n-1} - 2a_{n-2} = 3 \times 2 - 2 \times 2 = 2 = a_n$$

因此,数列 $a_n = 2$ $(n \geqslant 0)$ 是该递归关系的解。

(2) 对数列 $a_n = 2n$ $(n \geqslant 0)$,当 $n \geqslant 2$ 时,

$$3a_{n-1} - 2a_{n-2} = 3 \times 2(n-1) - 2 \times 2(n-1) = 6n - 6 - 4n + 4 = 2n - 2 \neq 2n = a_n$$

因此,数列 $a_n = 2n$ $(n \geqslant 0)$ 不是该递归关系的解。

(3) 对数列 $a_n = 2^n$ $(n \geqslant 0)$,当 $n \geqslant 2$ 时,

$$3a_{n-1} - 2a_{n-2} = 3 \times 2^{n-1} - 2 \times 2^{n-2} = 3 \times 2^{n-1} - 2^{n-1} = 2 \times 2^{n-1} = 2^n = a_n$$

因此,数列 $a_n = 2^n$ $(n \geqslant 0)$ 是该递归关系的解。

上例中,要给出数列 $\{a_n\}$ 的递归定义,我们需要在初始条件中指定最初两个初始项的值,才能让递归关系 $a_n = 3a_{n-1} - 2a_{n-2}$ $(n \geqslant 2)$ 发生作用。一般的,如果数列 $\{a_n\}$ 的递归关系中,a_n 用此前的 k 项 a_{n-k},a_{n-k+1},$\cdots$,a_{n-1} 来表示,则初始条件中需指定数列 $\{a_n\}$ 最初的 k 项。

上例中,形如 $a_n = 2$ $(n \geqslant 0)$ 的方式定义数列,称为数列的通项公式定义。递归定义和通项公式定义是两种定义数列的方法。

【例 8.39】 河内(Hanoi)塔问题。这是一个十九世纪法国数学家卢卡斯(Edouard Lucas)所发明的趣题。

在 A、B、C 三个塔上从小到大叠放了 64 个圆盘,将这些圆盘从 A 塔搬运到 C 塔上,每次只能搬运一个并且不允许出现大盘压小盘的情形。那么,搬完所有圆盘需要搬运多少次?

解: 用数列 $\{T_n\}$ 表示将 n 个圆盘从 A 塔搬至 C 塔所需要搬运的次数。对于该问题 $n>1$ 的情形,求解的递归算法如下:

(1) 将 $n-1$ 个圆盘从 A 塔搬至 B 塔;

(2) 将第 n 个圆盘从 A 塔搬至 C 塔;

(3) 将 $n-1$ 个圆盘从 B 塔搬至 C 塔。

由该算法可以得到递归关系 $T_n = 2T_{n-1} + 1$。对于 $n = 0$ 的情形,即,没有圆盘时,当然无须搬任何圆盘。所以,初始条件 $T_0 = 0$。

由递归定义得到通项公式定义的一个简单方法是正向代换法,即,将初始条件带入递归关系,依次求出最初的几项,通过观察推测出通项公式。需要注意的是,由于通项公式是推测出的,它的有效性必须通过证明进行检测,一般采用数学归纳法证明。对上述递归关系,$T_1 = 1$,$T_2 = 3$,$T_3 = 2 \times T_2 + 1 = 7$,$T_4 = 2 \times T_3 + 1 = 15$,$T_5 = 2 \times T_4 + 1 = 31$,$T_6 = 2 \times T_5 + 1 = 63$。观察到这里,我们推测 $T_n = 2^n - 1$。

接下来,我们对此推测运用数学归纳法进行证明:

当 $n = 1$ 时,$T_1 = 1 = 2^1 - 1$,假设对 $k \geqslant 1$,$T_k = 2^k - 1$,则由递归关系 $T_{k+1} = 2T_k + 1 = 2 \times (2^k - 1) + 1 = 2^{k+1} - 1$。因此,$T_n = 2^n - 1$ 对所有 $n \geqslant 1$ 成立。

我们也可以采用另一种求通项公式。将 $T_n = 2T_{n-1} + 1$ 等号两边各加 1,从而得到

$$T_n + 1 = \begin{cases} 2 & n = 1 \\ 2T_{n-1} + 2 & n > 1 \end{cases}$$

现在,令 $S_n = T_n + 1$,则有

$$S_n = \begin{cases} 2 & n = 1 \\ 2S_{n-1} & n > 1 \end{cases}$$

由此可以得到 $S_n = 2^n$，因而同样解得 $T_n = 2^n - 1$。

因此，将 64 个圆盘从 A 塔搬至 C 塔需要搬运 $2^{64} - 1$ 次。由于 $2^{10} = 1024 \approx 10^3$，搬运的次数超过 1.6×10^{19}。

【例 8.40】 斐波那契（Fibonacci）数列。这是一个最初由 13 世纪意大利数学家斐波那契（Leonardo di Pisa，又名 Fibonacci）所提出的问题。

一对新出生的兔子两个月之后就可以每月生下一对兔子，按此规律，若不考虑兔子的死亡情况，一对新出生的兔子一年后繁殖出多少对兔子？

解：用数列 $\{F_n\}$ 表示第 n 个月兔子的对数，原问题即求 F_{13}。显然，$F_1 = 1$；第二个月，兔子还未生育，还是原来的一对，所以 $F_2 = 1$。第三个月，第一个月出生的兔子生下一对兔子，所以 $F_3 = 2$。第四个月，仍只有第一个月出生的兔子可以生兔子，所以 $F_4 = 3$。第五个月，不仅第一个月出生的兔子可以生兔子，第三个月出生的兔子也可以生兔子，所以 $F_5 = 5$。依次类推，我们可以得到 Fibonacci 数列如下：

$$1,\ 1,\ 2,\ 3,\ 5,\ \cdots$$

并且，从第三个月开始，每个月的兔子数由两部分组成：上个月兔子数和本月出生的兔子数。而本月出生的兔子是上上个月兔子所生，即，本月出生的兔子数等于上上个月的兔子数。因此，可得递归关系 $F_n = F_{n-1} + F_{n-2}$，初始条件为 $F_1 = 1$ 和 $F_2 = 1$。

使用此递归关系以及已求得的 F_1、F_2、F_3、F_4 和 F_5，可以很快求得 F_{13} 如下：

$$F_6 = F_5 + F_4 = 5 + 3 = 8$$
$$F_7 = F_6 + F_5 = 8 + 5 = 13$$
$$F_8 = F_7 + F_6 = 13 + 8 = 21$$
$$F_9 = F_8 + F_7 = 21 + 13 = 34$$
$$F_{10} = F_9 + F_8 = 34 + 21 = 55$$
$$F_{11} = F_{10} + F_9 = 55 + 34 = 89$$
$$F_{12} = F_{11} + F_{10} = 89 + 55 = 144$$
$$F_{13} = F_{12} + F_{11} = 144 + 89 = 233$$

即，一年后共繁殖出 233 对兔子。

同 Hanoi 塔问题相比，我们没有得到 Fibonacci 数列的通项公式，而且，虽然运用正向代换法，我们已尝试到了 F_{13}，仍很难发现 Fibonacci 数列的通项公式。求解 Fibonacci 数列的通项公式，需要后面介绍的更为复杂的方法。

【例 8.41】 在第 5 章中，我们已经看到 3 个结点可以构成 5 棵不同构的二叉树。一般的，由 5 个结点可以构成多少棵不同构的二叉树？

解：用数列 $\{T_n\}$ 表示 n 个结点可以构成的不同构的二叉树数目。对于 n 个结点构成的二叉树，除根结点外的 $n-1$ 个结点分别位于左右子树中，因而二叉树的一般形式如图 8-4 所示。

由于左右子树的形式独立，因此，可以得到递归关系 $T_n = \sum_{k=0}^{n-1} T_k \cdot T_{n-1-k}$，并且，由于 0 个结点就是空树，其形式是唯一的，所以，初始条件 $T_0 = 1$。

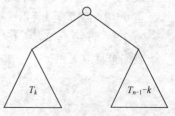

图 8-4 二叉树的一般形式

使用此递归关系及初始条件，我们可以求得 T_5 如下：

$T_1 = T_0 \times T_0 = 1 \times 1 = 1$

$T_2 = T_0 \times T_1 + T_1 \times T_0 = 1 \times 1 + 1 \times 1 = 2$

$T_3 = T_0 \times T_2 + T_1 \times T_1 + T_2 \times T_0 = 1 \times 2 + 1 \times 1 + 2 \times 1 = 5$

$T_4 = T_0 \times T_3 + T_1 \times T_2 + T_2 \times T_1 + T_3 \times T_0 = 1 \times 5 + 1 \times 2 + 2 \times 1 + 5 \times 1 = 14$

$T_5 = T_0 \times T_4 + T_1 \times T_3 + T_2 \times T_2 + T_3 \times T_1 + T_4 \times T_0 = 1 \times 14 + 1 \times 5 + 2 \times 2 + 5 \times 1 + 14 \times 1 = 42$

即，由 5 个结点可以构成 42 棵不同构的二叉树。

对于这个问题，我们也没有得到数列 $\{T_n\}$ 的通项公式，运用正向代换法，我们求得了 T_5，通过比较我们可以发现，这个数列就是我们前面介绍的 Catalan 数。

8.5.2　逆向代换法

逆向代换法，正如其名所示，它求递归定义的数列 $\{a_n\}$ 的通项公式时，不是如正向代换法那样从初始条件开始，而是将 a_{n-1} 的递归表示、a_{n-2} 的递归表示……代换 a_n 的递归表示中的 a_{n-1}、a_{n-2}、…，直至利用初始条件得到 a_n 的通项公式。

【例 8.42】　利用逆向代换法求解 Hanoi 塔问题中 T_n 的通项公式。

解： 该递归关系为 $T_n = 2T_{n-1} + 1$，初始条件为 $T_1 = 1$。

因此 $T_{n-1} = 2T_{n-2} + 1$，将之代入 T_n 得

$$T_n = 2(2T_{n-2} + 1) + 1 = 2^2 T_{n-2} + 2 + 1$$

又，$T_{n-2} = 2T_{n-3} + 1$，$T_{n-3} = 2T_{n-4} + 1$，…

继续代换下去，可得

$$T_n = 2^3 T_{n-3} + 2^2 + 2 + 1 = 2^4 T_{n-4} + 2^3 + 2^2 + 2 + 1$$
$$\cdots$$
$$T_n = 2^{n-1} T_1 + 2^{n-2} + 2^{n-3} + \cdots + 1$$

由等比数列求和公式，可得 $T_n = 2^n - 1$。

【例 8.43】　已知递归关系 $X_n = X_{n-1} + n$ （$n > 1$）及初始条件 $X_1 = 1$，利用逆向代换法求数列 $\{X_n\}$ 的通项公式。

解： 由递归关系，可得到 $X_{n-1} = X_{n-2} + n - 1$，代入 X_n 得

$$X_n = X_{n-2} + (n-1) + n$$

同理，继续代换下去，可得

$$X_n = X_{n-3} + (n-2) + (n-1) + n$$
$$\cdots$$
$$X_n = X_1 + 2 + 3 + \cdots + n$$

即，$X_n = \dfrac{n(n+1)}{2}$。

8.5.3　常系数齐次线性递归关系

但是不论是应用正向代换法还是逆向代换法，都难以解出 Fibonacci 数列的通项公式，Fibonacci 数列所反映出的递归关系是一种二阶常系数齐次线性递归关系，我们得寻找更加有效的解法。

一般的，我们说数列 $\{A_n\}$ 是 k 阶线性递归关系的解，是指存在 a_1、a_2、…、a_k （$a_k \neq 0$）和 b_n 使得

$$A_n = a_1 \cdot A_{n-1} + a_2 \cdot A_{n-2} + \cdots + a_k \cdot A_{n-k} + b_n, (n \geqslant k)$$

其中，a_1、a_2、$\cdots$、a_k 和 b_n，可以是常数，也可能依赖于 n。如果 b_n 为 0，则称为齐次的；若 a_1、a_2、$\cdots$、a_k 均为常数，则称为常系数的。

本小节我们讨论的是常系数齐次线性递归关系的解法，下一小节再讨论常系数非齐次线性递归关系的解法。

这类递归关系中最简单的是一阶常系数齐次线性递归关系，即，$A_n = a_1 \cdot A_{n-1}$。显然，满足该递归关系的数列的通解为 $A_n = b \cdot a_1^n$，其中，b 为任意值；当初始条件给定时，可唯一确定 b 的值，从而确定数列的通项公式。

对于一般的常系数齐次线性递归关系 $A_n = a_1 \cdot A_{n-1} + a_2 \cdot A_{n-2} + \cdots + a_k \cdot A_{n-k}$，我们有下面的定理。

定理 8.12 对于常系数齐次线性递归关系

$$A_n = a_1 \cdot A_{n-1} + a_2 \cdot A_{n-2} + \cdots + a_k \cdot A_{n-k}$$

称 $q^k - a_1 \cdot q^{k-1} - a_2 \cdot q^{k-2} \cdots - a_k = 0$ 为该递归关系的特征方程。如果特征方程有 k 个不同的根 q_1、q_2、$\cdots$、q_k，则 q_1^n、q_2^n、$\cdots$、q_k^n 均满足该递归关系，即该递归关系的通解为

$$A_n = c_1 \cdot q_1^n + c_2 \cdot q_2^n + \cdots + c_k \cdot q_k^n$$

其中，c_1、c_2、$\cdots$、c_k 为任意值。若给定了初始条件 A_1、A_2、$\cdots$、A_k，则联立线性方程组可唯一确定 c_1、c_2、$\cdots$、c_k。如果 q 是特征方程的 s 重根，则 q^n、$n \cdot q^n$、$\cdots$、$n^{s-1} \cdot q^n$ 均满足该递归关系。同样，给定了初始条件后，可联立线性方程组唯一确定 c_1、c_2、$\cdots$、c_k。

该定理的证明略。

【例 8.44】 求 Fibonacci 数列的通项公式。

解：Fibonacci 数列的递归关系为 $F_n = F_{n-1} + F_{n-2}$，所以其特征方程为

$$q^2 - q - 1 = 0$$

解方程得 $q_1 = \dfrac{1+\sqrt{5}}{2}$，$q_2 = \dfrac{1-\sqrt{5}}{2}$，所以，通解为

$$F_n = c_1 \cdot (\dfrac{1+\sqrt{5}}{2})^n + c_2 \cdot (\dfrac{1-\sqrt{5}}{2})^n$$

代入初始条件 $F_1 = 1$ 和 $F_2 = 1$，得

$$\begin{cases} c_1 \cdot (\frac{1+\sqrt{5}}{2}) + c_2 \cdot (\frac{1-\sqrt{5}}{2}) = 1 \\ c_1 \cdot (\frac{1+\sqrt{5}}{2})^2 + c_2 \cdot (\frac{1-\sqrt{5}}{2})^2 = 1 \end{cases}$$

解方程组得 $c_1 = \dfrac{1}{\sqrt{5}}, c_2 = -\dfrac{1}{\sqrt{5}}$。

所以，Fibonacci 数列的通项公式为 $F_n = \dfrac{1}{\sqrt{5}} \cdot (\dfrac{1+\sqrt{5}}{2})^n - \dfrac{1}{\sqrt{5}} \cdot (\dfrac{1-\sqrt{5}}{2})^n$。

尽管 F_n 各项均为整数，但其通项公式却包含无理数 $\sqrt{5}$，因而难以通过观测推测出通项公式。

【例 8.45】 已知递归关系 $h_n = 2h_{n-1} + h_{n-2} - 2h_{n-3}$ $(n > 3)$ 及初始条件 $h_1 = 2$，$h_2 = 1$，$h_3 = 1$，求数列 $\{h_n\}$ 的通项公式。

解：该递归关系的特征方程为

$$q^3 - 2 \cdot q^2 - q + 2 = 0$$

将上式因式分解得

$$(q-2)(q^2-1)=0$$

所以，$q_1=2$，$q_2=1$，$q_3=-1$，得 $h_n=c_1\cdot 2^n+c_2\cdot 1^n+c_3(-1)^n$。

代入初始条件得

$$\begin{cases} 2c_1+c_2-c_3=2 \\ 4c_1+c_2+c_3=1 \\ 8c_1+c_2-c_3=-1 \end{cases}$$

解方程组得 $c_1=-0.5$，$c_2=3$，$c_3=0$，所以，$h_n=-2^{n-1}+3$。

【例 8.46】 已知递归关系 $f_n=4h_{n-1}-4h_{n-2}$（$n>2$）及初始条件为 $f_1=4$，$f_2=6$，求数列 $\{f_n\}$ 的通项公式。

　　解：该递归关系的特征方程为

$$q^2-4q+4=0$$

因为方程有两个相等实根 $q_1=q_2=2$，所以通解为 $f_n=c_1\cdot 2^n+c_2\cdot n\cdot 2^n$。

代入初始条件得

$$\begin{cases} 2c_1+2c_2=4 \\ 4c_1+8c_2=6 \end{cases}$$

解方程组得 $c_1=c_2=1$，所以，$f_n=(n+1)\cdot 2^n$。

8.5.4　常系数非齐次线性递归关系

　　让我们再看一下 Hanoi 塔问题中的递归关系 $T_n=2T_{n-1}+1$，这是一个一阶常系数非齐次线性递归关系。对于常系数非齐次线性递归关系，它的求解比常系数齐次线性递归关系要困难而且也复杂的多，我们只考虑下面定理介绍的两种简单情形。

　　定理 8.13　对于常系数非齐次线性递归关系

$$A_n=a_1\cdot A_{n-1}+a_2\cdot A_{n-2}+\cdots+a_k\cdot A_{n-k}+b_n,(n\geqslant k)$$

它的通解包含两部分：相应齐次线性递归关系的通解和针对 b_n 的一个特解。

　　（1）如果 b_n 为 n 的 k 阶多项式，特解也为 n 的 k 阶多项式；

　　（2）如果 $b_n=d^n$，d 是常数，特解具有 $p\times d^n$ 的形式。

该定理的证明略。

【例 8.47】　求 Hanoi 塔问题中 T_n 的通项公式。

　　解：对于 Hanoi 塔问题中的递归关系 $T_n=2T_{n-1}+1$，相应齐次线性递归关系的通解为 $T_n=c\cdot 2^n$。由于 $b_n=1=d^0$，所以我们尝试特解 $T_n=p$。代入递归关系，得

$$p=2p+1$$

所以，$p=-1$，得原递归关系的通解为 $T_n=c\cdot 2^n-1$。代入初始条件 $T_1=1$，得 $c=1$。

即，$T_n=2^n-1$。

【例 8.48】 已知递归关系 $h_n=3h_{n-1}-4n,(n\geqslant 1)$ 及初始条件 $h_1=2$，求数列 $\{h_n\}$ 的通项公式。

　　解：相应齐次线性递归关系的通解为 $h_n=c3^n$，$b_n=-4n$，我们尝试特解 $h_n=a\cdot n+b$。代入递归关系，得

$$a\cdot n+b=3(a(n-1)+b)-4n=(3a-4)n+(3b-3a)$$

由方程两边对应系数相等，可得

$$\begin{cases} a = 3a - 4 \\ b = 3b - 3a \end{cases}$$

解方程组，得 $a=2$，$b=3$，即，特解为 $h_n = 2n+3$，所以原递归关系的通解为 $h_n = c3^n + 2n + 3$，代入初始条件 $h_1 = 2$，得 $c = -1$；所以，$h_n = -3^n + 2n + 3$。

【例 8.49】 已知递归关系 $h_n = 2h_{n-1} + 4^n$，$n \geqslant 1$ 及初始条件为 $h_1 = 2$，求数列 $\{h_n\}$ 的通项公式。

相应齐次线性递归关系的通解为 $h_n = c \cdot 2^n$，$b_n = 4^n$，我们尝试特解 $h_n = p \cdot 4^n$。代入递归关系，得

$$p \cdot 4^n = 2p \cdot 4^{n-1} + 4^n$$

所以，$p=2$，特解为 $h_n = 2 \times 4^n$，所以原递归关系的通解为 $h_n = c2^n + 2 \times 4^n$，代入初始条件 $h_1 = 2$，得 $c = -3$，所以，$h_n = -3 \times 2^n + 2 \times 4^n$。

本 章 小 结

本章主要介绍了组合计数的基本原理、二项式定理和组合恒等式，在此基础上，介绍了鸽笼原理和递归关系的解法。

加法原理和乘法原理是求解计数问题的基本原理，应用这些原理，可以推导排列和组合以及广义的排列与组合的计算方法。

二项式定理给出了 $(a+b)^n$ 的展开式中各项系数与组合数的关系，由此，可以推出二项式系数满足的一些组合恒等式。

鸽笼原理也是组合数学中的一个基本的原理，有简单形式和一般形式。对于许多问题，应用鸽笼原理往往能带来意想不到的结论。

求解一些计数问题，常用到递归关系。求解递归关系的基本方法有正向代换法、逆向代换法，对于常系数齐次线性递归关系和一些特殊形式的常系数非齐次线性递归关系，已经有了系统的求解方法。

习 题 八

1．某大学有 A、B、C 三座教学楼，A 楼有 60 间教室，B 楼有 80 间教室，C 楼有 70 间教室。

（1）共有多少间教室？

（2）如果从每座楼选择一间作为教室休息室，共有多少种选择？

（3）如果从每座楼选择两间作为教室休息室呢？

2．计算机根据红、绿、蓝三种颜色的深浅度决定特定颜色，这三种颜色的深浅度都是用从 0 到 255 的整数描述的，计算机可显示的颜色有多少种？

3．考试题目中有 10 道单项选择题，每道有 A、B、C、D 四个选项：

（1）如果每道题都做，共有多少种选择可能？

（2）如果某些题空着不做，共有多少种选择可能？

4．小于 10000 的正整数中，

（1）含有数字 1 的有多少个？

（2）含有数字 0 的有多少个？

（3）数字 5 不重复出现的有多少个？

5．摄像师给六对新人拍摄集体照：

（1）如果所有人站成一排，新郎新娘必须相邻，共有多少种不同的站法？

（2）如果所有人站成一排，新郎和新娘不得相邻，共有多少种不同的站法？

（3）如果所有人站成一排，新郎必须站在新娘左侧的某个位置，共有多少种不同的站法？

（4）如果新娘站在前排，新郎站在后排对应位置，共有多少种不同的站法？

6．足球比赛每队可以报名参赛 18 人，其中首发出场 11 人，球队阵形为前锋 2 人、中场 4 人、后场 4 人的 "4–4–2" 阵形，

（1）如果每人都可胜任所有位置，则从报名的人中可以有多少种选择安排首发名单？

（2）如果门将只能守门，每队报名的门将为 3 人，则有多少种选择安排首发名单？

（3）如果报名的 18 人中，3 人是门将，4 人是前锋，6 人是中场，5 人是后场，则有多少种选择安排首发名单？

7．两家公司合并要重构管理层，甲公司原管理层有 15 人，9 男 6 女，乙公司原管理层有 18 人，8 男 10 女。合并后的管理层需要 20 人，10 男 10 女，人员从两家公司原管理层选择，人数、男女均是两家公司各出一半，共有多少种选择方案？

8．由 6 个 1、8 个 0 可以组成多少个不同的位串？

9．相同的数学书、语文书和英语书各三本放在书架上，有多少不同的放法？

10．在 8×8 的国际象棋棋盘的方格中，放 8 个互不攻击的车：

（1）有多少种不同的放法？

（2）如果黑、白双方的车各四个，有多少种不同的放法？

（3）如果红、绿、黑、白的车各两个，有多少种不同的放法？

11．从 100 元、50 元、10 元、5 元、1 元的纸币中取出 4 张，可以得到多少种不同的钱数？从 3 张 100 元、5 张 10 元、8 张 1 元的纸币中取出 4 张呢？

12．从三维坐标平面的原点走到点 (4, 3, 5)，每步只能沿着坐标轴方向走单位长度，有多少种不同的走法？

13．从 1 到 1000 中任取 3 个互不相同的数，其和为 4 的倍数，有多少种取法？如果和为 5 的倍数呢？

14．方程 $x_1 + x_2 + x_3 + x_4 + x_5 = 30$ 共有多少组非负整数解？有多少组满足条件 $x_1 \geq 1$，$x_2 \geq 2$，$x_3 \geq 3$，$x_4 \geq 4$，$x_4 \geq 5$ 的整数解？

15．对下列多项式，求 $a^3 b^5$ 的系数。

（1）多项式 $(a+b)^8$

（2）多项式 $(3a+5b)^8$

（3）多项式 $(2a-3b)^8$

16．对下列多项式，求互不相同类的项的个数。

（1）多项式 $(x_1+x_2)^8$

（2）多项式 $(y_1+y_2+y_3)^6$

（3）多项式 $(z_1+z_2+z_3+z_4)^5$

17．证明下列组合恒等式。

（1）$kC(n, k) = nC(n-1, k-1)$

（2）$C(n+1, k)=(n+1)C(n, k-1)/k$

（3）$C(2n, n) + C(2n, n+1) = C(2n+2, n+1)/2$

18．证明：任取 $n+1$ 个正整数，其中存在两个整数之差是 n 的倍数。

19．口袋中有 12 个白球，12 个黑球。至少要取多少个球才能保证取出一个白球和一个黑球？至少要取多少个球才能保证取出两个白球？

20．由 0 或 1 构成的字符串中，如果用 A_n 表示不含子串 111 的 n 位字符串，试建立 A_n 的递推关系和初始条件。

21．解下列递归关系：

（1）$a_n = 4a_{n-1} + 3 \ (n>1)$，初始条件是 $a_1 = 1$。

（2）$b_n = 2b_{n-1} + 2b_{n-2} \ (n>2)$，初始条件是 $b_1 = 0$，$b_2 = 1$。

（3）$c_n = c_{n-1} + 9c_{n-2} - 9c_{n-3} \ (n>3)$，初始条件是 $c_1 = 0$，$c_2 = 1$，$c_3 = 1$。

（4）$d_n = d_{n-1} + 2n - 1 \ (n>1)$，初始条件是 $d_1 = 1$。

（5）$e_n = 13e_{n-1} - 12e_{n-2} + 3 \ (n>2)$，初始条件是 $e_1 = 1$，$e_1 = 3$。

（6）$f_n = 6f_{n-1} - 9f_{n-2} + 2^n \ (n>2)$，初始条件是 $e_1 = 1$，$e_1 = 3$。

（7）$g_n = 2n \, g_{n-1} \ (n>1)$，初始条件是 $g_1 = 2$。

第五篇

代数系统

初等代数的中心内容是解方程。通过解方程的研究，促进了数集概念的发展，将算术中讨论的整数集概念扩充到有理数集、实数集和复数集。数都可以进行四则运算，服从基本运算定律。实际上，代数还可处理实数与复数以外的对象集合，例如矩阵和向量，这些对象集合分别根据它们各自服从的运算定律而定。将个别的运算经由抽象手法把共有的内容升华出来，并因此达到更高层次，这就诞生了抽象代数。

由集合和集合上的运算所构成的系统称为代数系统，研究代数系统的数学分支称为近世代数或抽象代数。1832 年，法国数学家伽罗瓦（Evariste Galois）首先提出了"群"的思想，并运用"群"彻底解决了用根式求解代数方程的可能性问题，一般称他为近世代数的创始人。在随后 100 多年的时间里，抽象代数不仅发展出群、环、域、格与布尔代数等许多分支，并且对全部现代数学、物理学、化学甚至对于 20 世纪结构主义哲学的产生和发展都发生了巨大的影响。代数的概念和方法也是研究计算机科学的重要工具，在许多领域都是必不可少的。机器可计算的函数、运算的复杂性、程序设计语言的语义等，都可以用代数系统去描述。

本篇主要介绍代数系统的基础知识，从介绍一般代数系统的概念、运算性质及同态和同构出发，研究群、环、域、格与布尔代数等几类重要的代数系统。

第9章 代数系统

本章导读

本章主要介绍一般代数系统的定义与基本性质，研究具有一个二元运算的代数系统——群、具有两个二元运算的代数系统——环和域及以偏序为基础的代数系统——格与布尔代数。

本章内容要点：

- 代数系统的概念及运算性质；
- 代数系统的同态与同构；
- 群；
- 环与域；
- 格与布尔代数。

内容结构

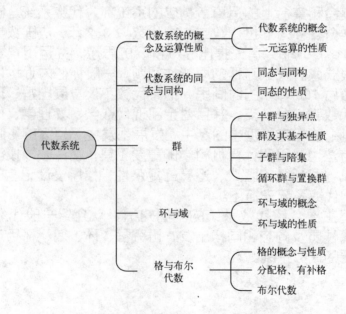

学习目标

本章着重介绍代数系统的相关概念和性质，通过学习，学生应该能够：

- 理解代数系统的相关概念，对二元运算的各种性质有深入的理解；
- 理解同态与同构的概念与性质，能判断代数系统间的同态与同构；
- 理解半群、独异点的概念与性质，深入理解群及其相关概念，能判断给定代数系统是否半群、独异点、群、循环群，熟记拉格朗日定理及推论，了解正规子群、商群、同态核的概念及同态基本定理；
- 理解环与域的概念，了解环与域的性质；
- 理解代数格与偏序格的概念及二者等价的意义，掌握各种特殊的格及布尔代数的概念，理解布尔代数的重要性质。

9.1　代数系统的概念及运算性质

由集合和集合上的运算所构成的系统称为代数系统，因此，运算及其性质的研究是代数系统中最为基本的内容。

9.1.1　代数系统的概念

无论在小学、中学、大学数学课程中，还是在本书的前面，我们已经学了很多的运算，那么究竟什么是运算呢？下面用函数给出运算的定义。

定义 9.1　设 A 是一个非空集合，若有 n 元函数 $f: A^n \rightarrow A$，则称 f 为 A 上的一个 n 元运算。

当 $n=2$ 时，称 f 为 A 上的一个二元运算；当 $n=1$ 时，称 f 为 A 上的一个一元运算。

我们研究的运算主要是二元运算，有时也涉及一元运算。通常用 ○，*，△，☆，…表示二元运算符。设 *: $A \times A \rightarrow A$ 是 A 上的二元运算，对任意的 $x, y \in A$，*$(x, y) = z$，可以简记作 $x * y = z$。

集合 A 中的元素经某一运算后它的结果仍在 A 中，称此运算在集合 A 上是封闭的。n 元运算是一个封闭的运算，要求对 A 中的任何元素运算后所得的结果必须是集合 A 中的元素。

例如 $f: N \times N \rightarrow N$，$f(x, y) = x + y$，就是自然数集 N 上的二元运算，即普通的加法运算。但普通的减法运算就不是集合 N 上的二元运算，因为，两个自然数相减可能是负数，而负数不是自然数，即 N 对减法不封闭。同理，N 对乘法封闭，对除法不封闭。要验证一个运算是否为集合 A 上的二元运算，应考虑以下两点：

（1）A 中任何两个元素都可以进行这种运算，且运算的结果是唯一的。

（2）A 中任何两个元素的运算的结果都属于 A，即 A 对该运算是封闭的。

例如，实数集 R 上不能定义除法运算，因为对于 $0 \in R$，0 不能做除数。但在 R − {0} 上就可以定义除法运算。

【例 9.1】 整数集 Z 上的加法、减法、乘法是 Z 上的二元运算，但除法不是。

【例 9.2】 非零实数集 R − {0} 上乘法、除法都是该集合上的二元运算，而加法、减法不是，因为 $3 + (-3) = 3 - 3 = 0 \notin R - \{0\}$。

【例 9.3】 对任意集合 A，其任意子集的交、并运算仍是 A 的子集，因此，交、并是 A 的幂

集 ρ（A）上的二元运算，A 的任意子集相对于 A 的补集也是 A 的子集，因此相对于 A 的补运算是 ρ（A）上的一元运算。

【例 9.4】 合取和析取联结词是集合 $\{T, F\}$ 上的二元运算，否定联结词是该集合上的一元运算。

【例 9.5】 集合 $A = \{x \mid x = 2^n, n \in N\}$，普通的加法运算在集合 A 上不封闭，例如，$2^2 + 2^3 = 12$；而对于普通的乘法运算，由于对任意 m，$n \in N$，$2^m \times 2^n = 2^{m+n} \in A$，因此，乘法是集合 A 上的二元运算。

【例 9.6】 集合 $Z_n = \{0, 1, 2, \cdots, n-1\}$，运算 $+_n$ 定义为 $x +_n y = x + y \bmod n$，运算 $\times_n$ 定义为 $x \times_n y = x \cdot y \bmod n$，则 $+_n$ 和 $\times_n$ 都是集合 Z_n 上的二元运算。

如同命题联结词的真值表，有限集上的运算可用称为运算表的表格来定义，对于 $x \circ y$，查看运算表中元素 x 所在行、元素 y 所在列的表项，即可得到运算的结果。

【例 9.7】 表 9-1 表示的集合 $\{a, b, c\}$ 上的二元运算 $\circ$ 的运算表。

根据该运算表，我们可以得到 $a \circ b = c$，$b \circ c = c$，$c \circ c = a$，等等。

有了集合 A 上的 n 元运算的概念，就可以对一般代数系统进行定义。具体定义如下：

定义 9.2 非空集合 A 和 A 上 k 个运算 $\circ_1$，$\circ_2$，$\circ_3$，$\cdots$，$\circ_k$ 组成的系统称为一个代数系统（或代数结构），记作（A，$\circ_1$，$\circ_2$，$\circ_3$，$\cdots$，$\circ_k$）。

需要注意的是，一个代数系统要满足以下三个条件：

（1）有一个非空集合 A；

（2）若干个建立在集合 A 上的运算；

（3）这些运算在集合 A 上是封闭的。

具备上述三个条件的系统构成了一个代数系统。

表 9-1 二元运算 $\circ$ 的运算表

$\circ$	a	b	c
a	b	c	a
b	b	a	b
c	c	b	a

集合 A 可以是我们所熟知的集合，例如自然数集 N、整数集 N、实数集 R 等，也可以是纯粹抽象的集合。在集合 A 上的运算可以有若干个，例如在实数集上可以有加法、乘法两个二元运算；A 上的运算也可以是一元的，二元的，或者多元的。

本章中更多的是关注一些抽象的集合上的抽象运算。这里讨论的代数系统一般以二元运算为主，并且，二元运算的个数也仅限于一到两个。

【例 9.8】 整数集 Z 上带有加法运算的系统构成了一个代数系统，因为它有一个非空集合 Z，有 Z 上的加法运算，并且这个加法运算在 Z 上是封闭的。因此，它构成了一个代数系统（Z，+）。

【例 9.9】 有理数集 Q 上带有加法和乘法运算的系统构成了一个代数系统，因为它有一个非空集合 Q，有 Q 上的加法和乘法运算，并且这两个运算在 Q 上是封闭的。因此，它构成了一个代数系统（Q，+，×）。

【例 9.10】 集合 A 的幂集 ρ（A）上带有交、并、补运算的系统构成了一个代数系统，因为它有一个非空集合 ρ（A），有 ρ（A）上的交、并、补运算，并且这三个运算在 ρ（A）上是封闭的。因此，它构成了一个代数系统（ρ（A），$\cap$，$\cup$，$^{-}$）。

定义 9.3 设（A，$\circ_1$，$\circ_2$，$\circ_3$，$\cdots$，$\circ_k$）是一个代数系统，如果有 A 的非空子集 B 对 A 的每个运算 $\circ_i$（$1 \leq i \leq k$）都封闭，则代数系统（B，$\circ_1$，$\circ_2$，$\circ_3$，$\cdots$，$\circ_k$）称为（A，$\circ_1$，$\circ_2$，$\circ_3$，$\cdots$，$\circ_k$）的子系统或子代数。

【例 9.11】 设 E 表示偶数集，O 表示奇数集，则代数系统（E，+，×）是（Z，+，×）的子代数，（O，×）是（Z，×）的子代数。

9.1.2　二元运算的性质

运算的性质体现了代数系统的性质，下面介绍一般代数系统中二元运算的一些常见性质与特殊元素。

1. 交换律

设 ∘ 是集合 A 上的二元运算，如果对于任意 a，$b \in A$，均有

$$a \circ b = b \circ a$$

则称运算 ∘ 满足交换律。

【例 9.12】　自然数集 N、整数集 Z、有理数集 Q 和实数集 R 上的加法运算和乘法运算都满足交换律。

【例 9.13】　集合 $Z_n = \{0, 1, 2, \cdots, n-1\}$ 上的运算 $+_n$ 和 $\times_n$ 满足交换律。

2. 结合律

设 ∘ 是集合 A 上的二元运算，如果对于任意 a，b，$c \in A$，均有

$$a \circ (b \circ c) = (a \circ b) \circ c$$

则称运算 ∘ 满足结合律。

【例 9.14】　自然数集 N、整数集 Z、有理数集 Q 和实数集 R 上的加法运算和乘法运算都满足结合律。

【例 9.15】　集合 $Z_n = \{0, 1, 2, \cdots, n-1\}$ 上的运算 $+_n$ 和 $\times_n$ 满足结合律。

通常，当对集合上的多个元素按照一定顺序进行代数运算时，需通过加括号的方式来决定运算的先后顺序，比如，$a \circ (b \circ c)$ 和 $(a \circ b) \circ c$ 运算的先后顺序就不同。但是，如果一个代数运算满足结合律，则运算的顺序对结果没有影响，因此，不需要添加括号。

3. 分配律

设 ∘，$*$ 是集合 A 上的两个二元运算，如果对于任意 a，b，$c \in A$ 均有

$$a \circ (b*c) = (a \circ b) * (a \circ c)$$

则称运算 ∘ 对运算 $*$ 满足左分配律。同理，如果均有

$$(b*c) \circ a = b \circ a) * (c \circ a)$$

则称运算 ∘ 对运算 $*$ 满足右分配律。如果运算 ∘ 对运算 $*$ 既满足左分配律，又满足右分配律，则称运算 ∘ 对运算 $*$ 满足分配律。

【例 9.16】　自然数集 N、整数集 Z、有理数集 Q 和实数集 R 上的乘法运算对加法运算都满足分配律。

【例 9.17】　集合 A 的幂集 $\rho(A)$ 上的交运算对并运算、并运算对交运算都满足分配律。

4. 吸收律

设 ∘，$*$ 是集合 A 上的两个二元运算，如果对于任意 a，$b \in A$ 均有

$$a \circ (a*b) = a$$

则称运算 ∘ 对运算 $*$ 满足左吸收律；同理，如果均有

$$(a*b) \circ a = a$$

则称运算 ∘ 对运算 $*$ 满足右吸收律。如果运算 ∘ 对运算 $*$ 既满足左吸收律，又满足右吸收律，则称运算 ∘ 对运算 $*$ 满足吸收律。

【例 9.18】　集合 A 的幂集 $\rho(A)$ 上的交运算对并运算、并运算对交运算都满足吸收律。

【例9.19】 集合$\{T, F\}$上的合取运算对析取运算、析取运算对合取运算都满足吸收律。

5. 幂等元与幂等律

设$\circ$是集合A上的二元运算，如果存在$a\in A$，满足

$$a \circ a = a$$

则称a为A中关于运算$\circ$的幂等元。如果对于任意的$a\in A$都是幂等元，则称运算$\circ$满足幂等律。

【例9.20】 0是自然数集N、整数集Z、有理数集Q和实数集R上的加法运算的幂等元，1是乘法运算的幂等元。

【例9.21】 集合A的幂集$\rho(A)$上的交运算和并运算都满足幂等律。

6. 单位元

设$\circ$是集合A上的二元运算，如果存在$e_l\in A$，对于任意$x\in A$均有

$$e_l \circ x = x$$

则称e_l为A中关于运算$\circ$的左单位元（或左幺元）；如果存在$e_r\in A$，对于任意$x\in A$均有

$$x \circ e_r = x$$

则称e_r为A中关于运算$\circ$的右单位元（或右幺元）。如果存在$e\in A$既是运算$\circ$的左单位元，又是运算$\circ$的右单位元，则称e为A中关于运算$\circ$的单位元（或幺元）。

【例9.22】 0是自然数集N、整数集Z、有理数集Q和实数集R上加法运算的单位元，这几个集合上的乘法运算没有单位元，因为$1\times0=0\times1=0$，但是1是N－$\{0\}$、Z－$\{0\}$、Q－$\{0\}$和R－$\{0\}$上的乘法运算的单位元。

【例9.23】 集合A的幂集$\rho(A)$中，集合A是交运算的单位元，空集$\varnothing$是并运算的单位元。

定理9.1 设$\circ$是集合A上的二元运算，如果e_l、e_r分别是A中关于运算$\circ$的左单位元和右单位元，则$e_l=e_r$且A中的单位元是唯一的。

证明： 由$e_l=e_l\circ e_r=e_r$，因此 $e_l=e_r=e$。

设另有单位元$e_1\in A$，根据单位元既是左单位元又是右单位元，有

$$e_1 = e_1 \circ e = e$$

即，单位元是唯一的。

7. 零元

设$\circ$是集合A上的二元运算，如果存在$\theta_l\in A$，对于任意$x\in A$均有

$$\theta_l \circ x = \theta_l$$

则称θ_l是A中关于运算$\circ$的左零元；如果存在$\theta_r\in A$，对于任意$x\in A$均有

$$x \circ \theta_r = \theta_r$$

则称θ_r是A中关于运算$\circ$的右零元。如果存在$\theta\in A$既是运算$\circ$的左零元，又是运算$\circ$的右零元，则称θ是A中关于运算$\circ$的零元。

【例9.24】 自然数集N、整数集Z、有理数集Q和实数集R上的加法运算没有零元，0是这几个集合上乘法运算的零元。

【例9.25】 集合A的幂集$\rho(A)$中，空集$\varnothing$是交运算的零元，集合A是并运算的零元。

与单位元类似，我们可以证明，若左、右零元都存在，则左零元和右零元是相等的，且零元若存在也是唯一的。

8. 逆元

设∘是集合 A 上的二元运算，e 是 A 中关于运算∘的单位元，如果对于 A 中的元素 a，存在 $a_l \in A$，使得

$$a_l \circ a = e$$

则称 a_l 为 A 中 a 关于运算∘的左逆元。如果存在 $a_r \in A$，使得

$$a \circ a_r = e$$

则称 a_r 为 A 中 a 关于运算∘的右逆元。如果 A 中存在 a 关于运算∘既是左逆元又是右逆元的元素，称该元素为 A 中 a 关于运算∘的逆元，并称 a 关于运算∘可逆。

【例 9.26】 整数集 Z、有理数集 Q 和实数集 R 上的加法运算，任何元素 x 的逆元是 $-x$；但是自然数集 N 上的加法运算，除了单位元 0 外，其他元素都没有逆元。N − {0}、Z − {0} 上的乘法运算，除了单位元 1 外，其他元素都没有逆元；但是 Q − {0} 和 R − {0} 上的乘法运算，任意元素 x 的逆元是 $\dfrac{1}{x}$。

【例 9.27】 集合 A 的幂集 $\rho(A)$ 上的交运算，除了单位元 A 外，其他元素都没有逆元；$\rho(A)$ 上的并运算，除了单位元 $\varnothing$ 外，其他元素都没有逆元。

需要注意的是，对于 A 中的元素 a，它关于运算∘可以有一个、多个或者没有左逆元，也可以有一个、多个或者没有右逆元，左逆元和右逆元也一定相等。但是，我们有下面的定理。

定理 9.2 设∘是集合 A 上满足结合律的二元运算，如果对于 A 中元素 a，A 中存在 a 关于运算∘的左逆元 a_l 和右逆元 a_r，则有 $a_l = a_r$，并且逆元唯一。

证明： 由 $a_l = a_l \circ e = a_l \circ (a \circ a_r) = (a_l \circ a) \circ a_r = e \circ a_r = a_r$，因此，$a_l = a_r$。

设另有 a 的逆元 $a_1 \in A$，根据逆元既是左逆元又是右逆元，有

$$a_1 = a_1 \circ e = a_1 \circ (a \circ a_r) = (a_1 \circ a) \circ a_r = e \circ a_r = a_r$$

即，逆元是唯一的。

因此，当一个运算满足结合律时，元素 a 的左、右逆元相等且唯一，记作 a^{-1}。显然，a 也是 a^{-1} 的逆元。

【例 9.28】 关系数据库的理论基础是关系代数。我们已经知道关系是一种特殊的集合，因此，如果 $\Re$ 表示所有关系的集合，则 $\Re$ 上的交、并、差等运算封闭，但是在数据库中我们更关心的是一些特殊的关系运算：笛卡儿乘、选择、投影。笛卡儿乘运算定义为 $R \times S = \{(x, y) \mid x \in R$ 并且 $y \in S\}$，显然，笛卡儿乘运算的结果 $R \times S$ 仍是 $\Re$ 的一个关系，因此，笛卡儿乘运算是 $\Re$ 上的一个二元运算。选择运算 $\sigma_F(R) = \{x \mid x \in R$ 并且 $F(x)$ 为真$\}$，即，$\sigma_F(R)$ 是从 R 中选择使得 $F(x)$ 为真的所有元素 x 组成的集合，显然，选择运算的结果 $\sigma_F(R)$ 是 R 的一个子集，仍然是一个关系，因此，选择运算是 $\Re$ 上的一个一元运算。如果 $R \subseteq A_1 \times A_2 \times \cdots \times A_n$，$B \subseteq \{A_1, A_2, \cdots, A_n\}$，投影运算 $\pi_B(R) = \{x[B] \mid x \in R\}$，$x[B]$ 表示 x 在 B 上的分量，显然，投影运算的结果 $\pi_B(R)$ 是一个笛卡儿积的子集，因此，仍然是一个关系，因此，投影运算是 $\Re$ 上的一个一元运算。并且，多次选择运算可以交换运算顺序、多次投影运算也可以交换运算顺序，甚至选择与投影运算间也可以交换运算顺序，选择和投影运算还都对笛卡儿乘运算满足分配律。

9.2　代数系统的同态与同构

有些代数系统，虽然结构上不完全一致，但有一定的相似性。为了刻画这种相似性，我们引入代数系统的同态与同构的概念。

9.2.1　同态与同构

定义 9.4　设有两个代数系统 $(A, \circ_1, \circ_2, \circ_3, \cdots, \circ_k)$ 和 $(B, *_1, *_2, *_3, \cdots, *_k)$，如果 $\circ_i$ 和 $*_i$ 具有相同的元数，称这两个代数系统具有相同的类型。

【例 9.29】　代数系统 $(N, +)$ 与代数系统 $(Z, \times)$ 具有相同的类型，因为它们都有一个二元运算。

【例 9.30】　设 A 是一个非空集合，代数系统 $(\{T, F\}, \wedge, \vee, \neg)$ 与代数系统 $(\rho(A), \cap, \cup, \overline{})$ 具有相同的类型，因为它们都有三个运算，并且，$\wedge$ 和 $\cap$ 都是二元运算，$\vee$ 和 $\cup$ 都是二元运算，$\neg$ 和 $\overline{}$ 都是一元运算。

定义 9.5　设 $(A, \circ)$ 和 $(B, *)$ 是两个同类型的代数系统，如果存在映射 $f: A \rightarrow B$，对任意的 $x, y \in A$ 都有

$$f(x \circ y) = f(x) * f(y)$$

则称 $f: A \rightarrow B$ 为从 $(A, \circ)$ 到 $(B, *)$ 的同态映射，简称同态，也称这两个代数系统同态。

类似的，我们可以将两个同类型的代数结构间的同态定义从具有一个二元运算的代数结构推广到具有多个运算的同类型的代数结构。例如，对于具有两个二元运算的两个同类型代数系统 $(A, \circ, \triangle)$ 和 $(B, *, \star)$ 的同态定义如下：

存在映射 $f: A \rightarrow B$，对任意的 $x, y \in A$ 都有

$$f(x \circ y) = f(x) * f(y)$$
$$f(x \triangle y) = f(x) \star f(y)$$

【例 9.31】　代数系统 $(R, +)$ 与 $(R, \times)$ 同态。因为存在映射 $f: R \rightarrow R$, $f(x) = e^x$ 使得对任意的 $x, y \in R$ 都有 $f(x+y) = f(x) f(y)$。

【例 9.32】　代数系统 $(Z, +, \times)$ 与 $(Z_n, +_n, \times_n)$ 同态。其中，$Z_n = \{0, 1, 2, \cdots, n-1\}$，$x +_n y = x + y \bmod n$，$x \times_n y = x \cdot y \bmod n$。因为存在映射 $f: Z \rightarrow Z_n$, $f(x) = x \bmod n$，使得对任意的 $x, y \in Z$ 都有 $f(x+y) = f(x) +_n f(y)$, $f(xy) = f(x) \times_n f(y)$。

定义 9.6　设 f 是从 $(A, \circ)$ 到 $(B, *)$ 的同态映射。

（1）如果 f 是满射，则称 f 是从 $(A, \circ)$ 到 $(B, *)$ 的满同态；

（2）如果 f 是单射，则称 f 是从 $(A, \circ)$ 到 $(B, *)$ 的单同态；

（3）如果 f 是双射，则称 f 是从 $(A, \circ)$ 到 $(B, *)$ 的同构映射，并称 $(A, \circ)$ 和 $(B, *)$ 是同构的。

【例 9.33】　在【例 9.32】中的代数系统 $(Z, +, \times)$ 与 $(Z_n, +_n, \times_n)$ 是满同态；在【例 9.31】中的代数系统 $(R, +)$ 与 $(R, \times)$ 单同态。

【例 9.34】　设集合 $A = \{a, b, c\}$ 及 A 上的二元运算 $\circ$ 如表 9-2 所示，集合 $B = \{\alpha, \beta, \gamma\}$ 及 B 上的二元运算 $*$ 如表 9-3 所示。

表 9-2　A 上二元运算 $\circ$ 的运算表

$\circ$	a	b	c
a	b	a	c
b	c	b	a
c	a	c	b

可以构造映射 $f:A \to B$，$f(a) = \alpha$，$f(b) = \beta$，$f(c) = \gamma$，f
是一个双射，并且，$f(x \circ y) = f(x) * f(y)$，因此，$f$是从
$(A，\circ)$ 到 $(B，*)$ 的同构映射，$(A，\circ)$ 和 $(B，*)$ 是同
构的。事实上，也可以构造映射 $g:A \to B$，$g(a) = \gamma$，$g(b) = \beta$，
$g(c) = \alpha$，g 也是一个双射，并且，$g(x \circ y) = g(x) * g(y)$，因此，
g 也是从 $(A，\circ)$ 到 $(B，*)$ 的同构映射。

表9-3 B上二元运算*的运算表

*	α	β	γ
α	β	α	γ
β	γ	β	α
γ	α	γ	β

由【例 9.34】可以看出，如果两个代数系统同构的话，可能存在它们之间不同的同构映射。

要证明两个代数系统同态或同构，必须满足以下几个条件：

（1）它们必须是相同类型的代数系统；

（2）必须存在在两个系统上保持运算的的映射，即，一个代数系统中的两个元素经过运算
后所得结果与另一个代数系统对应的两个元素经过运算后所得结果仍互相对应；

（3）满足上述两点，已证明两个代数系统同态，如果两个代数系统的集合的基数相同，即，
两个集合间存在双射，则两个代数系统同构。

【例 9.35】 证明：代数系统 $(R，+)$ 与 $(R_+，\times)$ 同构。

证明：显然这是两个同类型的代数系统。我们需要寻找一个从 R 到 R_+ 的保持运算双射。

考虑映射 $f:R \to R_+$，$f(x) = e^x$，这是一个从 R 到 R_+ 的双射，并且，对任意的 $x，y \in R$，有
$$f(x+y) = e^{x+y} = e^x e^y = f(x) f(y)$$

即，f是一个保持运算的映射。

因此，f是从 $(R，+)$ 到 $(R_+，\times)$ 的同构映射，$(R，+)$ 与 $(R_+，\times)$ 同构。

9.2.2 同态的性质

同态映射具有保持运算的性质，即一个代数系统中的两个元素经过运算后所得结果，与另
一个代数系统对应的两个元素经过运算后所得结果仍互相对应。

对于满同态而言，它还能够保持运算的更多性质，并有下面的定理。

定理 9.3 设 f是从 $(A，\circ)$ 到 $(B，*)$ 的满同态，则有

（1）如果运算 $\circ$ 满足交换律，则运算*也满足交换律。

（2）如果运算 $\circ$ 满足结合律，则运算*也满足结合律。

（3）如果 a 是 A 中关于运算 $\circ$ 的幂等元，则 $f(a)$ 是 B 中关于运算*的幂等元。

（4）如果 e 是 A 中关于运算 $\circ$ 的单位元，则 $f(e)$ 是 B 中关于运算*的单位元。

（5）如果 θ 是 A 中关于运算 $\circ$ 的零元，则 $f(\theta)$ 是 B 中关于运算*的零元。

（6）如果 a^{-1} 是 A 中 a 关于运算 $\circ$ 的逆元，则 $f(a^{-1})$ 是 B 中 $f(a)$ 关于运算*中的逆元。

证明： （1）因为 f是从 $(A，\circ)$ 到 $(B，*)$ 的满同态映射，即 f是满射，则对于任意 b_1，
$b_2 \in B$，必存在 $a_1，a_2 \in A$，使得 $f(a_1) = b_1$，$f(a_2) = b_2$。由 $\circ$ 满足交换律及同态映射保持运算
的性质，
$$b_1 * b_2 = f(a_1) * f(a_2) = f(a_1 \circ a_2) = f(a_2 \circ a_1) = f(a_2) * f(a_1) = b_2 * b_1$$

即*也满足交换律。

（2）由 f是满射，对于任意的 $b_1，b_2，b_3 \in B$，必存在 $a_1，a_2，a_3 \in A$，使得 $f(a_1) = b_1$，$f(a_2) = b_2$，
$f(a_3) = b_3$。由 $\circ$ 满足结合律及同态映射保持运算的性质，
$(b_1 * b_2) * b_3 = (f(a_1) * f(a_2)) * f(a_3) = f(a_1 \circ a_2) * f(a_3) = f((a_1 \circ a_2) \circ a_3)$

$=f\ (a_1 \circ (a_2 \circ a_3))\ = f(a_1)*f(a_2 \circ a_3) = f(a_1)*(f\ (a_2)\ *f(a_3))\ = b_1*(b_2*b_3)$

即*也满足结合律。

（3）由同态映射保持运算的性质

$$f\ (a)\ *\ f(a) = f(a \circ a) = f\ (a)$$

即 $f\ (a)$ 是 B 中关于运算*的幂等元。

（4）由 f 是满射，对于任意的 $b \in B$，必存在 $a \in A$，使得 $f\ (a) = b$，由同态映射保持运算的性质

$$b\ *\ f(e) = f\ (a)\ *\ f(e) = f(a \circ e) = f(a) = b$$
$$f\ (e)\ *\ b = f\ (e)\ *\ f(a) = f(e \circ a) = f(a) = b$$

即，$f\ (e)$ 既是 B 中关于运算*的左单位元，又是右单位元，因此，$f\ (e)$ 是 B 中关于运算*的单位元。

（5）由 f 是满射，对于任意的 $b \in B$，必存在 $a \in A$，使得 $f\ (a) = b$，由同态映射保持运算的性质

$$b*f(\theta) = f(a)*f(\theta) = f(a \circ \theta) = f(\theta)$$
$$f(\theta)*b = f(\theta)*f(a) = f(\theta \circ a) = f(\theta)$$

即，$f(\theta)$ 既是 B 中关于运算*的左零元，又是右零元，因此，$f(\theta)$ 是 B 中关于运算*的零元。

（6）由同态映射保持运算的性质

$$F(a^{-1})*f(a) = f(a^{-1} \circ a) = f(e)$$
$$F(a)*f(a^{-1}) = f(a \circ a^{-1}) = f(e)$$

即，$f\ (a^{-1})$ 既是 B 中 $f\ (a)$ 关于运算*中的左逆元，又是右逆元，因此，$f\ (a^{-1})$ 是 B 中 $f\ (a)$ 关于运算*中的逆元。

对于含有两个二元运算的代数系统间的满同态，分配律也是可以保持的，即有下面的定理。

定理 9.4 设 f 是从 $(A,\ \circ,\ \triangle)$ 到 $(B,\ *,\ ☆)$ 的满同态，如果运算△对运算∘满足分配律，则运算☆对运算*也满足分配律。

证明： 由 f 是满射，对于任意的 b_1，b_2，$b_3 \in B$，必存在 a_1，a_2，$a_3 \in A$，使得 $f\ (a_1) = b_1$，$f\ (a_2) = b_2$，$f\ (a_3) = b_3$。由△对∘满足分配律及同态映射保持运算的性质，

$(b_1*\ b_2)\ ☆b_3 = (f(a_1)*\ f(a_2))\ ☆\ f\ (a_3) = f\ (a_1 \circ a_2)\ ☆\ f(a_3) = f((a_1 \circ a_2)\triangle a_3)$
$= f((a_1 \triangle a_3) \circ (a_2 \triangle a_3)) = f\ (a_1 \triangle a_3)\ *\ f\ (a_2 \triangle a_3) = (f\ (a_1)\ ☆ f(a_3))\ *\ (f\ (a_2)\ ☆ f(a_3))$
$= (b_1 ☆ b_3)\ *\ (b_2 ☆ b_3)$

$b_3 ☆\ (b_1*\ b_2) = f\ (a_3)\ ☆\ (f(a_1)*f(a_2)) = f\ (a_3)\ ☆\ f\ (a_1 \circ a_2) = f\ (a_3 \triangle (a_1 \circ a_2))$
$= f\ ((a_3 \triangle a_1) \circ (a_3 \triangle a_2)) = f\ (a_3 \triangle a_1)\ *\ f\ (a_3 \triangle a_2) = (f\ (a_3)\ ☆ f(a_1))\ *\ (f\ (a_3)\ ☆ f(a_2))$
$= (b_3 ☆ b_1)\ *\ (b_3 ☆ b_2)$

即，☆对*既满足左分配律，又满足右分配律，因此，☆对*满足分配律。

对于代数系统 A 和 B 的单同态，由于可在 B 中找到 B 的某个子集 B'，使得 A 与 B' 为满同态，因此，存在 B 的子代数 B'，使得 A 中运算的性质在 B' 中仍能保持。

需要注意的是，对于代数系统 A 和 B 的满同态，它能够保持运算的性质具有单向性，即，如果 A 具有某性质，则 B 也具有，但反之不一定成立。只有 A 与 B 是同构的，保持运算的性质才是双向的。

两个同构的代数系统，表面上似乎很不相同，但在结构上实际没有什么差别，只不过是集合中元素的名称和运算的符号不同而已，而它们所有的性质都能够"彼此相通"。这样，当研究新的代数结构的性质时，如果发现或者能够证明该结构同构于另外一个性质已知的代数结构，便能直接地知道新的代数结构的各种性质了。

9.3　群

作为历史上最早研究的代数系统，群论是抽象代数的一个重要分支，它研究的是只含有一个二元运算的代数系统。

9.3.1　半群与独异点

只含有一个二元运算的代数系统，如果除了要求运算封闭外，不做其他限制，这样的代数系统称为广群。在此基础上，如果对该运算做进一步的要求，便可得到半群、独异点和群的概念。

定义 9.7　设 $(A, \circ)$ 是一个代数系统，其中 $\circ$ 是二元运算且满足结合律，则称此代数系统为半群。如果 $\circ$ 还满足交换律，则称为可交换半群。

由半群的定义，要证明一个代数系统是半群，只需证明 $\circ$ 满足下面两个条件：

（1） $\circ$ 在 A 上封闭；

（2） $\circ$ 在 A 上满足结合律。

【例 9.36】　代数系统 $(N, +)$，$(Z, +)$，$(Q, +)$，$(R, +)$ 是半群，而且是可交换半群；$(N, \times)$，$(Z, \times)$，$(Q, \times)$，$(R, \times)$ 也是可交换半群；但是，$(N, -)$，$(Z, -)$，$(Q, -)$，$(R, -)$ 不是半群；$(N, /)$，$(Z, /)$，$(Q, /)$，$(R, /)$ 也不是半群。

【例 9.37】　设 A 是一个非空集合，A^A 表示所有从 A 到 A 的函数的集合，$\circ$ 为函数的复合运算，则对于任意 f，g，$h \in A^A$，由函数复合的定义及函数复合的性质，有 $g \circ f$ 仍是从 A 到 A 的函数，并且，$h \circ (g \circ f) = (h \circ g) \circ f$。因此，代数系统 $(A^A, \circ)$ 是半群。但是函数复合不满足交换律，因此，$(A^A, \circ)$ 不是可交换半群。

半群具有下面的重要性质：

（1）半群的子代数仍是半群。

（2）半群 $(A, \circ)$ 如果 A 为有限集，则必有幂等元。

（3）如果 f 是从半群 $(A, \circ)$ 到 $(B, *)$ 的满同态，则 $(B, *)$ 也是半群。

半群是最简单的代数系统，它不一定含有单位元。如果半群含有单位元，就得到了独异点的定义。

定义 9.8　设 $(A, \circ)$ 是一个代数系统，其中 $\circ$ 是二元运算且满足结合律，并且，A 中存在关于运算 $\circ$ 的单位元，则称此代数系统为独异点（或含幺半群）。如果 $\circ$ 还满足交换律，则称为可交换独异点（或可交换含幺半群）。

显然，独异点一定是半群，反之不一定成立。

由独异点的定义，要证明一个代数系统是独异点，需要证明 $\circ$ 满足下面三个条件：

（1） $\circ$ 在 A 上封闭；

（2） $\circ$ 在 A 上满足结合律；

(3) A 中存在关于运算。的单位元。

【例 9.38】 代数系统 $(N, +)$，$(Z, +)$，$(Q, +)$，$(R, +)$ 的各集合含有关于加法的单位元 0，因此它们都是独异点，而且是可交换独异点；$(N, ×)$，$(Z, ×)$，$(Q, ×)$，$(R, ×)$ 的各集合含有关于乘法的单位元 1，因此，它们也都是可交换独异点。

【例 9.39】 设 A 是一个非空集合，集合 A^A 及其上函数的复合运算。构成的代数系统 $(A^A, ∘)$ 是独异点，因为 A 上的恒等函数 I_A 是关于函数复合运算的单位元，但是 $(A^A, ∘)$ 不是可交换独异点。

独异点具有下面的重要性质：

(1) 独异点的子代数如果包含单位元仍是独异点。

(2) 独异点 $(A, ∘)$ 关于。的运算表中不会有任何两行或两列是相同的。

(3) 如果 f 是从独异点 $(A, ∘)$ 到 $(B, *)$ 的满同态，则 $(B, *)$ 也是独异点。

【例 9.40】 与程序设计语言密切相关的形式语言理论研究的特定字母表上的字符串。抽象地讲，字母表是由有限个符号构成的集合，习惯上用 $Σ$ 表示，$Σ$ 中的每个元素称为字符。由 $Σ$ 中有限个字符组成的一个序列，称为 $Σ$ 上的字符串，其中不含任何字符的字符串称为空串，用 $ε$ 表示。如果 $Σ*$ 表示 $Σ$ 上的所有字符串构成的集合，即，$Σ* = \{x \mid x$ 是 $Σ$ 上的字符串$\}$，定义 $Σ*$ 上的连接运算。为：对任意 $x, y ∈ Σ*$，设 $x = x_1x_2 \cdots x_n$，$y = y_1y_2 \cdots y_m$，其中 x_i，$y_j ∈ Σ$，$1 ≤ i ≤ n$，$1 ≤ j ≤ m$，$x ∘ y = x_1x_2 \cdots x_ny_1y_2 \cdots y_m$。显然，运算。在 $Σ*$ 封闭，。在 $Σ*$ 上满足结合律，并且，对任意 $x ∈ Σ*$，$ε ∘ x = x ∘ ε = x$，即 $ε$ 是 $Σ*$ 关于运算。的单位元，因此，代数系统 $(Σ*, ∘)$ 是一个独异点。

9.3.2 群及其基本性质

定义 9.9 设 $(G, ∘)$ 是一个半群，如果 G 中存在关于运算。的单位元，并且，对任意元素 $a ∈ G$ 都有 $a^{-1} ∈ G$，则称此代数系统为群。

显然，群是对独异点作进一步限制而成。由半群到独异点再到群，对代数系统作了一步比一步更深入的限制。

由群的定义，要证明一个代数系统是群，需要证明。满足下面四个条件：

(1) 。在 G 上封闭；

(2) 。在 G 上满足结合律；

(3) G 中存在关于运算。的单位元；

(4) G 中任意元素都可逆。

定义 9.10 设 $(G, ∘)$ 是一个群，如果。满足交换律，则称 $(G, ∘)$ 为可交换群（或阿贝尔群）。

定义 9.11 设 $(G, ∘)$ 是一个群，如果 G 为有限集，则称 $(G, ∘)$ 为有限群，并称 G 的基数 $|G|$（即 G 的元素个数）为群的阶；如果 G 为无限集，则称 $(G, ∘)$ 为无限群。

设 e 是群 $(G, ∘)$ 的单位元，我们可以定义任意元素 a 的任意整数次幂为：

$$a^n = \begin{cases} e & n = 0 \\ a^{n-1} ∘ a & n > 1, n ∈ Z \\ (a^{-n})^{-1} & n < 0, n ∈ Z \end{cases}$$

显然，对任意整数 i 和 j，a 的幂满足：$a^i ∘ a^j = a^{i+j}$，$(a^i)^j = a^{i·j}$。

定义 9.12 设 e 是群 $(G, \circ)$ 的单位元，对任意元素 $a \in G$，使得 $a^k = e$ 的最小正整数 k 称为 a 的阶（或周期）。如果不存在这样的正整数 k，称 a 的阶是无限的。

【例 9.41】 代数系统 $(Z, +)$，$(Q, +)$，$(R, +)$ 的各集合中元素 x 的逆元是 $-x$，因此它们都是群，而且是无限可交换群，除了单位元 0 的阶为 1 外，其余元素的阶都是无限的，但是 $(N, +)$ 不是群；$(N, \times)$，$(Z, \times)$，$(Q, \times)$，$(R, \times)$ 都不是群，因为 0 不可逆，但是 $(Q - \{0\}, \times)$ 和 $(R - \{0\}, \times)$ 是无限可交换群，任意元素 x 的逆元是 $1/x$，除了单位元 1 的阶为 1，-1 的阶为 2 外，其他元素的阶都是无限的。

【例 9.42】 代数系统 $(Z_6, +_6)$ 是有限可交换群，其阶为 6，单位元为 0，元素 x 的逆元是 $(6 - x) \bmod 6$，其元素 0，1，2，3，4，5 的阶分别为 1，6，3，2，3，6；代数系统 $(Z_6, \times_6)$ 不是群，因为 0 不可逆。

【例 9.43】 设 A 是一个非空集合，集合 A^A 及其上函数的复合运算。构成的代数系统 $(A^A, \circ)$ 不是群，因为不是每个函数都有逆函数。

【例 9.44】 设 A 是一个非空集合，代数系统 $(\rho(A), \cap)$ 和 $(\rho(A), \cup)$ 都不是群，因为除了单位元外，其他元素都没有逆元。

【例 9.45】 设集合 $G = \{e, a, b, c\}$ 及 G 上的二元运算。如表 9-4 所示。由运算表不难证明，G 是一个群。其中 e 是单位元，G 的任何元素的逆元就是该元素自身，并且，在 a, b, c 三个元素中，任何两个元素运算的结果为另外一个元素。这个群称为 Klein 四元群，它是一个有限可交换群。该群的阶为 4，e 的阶为 1，a, b, c 的阶均为 2。

群具有下面的重要性质：

（1）阶大于 1 的群没有零元。

（2）群中唯一的幂等元是单位元。

（3）群 $(G, \circ)$ 关于 $\circ$ 的运算表中不会有任何两行或两列是相同的。

表 9-4 G 上二元运算 $\circ$ 的运算表

$\circ$	e	a	b	c
e	e	a	b	c
a	a	e	c	b
b	b	c	e	a
c	c	b	a	e

（4）对于群 $(G, \circ)$ 的任意元素 a, b，存在唯一的元素 x 使得 $a \circ x = b$，存在唯一的元素 y 使得 $y \circ a = b$。

（5）对于群 $(G, \circ)$ 的任意元素 a, b, c，如果 $a \circ b = a \circ c$ 或者 $b \circ a = c \circ a$，则 $b = c$。

（6）对于群 $(G, \circ)$ 的任意元素 a, b，$(a^{-1})^{-1} = a$，$(a \circ b)^{-1} = a^{-1} \circ b^{-1}$，$(a^n)^{-1} = (a^{-1})^n$。

（7）对于群 $(G, \circ)$ 的任意元素 a，a 的阶与 a^{-1} 的阶相同。

（8）如果 f 是从群 $(G, \circ)$ 到 $(H, *)$ 的满同态，则 $(H, *)$ 也是群。

（9）如果 f 是从群 $(G, \circ)$ 到群 $(H, *)$ 的同态，e_G 和 e_H 分别为 $(G, \circ)$ 和 $(H, *)$ 的单位元，则 $f(e_G) = e_H$，对于群 $(G, \circ)$ 的任意元素 a，$f(a^{-1}) = f(a)^{-1}$。

9.3.3 子群与陪集

1. 子群

定义 9.13 设 $(G, \circ)$ 是一个群，如果 H 是 G 的非空子集，并且 $(H, \circ)$ 也是一个群，则称 $(H, \circ)$ 是 $(G, \circ)$ 的一个子群。如果 H 是 G 的真子集，则称 $(H, \circ)$ 是 $(G, \circ)$ 的一个真子群。

设 e 是群 $(G, \circ)$ 的单位元，则 $(G, \circ)$ 和 $(\{e\}, \circ)$ 都是 $(G, \circ)$ 的子群，称它们为 $(G, \circ)$ 的平凡子群。

【例 9.46】 群 $(Z, +)$ 是群 $(Q, +)$ 和群 $(R, +)$ 的真子群，$(Q, +)$ 也是群 $(R, +)$ 真子群，但是 $(N, +)$ 只是上述几个群的子代数；群 $(Q - \{0\}, \times)$ 也是群 $(R - \{0\}, \times)$ 的真子群。

【例 9.47】 群 $(Z_6, +_6)$ 有 $(\{0\}, +_6)$，$(\{0, 2, 4\}, +_6)$，$(\{0, 3\}, +_6)$ 和 $(\{0, 1, 2, 3, 4, 5\}, +_6)$ 共四个子群，其中 $(\{0\}, +_6)$，$(\{0, 2, 4\}, +_6)$ $(\{0, 3\}, +_6)$ 是真子群，$(\{0\}, +_6)$ $(\{0, 1, 2, 3, 4, 5\}, +_6)$ 是平凡子群。

关于子群判定的充分必要条件，我们有下面三个定理。

定理 9.5 设 $(G, \circ)$ 是一个群，H 是 G 的一个非空子集，则 $(H, \circ)$ 是 $(G, \circ)$ 的子群的充分必要条件是

(1) 如果 $a, b \in H$，则 $a \circ b \in H$；

(2) 如果 $a \in H$，则 $a^{-1} \in H$。

证明： 由子群定义，必要性是显然的，下面证充分性。

条件（1）说明 $\circ$ 在 H 上封闭，结合律在 H 上是保持的，条件（2）说明 H 中任意元素都可逆，因此只需证明 H 中存在关于运算 $\circ$ 的单位元。由 H 非空，存在 $a \in H$，$a^{-1} \in H$，因此，$a \circ a^{-1} = e \in H$。因此，由子群的定义可知，$(H, \circ)$ 是 $(G, \circ)$ 的子群。

推论 设 $(H, \circ)$ 是群 $(G, \circ)$ 的一个子群，则群 $(G, \circ)$ 的单位元也是 $(H, \circ)$ 的单位元，H 中元素 a 的逆元也是 G 中 a 的逆元。

事实上，该定理中的两个条件可用一个条件代替，我们有下面的定理：

定理 9.6 设 $(G, \circ)$ 是一个群，H 是 G 的一个非空子集，则 $(H, \circ)$ 是 $(G, \circ)$ 的子群的充分必要条件是对于任意的 $a, b \in H$，有 $a \circ b^{-1} \in H$。

证明： 证必要性。由 $(H, \circ)$ 是 $(G, \circ)$ 的子群，对于任意的 $a, b \in H$，由 b 可逆可得 $b^{-1} \in H$，再由 $\circ$ 在 H 上封闭可得 $a \circ b^{-1} \in H$。

证充分性。由 H 非空，存在 $a \in H$，因此，$a \circ a^{-1} = e \in H$。对于任意的 $a \in H$，有 $e \circ a^{-1} = a^{-1} \in H$，满足定理 9.5 条件（1）。又如果 $a, b \in H$，则 $b^{-1} \in H$，可得 $a \circ (b^{-1})^{-1} = a \circ b \in H$，满足定理 9.5 条件（2）。因此，$(H, \circ)$ 是 $(G, \circ)$ 的子群。

如果 $(H, \circ)$ 是 $(G, \circ)$ 一个有限子群，则上述两个定理的条件可进一步放宽。

定理 9.7 设 $(G, \circ)$ 是一个群，若 H 是 G 的一个有限非空子集，则 $(H, \circ)$ 是 $(G, \circ)$ 的子群的充分必要条件是对于任意的 $a, b \in H$，$a \circ b \in H$。

证明： 必要性是显然的，下面证充分性。

设 $|H| = m$，如果 $a \in H$，由定理 9.5，只需证明 $a^{-1} \in H$。由 $a \in H$，可得 $a, a^2, \cdots, a^m, a^{m+1} \in H$，而 H 中只有 m 个不同的元素，由鸽笼原理，a 的 $m+1$ 个幂元素中至少有两个相等，不妨设 $a^i = a^j$（$1 \le i \le j \le m+1$），所以

$$a^i = a^j = a^{j-i} \circ a^i$$

可得 $a^{j-i} = e \in H$。设 $k = i - j$，则 $a^k = e = a \circ a^{k-1}$，即，$a^{-1} = a^{k-1} \in H$。因此，$(H, \circ)$ 是 $(G, \circ)$ 的子群。

2. 陪集

定义 9.14 设 $(H, \circ)$ 是群 $(G, \circ)$ 的子群，对于 $a \in G$，集合 $aH = \{a \circ h \mid h \in H\}$ 称为元素 a 所确定的子群 $(H, \circ)$ 的左陪集，而集合 $Ha = \{h \circ a \mid h \in H\}$ 称为元素 a 所确定的子群 $(H, \circ)$ 的右陪集。

显然，如果群（G，$\circ$）是可交换群，并且（H，$\circ$）是其子群，则 $aH = Ha$，即任意元素所确定的左陪集等于它确定的右陪集。

【例 9.48】 对于【例 9.45】中 Klein 四元群，$H = \{e, a\}$，则（H，$\circ$）是（G，$\circ$）的子群，由于 Klein 四元群是可交换群，因此 G 的任意元素所确定的左陪集等于它确定的右陪集，H 的左陪集为 $eH = \{e, a\} = H$，$aH = \{a, e\} = H$，$bH = \{b, c\}$，$cH = \{c, b\}$，即，不同的左陪集只有 H 和 bH。

【例 9.49】 群（Z_6，$+_6$）是可交换群，$H = \{0, 2, 4\}$，子群（H，$+_6$）的左陪集为 $0H = \{0, 2, 4\}$，$1H = \{1, 3, 5\}$，$2H = \{2, 4, 0\}$，$3H = \{3, 5, 1\}$，$4H = \{4, 0, 2\}$，$5H = \{5, 1, 3\}$，即，不同的左陪集只有 $0H$ 和 $1H$。

由上述两个例子，我们发现，如果（H，$\circ$）是群（G，$\circ$）的子群，G 中不同元素所确定的左陪集或者完全不同，或者完全相同，所有左陪集的并集为 G；并且，所有左陪集基数都相同。事实上，我们有下面两个定理。

定理 9.8 设（H，$\circ$）是群（G，$\circ$）的一个子群，H 的所有左陪集构成了 G 的一个划分，H 的所有右陪集也构成了 G 的一个划分。

证明：我们这里只证明 H 的所有左陪集构成了 G 的一个划分，右陪集的证明同理。

根据划分的定义，我们需要证明：

(1) 对任意 $a \in G$，$aH \subseteq G$ 且 $aH \neq \varnothing$；

(2) 对任意 a，$b \in G$，$aH = bH$ 或者 $aH \cap bH = \varnothing$；

(3) $\bigcup\limits_{a \in G} aH = G$。

(1) 由（H，$\circ$）是群（G，$\circ$）的一个子群，设（G，$\circ$）的单位元为 e，则 $e \in H$。对任意 $a \in G$，$a = a \circ e \in aH$，因此，$aH \neq \varnothing$。对任意 $b \in H$，$a \circ b \in G$，因此，$aH \subseteq G$。

(2) 假设 $aH \cap bH \neq \varnothing$，则必有 $x \in aH \cap bH$。因此，存在 h_1，$h_2 \in H$ 使得

$$x = a \circ h_1 = b \circ h_2$$

因此，$a = b \circ h_2 \circ h_1^{-1}$，$b = a \circ h_1 \circ h_2^{-1}$。

对于任意 $y \in aH$，存在 $h_3 \in H$，使得 $y = a \circ h_3 = b \circ h_2 \circ h_1^{-1} \circ h_3 = b \circ (h_2 \circ h_1^{-1} \circ h_3) \in bH$，即，$aH \subseteq bH$。同理，对于任意 $z \in bH$，存在 $h_4 \in H$，使得 $z = b \circ h_4 = a \circ h_1 \circ h_2^{-1} \circ h_4 = a \circ (h_1 \circ h_2^{-1} \circ h_4) \in aH$，即，$bH \subseteq aH$。因此，$aH = bH$。

(3) 对任意 $a \in G$，$a = a \circ e \in aH$，因此，$G \subseteq \bigcup\limits_{a \in G} aH$；而 $aH \subseteq G$，因此，$\bigcup\limits_{a \in G} aH \subseteq G$。因此，$\bigcup\limits_{a \in G} aH = G$。

由划分与等价类、等价关系的对应，我们也可以说，如果（H，$\circ$）是群（G，$\circ$）的一个子群，则 H 的所有左陪集构成了 G 上的一个等价关系。右陪集同理。

定理 9.9 设（H，$\circ$）是群（G，$\circ$）的一个子群，对任意 $a \in G$，有 $|aH| = |Ha| = |H|$。

证明：要证明两个集合等势，只需找到两个集合间的一个双射。

定义函数 f：$H \rightarrow aH$，$f(h) = a \circ h$。

对任意 $y \in aH$，存在 $x \in H$ 使得 $y = a \circ x$，因此，$x = a^{-1} \circ y$，因此，f 是一个满射。

对任意 b，$c \in H$，如果 $a \circ b = a \circ c$，则 $b = c$。因此，f 是一个单射。

所以 f 是一个双射，因此 $|aH| = |H|$。

同理可证$|Ha| = |H|$。

由定理 9.8 和 9.9，我们可以得到下面的拉格朗日定理：

定理 9.10 设 $(G, \circ)$ 是有限群，子群 $(H, \circ)$ 的左陪集的个数是 $|G|/|H|$。

推论（1）任一个阶为素数的有限群没有非平凡子群。

（2）设有限群 $(G, \circ)$ 的阶为 n，则它的任一子群的阶都是 n 的因子。

（3）设有限群 $(G, \circ)$ 的阶为 n，则对于任意的 $a \in G$，都有 $a^n = e$。

（4）任一个阶为素数的有限群，对于任意的元素 a，$g \in G$ 且 g 不是单位元，存在 $i \in Z$ 使得 $a = g^i$。

【**例 9.50**】 群 $(Z_6, +_6)$ 的阶为 6，它的单位元为 0，并且，$0^6 = 1^6 = 2^6 = 3^6 = 4^6 = 5^6 = 0$。它有四个子群 $(\{0\}, +_6)$，$(\{0, 2, 4\}, +_6)$，$(\{0, 3\}, +_6)$ 和 $(\{0, 1, 2, 3, 4, 5\}, +_6)$。其中：

（1）子群 $(\{0\}, +_6)$ 的阶为 1，它的左陪集有 $6/1 = 6$ 个，即，$0H = \{0\}$，$1H = \{1\}$，$2H = \{2\}$，$3H = \{3\}$，$4H = \{4\}$，$5H = \{5\}$；

（2）子群 $(\{0, 2, 4\}, +_6)$ 的阶为 3，它的左陪集有 $6/3 = 2$ 个，即，$0H = \{0, 2, 4\}$，$1H = \{1, 3, 5\}$；

（3）子群 $(\{0, 3\}, +_6)$ 的阶为 2，它的左陪集有 $6/2 = 3$ 个，即，$0H = \{0, 3\}$，$1H = \{1, 4\}$，$2H = \{2, 5\}$；

（4）子群 $(\{0, 1, 2, 3, 4, 5\}, +_6)$ 的阶为 6，它的左陪集有 $6/6 = 1$ 个，就是它自身。

【**例 9.51**】 群 $(Z_5, +_5)$ 的阶为 5，它的单位元为 0，并且，$0^5 = 1^5 = 2^5 = 3^5 = 4^5 = 0$。它只有两个平凡子群 $(\{0\}, +_5)$ 和 $(\{0, 1, 2, 3, 4\}, +_5)$。并且，$2 = 1^2$，$3 = 1^3$，$4 = 1^4$；$1 = 2^3$，$3 = 2^4$，$4 = 2^2$；$1 = 3^2$，$2 = 3^4$，$4 = 3^3$；$1 = 4^4$，$2 = 4^3$，$3 = 4^2$。

3. 正规子群*

定义 9.15 设 $(H, \circ)$ 是群 $(G, \circ)$ 的子群，若对于任意的 $a \in G$，都有 $aH = Ha$，则称 $(H, \circ)$ 是群 $(G, \circ)$ 的正规子群。

由定义，每个可交换群的子群均为正规子群，但反之不一定成立。

【**例 9.52**】 群 $(Z, +)$ 是群 $(Q, +)$ 和群 $(R, +)$ 的正规子群，$(Q, +)$ 又是群 $(R, +)$ 正规子群；群 $(Q - \{0\}, \times)$ 也是群 $(R - \{0\}, \times)$ 的正规子群。

【**例 9.53**】 群 $(Z_6, +_6)$ 的四个子群 $(\{0\}, +_6)$，$(\{0, 2, 4\}, +_6)$，$(\{0, 3\}, +_6)$ 和 $(\{0, 1, 2, 3, 4, 5\}, +_6)$ 都是正规子群。

如果 $(H, \circ)$ 是群 $(G, \circ)$ 的一个正规子群，则左陪集和右陪集相等，统称为陪集，H 的所有陪集构成了 G 上的一个等价关系，基于此等价关系形成的商集记作 G/H。

关于正规子群判定的充分必要条件，我们有下面的定理。

定理 9.11 设 $(G, \circ)$ 是一个群，H 是 G 的一个非空子集，则 $(H, \circ)$ 是 $(G, \circ)$ 的正规子群的充分必要条件是对任意 $a \in G$，$h \in H$，有 $a \circ h \circ a^{-1} \in H$。

证明：证必要性。由正规子群定义可知，对任意 $a \in G$，$h \in H$，存在一个 $h_1 \in H$ 使得

$$a \circ h = h_1 \circ a$$

因此，有 $a \circ h \circ a^{-1} = h_1 \in H$。

证充分性。对任意 $a \circ h \in aH$，由 $a \circ h \circ a^{-1} \in H$ 可知存在一个 $h_1 \in H$ 使得

$$a \circ h \circ a^{-1} = h_1$$

因此，有 $a \circ h = h_1 \circ a \in Ha$，即，$aH \subseteq Ha$。

对任意 $h \circ a \in Ha$，由 $a^{-1} \in G$，$a^{-1} \circ h \circ (a^{-1})^{-1} = a^{-1} \circ h \circ a \in H$，可知存在一个 $h_2 \in H$ 使得

$$a^{-1} \circ h \circ a = h_2$$

因此，有 $h \circ a = a \circ h_2 \in aH$，即，$Ha \subseteq aH$。因此，$aH = Ha$，$(H, \circ)$ 是 $(G, \circ)$ 的正规子群。

定理 9.12 设 $(H, \circ)$ 是群 $(G, \circ)$ 的正规子群，定义商集 G/H 上的运算 $*$ 为

$$aH * bH = (a \circ b) H$$

则得到的代数系统 $(G/H, *)$ 是一个群。

该定理的证明略。

定理 9.12 得到的群称为正规子群 $(H, \circ)$ 的商群。

定理 9.13 设 $(H, \circ)$ 是群 $(G, \circ)$ 的正规子群，定义映射

$$f: G \rightarrow G/H, \quad f(a) = aH$$

则 f 是从 $(G, \circ)$ 到 $(G/H, *)$ 的满同态映射。

该定理的证明略。

定理 9.13 定义的映射称为自然映射。

【例 9.54】 群 $(Z_6, +_6)$ 的正规子群 $(\{0, 2, 4\}, +_6)$ 确定的陪集集合为 $\{\{0, 2, 4\}, \{1, 3, 5\}\}$，运算 $*$ 如表 9-5 所示。

显然，$\{0, 2, 4\}$ 是陪集集合关于 $*$ 的单位元，每个陪集的逆元是该陪集自身，代数系统 $(\{\{0, 2, 4\}, \{1, 3, 5\}\}, *)$ 是正规子群 $(\{0, 2, 4\}, +_6)$ 的商群。

表 9-5　运算 $*$ 的运算表

$*$	$\{0, 2, 4\}$	$\{1, 3, 5\}$
$\{0, 2, 4\}$	$\{0, 2, 4\}$	$\{1, 3, 5\}$
$\{1, 3, 5\}$	$\{1, 3, 5\}$	$\{0, 2, 4\}$

从 $(Z_6, +_6)$ 到 $(\{\{0, 2, 4\}, \{1, 3, 5\}\}, *)$ 的自然映射为

$$f: Z6 \rightarrow \{\{0, 2, 4\}, \{1, 3, 5\}\}$$

$$f(0) = f(2) = f(4) = \{0, 2, 4\}, \quad f(1) = f(3) = f(5) = \{1, 3, 5\}$$

定义 9.16 设 f 是从 $(G, \circ)$ 到 $(H, *)$ 的群同态，e_H 是 $(H, *)$ 的单位元，则 G 的子集

$$K = \{k \mid k \in G, f(k) = e\}$$

称为同态 f 的核。

定理 9.14 设 K 是从 $(G, \circ)$ 到 $(H, *)$ 的群同态的核，则 $(K, \circ)$ 是 $(G, \circ)$ 的一个正规子群。

证明：对任意 $k_1, k_2 \in K$，则 $f(k_1) = f(k_1) = e_H$，因此，

$$f(k_1 \circ k_2^{-1}) = f(k_1) * f(k_2^{-1}) = f(k_1) * f(k_2) - 1 = e_H * e_H - 1 = e_H$$

所以，$k_1 \circ k_2^{-1} \in K$，$(K, \circ)$ 是 $(G, \circ)$ 的一个子群。

下面证明，$(K, \circ)$ 是 $(G, \circ)$ 的正规子群。

对任意 $a \in G$，$k \in K$，则

$$f(a \circ k \circ a^{-1}) = f(a) * f(k) * f(a^{-1}) = f(a) * e_H * f(a) - 1 = e_H$$

因此，故有 $a \circ k \circ a^{-1} \in K$。所以，$(K, \circ)$ 是 $(G, \circ)$ 的一个正规子群。

由定理 9.14，我们可以得到下面的同态基本定理。

定理 9.15 设 f 是从群（G，$\circ$）到（G'，$*$）的满同态，K 是 f 的同态核，则必有（G/K，$\triangle$）与（G'，$*$）同构。其中，（G/K，$\triangle$）为正规子群（K，$\circ$）的商群。

该定理的证明略。该定理的说明如图 9-1 所示。

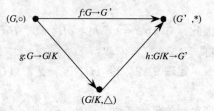

同态基本定理说明，当群（G，$\circ$）与（G'，$*$）的满同态时，必能找到 G 的一个正规子群 K，使得 G/K 与 G' 有完全相同的性质。

图 9-1　同态基本定理示意图

【例 9.55】 映射 f：$Z \to Z_6$，$f(x) = x \bmod 6$ 是从群（Z，$+$）到（Z_6，$+_6$）的群同态，同态 f 的核

$$K = \{\cdots, -18, -12, -6, 0, 6, 12, 18, \cdots\}$$

则，（K，$+$）是（Z，$+$）的正规子群。K 的所有陪集构成的 Z 上的等价关系是 Z 上的模 6 同余关系，即，

$$Z/K = \{[0], [1], [2], [3], [4], [5]\}$$

商群（Z/K，$\oplus$）中的运算 $\oplus$ 定义为

$$[x] \oplus [y] = [x + y]$$

如，$[3] \quad [5] = [3 + 5] = [8] = [2]$。从（$Z$，$+$）到（$Z/K$，$\oplus$）的自然映射为

$$g：Z \to Z/K，f(a)=[a]$$

则（Z/K，$\oplus$）与（Z_6，$+_6$）同构。　可构造同构映射

$$h：Z/K \to Z_6，h([x])=f(x)$$

9.3.4　循环群与置换群

循环群和置换群是两类常用而又重要的群：循环群是目前群论中研究的最为透彻的一类群；置换群在研究群的同构群以及实际中有广泛的应用。

1．循环群

定义 9.17 设（G，$\circ$）是一个群，如果存在 $g \in G$，使得对于任意元素 $a \in G$，都能表示成

$$a = g^i，i \in Z$$

则称群（G，$\circ$）是由 g 生成的循环群，g 称为群（G，$\circ$）的生成元。

显然，循环群都是可交换群。

如果生成元 g 的阶为 n，则 $G = \{e, g, g^2, \cdots, g^{n-1}\}$ 是 n 阶有限群；如果生成元 g 的阶是无限的，则 $G = \{e, g, g^2, \cdots\}$ 是无限循环群。

【例 9.56】 （Z，$+$）是一个无限循环群，因为对任意正数 n，

$$n = \overbrace{1+1+\cdots+1}^{n\uparrow} = 1^n$$

$$-n = \overbrace{(-1)+(-1)+\cdots+(-1)}^{n\uparrow} = (-1)^n = 1^{-n}$$

$$0 = 1^0$$

所以，1 是该群的生成元。显然，-1 也是该群的生成元。因此，一个循环群的生成元不一定唯一。

【例 9.57】 （Z_6，$+_6$）是一个 6 阶循环群，显然 1 及其逆元 5 都是该群的生成元，Z_6 的其他元素都不是该群的生成元，而 Z_6 中只有 1、5 与 6 互素。

【例 9.58】 （Z_{10}，$+_{10}$）是一个 10 阶循环群，显然 1 及其逆元 9 都是该群的生成元，由于 $3 +_{10} 3 +_{10} 3 +_{10} 3 +_{10} 3 +_{10} 3 +_{10} 3 = 1$，$7 +_{10} 7 +_{10} 7 = 1$，因此，3 和 7 也是该群的生成元，而 Z_{10} 中只有 1、3、7、9 与 10 互素。

通过前面的例子可以看出，无限循环群的生成元及其逆元都是该群的生成元；有限循环群生成元的个数与该群的阶有关，事实上，循环群有下面的重要定理。

定理 9.16　对于由 g 生成的循环群（G，$\circ$）

（1）如果 g 的阶无限，则（G，$\circ$）与（Z，$+$）同构，G 只有两个生成元，即，g 和 g^{-1}。

（2）如果 g 的阶为 n，则（G，$\circ$）与（Z_n，$+_n$）同构，对于任何小于 n 且与 n 互素的正整数 r，g^r 是 G 的生成元，即，G 含有 $\phi(n)$ 个生成元[①]。

证明：（1）如果 g 的阶为无限，则 $G = \{g^i | i \in \mathsf{N}\}$，构造映射

$$f: G \to \mathsf{N}, \ f(g^k) = k$$

显然，f 是一个双射。并且

$$f(g^i \circ g^j) = f(g^{i+j}) = i + j = f(g^i) + f(g^j)$$

因此，f 是从（G，$\circ$）与（Z，$+$）的同构映射，群（G，$\circ$）与（Z，$+$）同构。

对于任意 $g^i \in G$，$g^i = (g^{-1})^{-i}$，因此，g^{-1} 是 G 的生成元。

假设 h 也是 G 的生成元，则存在某个整数 p，q 使得 $g^p = h$，$h^q = g$，因此，$g^{pq} = g$，即，$g^{pq-1} = e$，由 g 的阶为无限，因此，$pq - 1 = 0$，即，$p = q = 1$ 或 $p = q = -1$。因此，$h = g$ 或者 $h = g^{-1}$，G 只有这两个生成元。

（2）如果 g 的阶为 n，则 $G = \{e, g, g^2, \cdots, g^{n-1}\}$，构造映射

$$f: G \to Z_n, \ f(g^k) = k \bmod n$$

显然，f 是一个双射。并且

$$f(g^i \circ g^j) = f(g^{i+j}) = (i + j) \bmod n = (i \bmod n + j \bmod n) \bmod n = f(g^i) +_n f(g^j)$$

因此，f 是从（G，$\circ$）与（Z_n，$+_n$）的同构映射，群（G，$\circ$）与（Z_n，$+_n$）同构。

对于任何小于 n 且与 n 互素的正整数 r，显然，$\{g^{0r}, g^r, g^{2r}, \cdots, g^{(n-1)r}\} \subseteq G$，要证 g^r 是 G 的生成元，只需证明 $\{g^{0r}, g^r, g^{2r}, \cdots, g^{(n-1)r}\}$ 中元素两两不同。采用反证法，设

$$g^{ur} = g^{vr}, \ 0 \leq u < v \leq n - 1$$

则 $g^{(v-u)r} = e = g^n$，因此，$n | (v-u)r$。由 r 与 n 互素，因此，$n | v - u$，但是这是不可能的，因为 $v - u < n$。因此，$\{g^{0r}, g^r, g^{2r}, \cdots, g^{(n-1)r}\}$ 中元素两两不同，g^r 是 G 的生成元。

由定理 9.16，从同构的观点看，循环群只有两类：（Z，$+$）和（Z_n，$+_n$）。而这两类群人们已经研究的比较透彻了。

定理 9.16 还有下面几个推论：

推论（1）阶为素数的循环群，除了单位元外，其他元素都是该群的生成元。

（2）循环群的子群一定是循环群，且子群的阶是该群的阶的因子。

（3）由循环群中任意元素可生成一个该群的循环子群。

2．置换群

置换群都是有限群，在介绍置换群之前，首先介绍置换的定义。

定义 9.18　有限集合 S 上的任何双射称为集合 S 的一个置换。

---

① $\phi(n)$ 是欧拉函数，表示小于 n 且与 n 互素的正整数的个数，见【例 1.23】。

设有限集合 S 集合有 n 个元素，不妨设 $S = \{1, 2, \cdots, n\}$，S 上的一个置换 $P: S \to S$ 通常表示为

$$P = \begin{pmatrix} 1 & 2 & \cdots & n \\ P(1) & P(2) & \cdots & P(n) \end{pmatrix}$$

由于 P 是双射，所以 $P(1)$，$P(2)$，$\cdots$，$P(n)$ 实质上是 1，2，$\cdots$，n 的一个排列，由于 n 个元素的不同排列共有 $n!$ 个，因此，S 上的不同置换的个数为 $n!$ 个。并且，由于双射是可逆的，所以任何置换 P 都有逆置换 P^{-1}，置换

$$P = \begin{pmatrix} 1 & 2 & \cdots & n \\ P(1) & P(2) & \cdots & P(n) \end{pmatrix}$$

的逆置换

$$P^{-1} = \begin{pmatrix} P(1) & P(2) & \cdots & P(n) \\ 1 & 2 & \cdots & n \end{pmatrix}$$

设 $P: S \to S$，$Q: S \to S$ 是 S 上的两个置换，因为置换是函数，所以，两个置换的复合 $P \circ Q: S \to S$ 也是 S 上的一个置换，这就是说置换在复合运算下是封闭的。不过，需要注意的是，置换的复合运算是从左到右进行，这与函数的复合顺序不同。

【例 9.59】 设 $S = \{1, 2, 3\}$，则 S 上有 $3! = 6$ 个置换，它们是

$$\begin{pmatrix} 1 & 2 & 3 \\ 1 & 2 & 3 \end{pmatrix}, \begin{pmatrix} 1 & 2 & 3 \\ 1 & 3 & 2 \end{pmatrix}, \begin{pmatrix} 1 & 2 & 3 \\ 2 & 1 & 3 \end{pmatrix}$$

$$\begin{pmatrix} 1 & 2 & 3 \\ 2 & 3 & 1 \end{pmatrix}, \begin{pmatrix} 1 & 2 & 3 \\ 3 & 1 & 2 \end{pmatrix}, \begin{pmatrix} 1 & 2 & 3 \\ 3 & 2 & 1 \end{pmatrix}$$

其中，S 上的恒等函数 $I_S = \begin{pmatrix} 1 & 2 & 3 \\ 1 & 2 & 3 \end{pmatrix}$ 称为恒等置换。

这 6 个置换的逆置换为

$$\begin{pmatrix} 1 & 2 & 3 \\ 1 & 2 & 3 \end{pmatrix}^{-1} = \begin{pmatrix} 1 & 2 & 3 \\ 1 & 2 & 3 \end{pmatrix}, \begin{pmatrix} 1 & 2 & 3 \\ 1 & 3 & 2 \end{pmatrix}^{-1} = \begin{pmatrix} 1 & 2 & 3 \\ 1 & 3 & 2 \end{pmatrix}, \begin{pmatrix} 1 & 2 & 3 \\ 2 & 1 & 3 \end{pmatrix}^{-1} = \begin{pmatrix} 1 & 2 & 3 \\ 2 & 1 & 3 \end{pmatrix}$$

$$\begin{pmatrix} 1 & 2 & 3 \\ 2 & 3 & 1 \end{pmatrix}^{-1} = \begin{pmatrix} 1 & 2 & 3 \\ 3 & 1 & 2 \end{pmatrix}, \begin{pmatrix} 1 & 2 & 3 \\ 3 & 1 & 2 \end{pmatrix}^{-1} = \begin{pmatrix} 1 & 2 & 3 \\ 2 & 3 & 1 \end{pmatrix}, \begin{pmatrix} 1 & 2 & 3 \\ 3 & 2 & 1 \end{pmatrix}^{-1} = \begin{pmatrix} 1 & 2 & 3 \\ 3 & 2 & 1 \end{pmatrix}$$

而 $\begin{pmatrix} 1 & 2 & 3 \\ 2 & 1 & 3 \end{pmatrix} \circ \begin{pmatrix} 1 & 2 & 3 \\ 3 & 1 & 2 \end{pmatrix} = \begin{pmatrix} 1 & 2 & 3 \\ 1 & 3 & 2 \end{pmatrix}$。

通过前面的介绍和例子，可以看出，置换在复合运算下封闭，由函数的复合运算满足结合律，可知置换的复合运算也满足结合律，恒等置换是复合运算的单位元，置换都有逆置换。因此，有限集 S 上的所有置换及其复合操作构成了一个群。

定义 9.19 n 个元素的有限集 S 上所有的置换所组成的集合 S_n 及其复合运算构成的群 $(S_n, \circ)$ 称为 S 的对称群。S 的对称群的子群 $(S', \circ)$ 称为 S 的置换群。

显然，n 个元素的有限集 S 的对称群 $(S_n, \circ)$ 的阶为 $n!$。

例如，【例 9.59】中的 S 的对称群 $(S_3, \circ)$，S 上置换 $\begin{pmatrix} 1 & 2 & 3 \\ 1 & 2 & 3 \end{pmatrix}$ 和 $\begin{pmatrix} 1 & 2 & 3 \\ 3 & 2 & 1 \end{pmatrix}$ 所组成的集合及其复合运算。构成了一个置换群。

置换群是有限群的一个典型代表，关于置换群，有下面的重要定理：

定理 9.17　每个有限群都与一个置换群同构。

证明：设 $(G, \circ)$ 是一个有限群，对任意 $a \in G$ 均有置换 P_a：$G \to G$，$P_a(x) = x \circ a$。所有这些构成了一个置换集合 $G' = \{P_a \mid a \in G\}$。构造一个映射

$$f: G \to G', \quad f(a) = P_a$$

显然，f 是满射。若 $a \neq b$，对任意的 $x \in G$，$P_a(x) = x \circ a \neq x \circ b = P_b(x)$，因此，$f(a) \neq f(b)$，即 f 是单射。因此，f 是一个双射。并且

$$f(a \circ b)(x) = P_{a \circ b}(x) = x \circ (a \circ b) = (x \circ a) \circ b = P_a(x) \circ b = P_b(P_a(x))$$
$$= f(b)(P_a(x)) = f(b)(f(a)(x)) = (f(a) \circ f(b))(x)$$

即，$f(a \circ b) = f(a) \circ f(b)$，因此，群 $(G, \circ)$ 与 $(G', \circ)$ 同构。

由定理 9.17，从同构的观点看，研究有限群的问题就可以转换为研究置换群的问题。

9.4　环　与　域

环和域都是具有两个二元运算的代数系统，并且，这两个运算之间还相互联系。

9.4.1　环与域的概念

定义 9.20　设 (R，∘，*) 是代数系统，如果

(1) (R，∘) 是可交换群；

(2) (R，*) 是半群；

(3) 运算 * 对运算 ∘ 满足分配律；

则称 (R，∘，*) 为一个环。

由群的性质，阶大于 1 的群没有零元。因此，对于 |R| > 1 的环，关于运算 ∘ 没有零元。对任意元素 a，$b \in R$，如果 a，b 都不是 (R，∘) 的单位元 θ，但是 $a * b = \theta$，则称 a，b 为 R 的零因子。

定义 9.21　设 (R，∘，*) 是一个环，如果

(1) (R，*) 为可交换群，则称 (R，∘，*) 为可交换环。

(2) (R，*) 含有单位元，则称 (R，∘，*) 为单位环（含幺环）。

(3) R 中不含零因子，则称 (R，∘，*) 为无零因子环。

(4) R 是可交换环、单位环和无零因子环，则称 (R，∘，*) 为整环。

【**例 9.60**】　代数系统 (Z，+，×)，(Q，+，×)，(R，+，×) 都是环，而且是可交换环、单位环和无零因子环，因此都是整环。

【**例 9.61**】　代数系统 $(Z_n, +_n, \times_n)$ 是环，而且是可交换环和单位环，但不一定是整环。$(Z_6, +_6, \times_6)$ 不是整环，因为 0 是 Z_6 关于 $+_6$ 的单位元，$2 \times_6 3 = 0$，因此 Z_6 含有零因子；但 $(Z_5, +_5, \times_5)$ 是整环。

【**例 9.62**】在计算机中，数据都是以二进制编码的，一个二进制表示的有符号整数 $x_{n-1} x_{n-2} \cdots x_1 x_0$（$x_i$ 为 0 或 1）所对应的十进制整数为 $x = -x_{n-1} \cdot 2^{n-1} + \sum_0^{n-1} x_i \cdot 2^i$。因此，16 位二进制串 1000 0000 0000 0000 所对应的十进制整数是 −32768。由于 (Z，+，×) 是一个环，计算机实现的整型数据的加法和乘法也满足环的性质。这样我们就可以理解，为什么下面的算式在当今大多数机器都

会得到–884901888：

$$(500 \times 400) \times (300 \times 200)$$
$$(500 \times 400) \times 300) \times 200$$
$$(200 \times 500) \times 300) \times 400$$
$$400 \times (200 \times (300 \times 500)$$

计算机可能得到的结果不是–884901888，但是至少上述四个算式的结果是一致的。

【例9.63】 设 A 是一个非空集合，代数系统 $(\rho(A)$，$\cap$，$\cup)$ 是环，它也是可交换环和单位环，运算 $\cup$ 的单位元是空集 $\varnothing$，但是 A 的两个不相交的子集的交集也会为 $\varnothing$，因此，它不是整环。

环也有子环的概念。

定义9.22 设 $(R，\circ，*)$ 是一个环，S 是 R 的非空子集，并且 $(S，\circ，*)$ 也是一个环，则称 $(S，\circ，*)$ 是 $(R，\circ，*)$ 的子环。如果 S 是 R 的真子集，则称 $(S，\circ，*)$ 是 $(R，\circ，*)$ 的真子环。

【例9.64】 环 $(Z，+，\times)$ 是环 $(Q，+，\times)$ 和 $(R，+，\times)$ 的真子环。

【例9.65】 设 B 是集合 A 的非空子集，$(\rho(B)$，$\cap$，$\cup)$ 是环 $(\rho(A)$，$\cap$，$\cup)$ 的子环。

代数系统同态和同构的概念也适用于环，前面的【例9.32】我们就看到环 $(Z，+，\times)$ 与 $(Z_n，+_n，\times_n)$ 同态，并且是满同态。

定义9.23 环 $(F，\circ，*)$ 满足下列条件：

(1) F 中至少有两个元素；

(2) $(F，*)$ 为可交换群；

(3) $(F，*)$ 含有单位元；

(4) $(F-\{\theta\}，*)$ 都有逆元。

则称 $(F，\circ，*)$ 为一个域。其中 θ 为 $(F，\circ)$ 的单位元。

【例9.66】 整环 $(Z，+，\times)$ 不是域，因为 $(Z，+)$ 的单位元是 0，$Z-\{0\}$ 中的元素除了 ±1 外，关于 $\times$ 没有逆元。但是，整环 $(Q，+，\times)$，$(R，+，\times)$ 都是域。

【例9.67】 环 $(Z_6，+_6，\times_6)$ 不是域，因为 2、3、4 关于 $\times_6$ 没有逆元；而整环 $(Z_5，+_5，\times_5)$ 是域。

*9.4.2　环与域的性质

对于环 $(R，\circ，*)$，如果 θ 为 R 关于 $\circ$ 的单位元，对任意 $a \in R$，用 $-a$ 表示 a 在 R 中关于 $\circ$ 的逆元，环的重要性质可以描述如下：

(1) 对任意 $a \in R$，$a * \theta = \theta * a = \theta$。

(2) 对任意 $a，b \in R$，$a * (-b) = (-a) * b = -(a \circ b)$，$(-a) * (-b) = a * b$。

(3) 环 $(R，\circ，*)$ 无零因子的充分必要条件是，对任意元素 $a，b，c \in R$，$a \neq \theta$，如果 $a * b = a * c$ 或者 $b * a = c * a$，则 $b = c$。

由性质 (1)，$(R，\circ)$ 的单位元是 $(R，*)$ 的零元，因此，将 $(R，\circ)$ 的单位元称为环 $(R，\circ，*)$ 的零元。并且，由于零元的存在，$(R，*)$ 不可能是一个群。如果 $(R，*)$ 有单位元，将 (R，*) 的单位元称为环 (R，○，*) 的单位元。并且，在域的定义中，只能要求 $(F-\{\theta\}$，*) 都有逆元。事实上，$(F-\{\theta\}$，*) 是一个可交换群。

由性质（2），类比数集上的加法和乘法运算，运算○称为环 (R，○，*) 的加法运算，运算*称为环 (R，○，*) 的乘法运算。

整环和域作为特殊的环，显然，它们都具有环的性质。

关于整环，还有下面的定理：

定理 9.18 环 $(Z_n，+_n，\times_n)$ 是整环的充分必要条件是 n 为素数。

该定理的证明略。

由【例 9.66】和【例 9.67】我们发现，整环不一定是域，关于整环和域的关系，我们有下面的重要定理。

定理 9.19 域一定是整环，至少有两个元素的有限整环一定是域。

该定理的证明略。

9.5 格与布尔代数

格是具有两个二元运算的代数系统，也是一个特殊的偏序集。布尔代数作为一个特殊的格，在计算机科学中有着重要的作用。

9.5.1 格的概念与性质

格有两种等价的定义：一种定义从代数系统的角度给出，这种定义方式与群、环的定义方式类似，这样定义的格称为代数格；另一种定义从偏序集的角度给出，这样定义的格称为偏序格。

定义 9.24 设 $(L，\wedge，\vee)$ 是一个代数系统，$\wedge$ 和 $\vee$ 是 L 上的两个二元运算，如果这两个运算满足交换律、结合律和吸收律，则称 $(L，\wedge，\vee)$ 为一个代数格。

定义 9.25 设 $(L，\leqslant)$ 是一个偏序集，如果任意两个元素构成的子集均存在最大下界和最小上界，则称偏序集 $(L，\leqslant)$ 为偏序格。

【例 9.68】 设 A 是一个非空集合，在代数系统 $(\rho(A)，\cap，\cup)$ 中，由集合论的介绍，集合的交运算和并运算满足交换律、结合律和吸收律，因此 $(\rho(A)，\cap，\cup)$ 是一个代数格。对偏序集 $(\rho(A)，\subseteq)$，$\rho(A)$ 的任意两个元素是 A 的两个子集，二者的最大下界是其交集，最小上界是其并集，因此，$(\rho(A)，\subseteq)$ 是一个偏序格。

【例 9.69】 对图 9-2 所示的集合 {1，2，3，4，6，12} 上整除关系 "|"，偏序集 ({1，2，3，4，6，12}，|) 的任意两个元素构成的子集的最大下界是这两个整数的最大公因子，最小上界是这两个整数的最小公倍数，因此，({1，2，3，4，6，12}，|) 是一个偏序格。如果记 gcd $(x，y)$ 为求两个整数 x 和 y 的最大公因子的运算，记 lcm $(x，y)$ 为求两个整数的最小公倍数的运算，显然，这两个运算满足交换律、结合律和吸收律，因此，({1，2，3，4，6，12}，gcd，lcm) 是一个代数格。

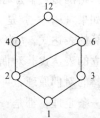

图 9-2 集合 {1，2，3，4，6，12} 上的整除关系的哈斯图

从上述两个例子可以看出，一个代数格对应一个偏序格，反之亦然。事实上，我们有下面的定理：

定理 9.20 代数格和偏序格是等价的。

该定理的证明略。

由定理 9.20，代数格和偏序格实际上一回事，因此，无须再区分代数格和偏序格，统一称为格。在格 $(L, \wedge, \vee)$ 中，用 $\wedge$ 表示求偏序集 $(L, \leqq)$ 中两个元素子集的最大下界，用 $\vee$ 表示求两个元素子集的最小上界。

需要注意的是，不是任意一个偏序集都是格。

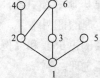

【例 9.70】 如图 9-3 所示集合 {1, 2, 3, 4, 5, 6} 上的整除关系，偏序集 ({1, 2, 3, 4, 5, 6}, l) 就不能成为格，因为存在某两个元素的子集没有最大下界或最小上界，例如，{3, 5} 就不存在最小上界。

图 9-3 集合 {1, 2, 3, 4, 5, 6} 上的整除关系的哈斯图

格也有子格的概念。

定义 9.26 设 $(L, \wedge, \vee)$ 是一个格，S 是 L 的非空子集，并且 $(S, \wedge, \vee)$ 也是一个格，则称 $(S, \wedge, \vee)$ 是 $(L, \wedge, \vee)$ 的子格。

需要注意的是，对于格 $(L, \wedge, \vee)$，可能存在 L 的子集 S 也能构成格，但不一定是 $(L, \wedge, \vee)$ 的子格。

【例 9.71】 如图 9-2 所示，{1, 2, 3, 12} ⊆ {1, 2, 3, 4, 6, 12}，并且，集合 {1, 2, 3, 12} 及其上的整除关系可以构成一个格，但是 2 和 3 的最小上界是 6，因而它不是 ({1, 2, 3, 4, 6, 12}, gcd, lcm) 的子格。

代数系统同态和同构的概念也适用于格。

【例 9.72】 映射 f: {1, 2, 3, 6} → ρ ({a, b})，$f(1) = \varnothing$，$f(2) = \{a\}$，$f(3) = \{b\}$，$f(6) = \{a, b\}$，显然这是一个双射，并且，$gcd(x, y) = f(x) \cap f(y)$，$lcm(x, y) = f(x) \cup f(y)$，因此，$f$ 是一个同构映射。格 ({1, 2, 3, 6}, gcd, lcm) 与 (ρ ({a, b}), $\cap$, $\cup$) 同构。

除了定义中要求格的运算满足交换律、结合律和吸收律外，格还满足下面的重要性质：

(1) 格的两个运算 $\wedge$ 和 $\vee$ 满足幂等律。

(2) 格的子代数必为格。

(3) 格满足对偶原理，即，如果 $(L, \wedge, \vee)$ 是一个格，$(L, \vee, \wedge)$ 也是一个格；或者说，如果 $(L, \leqq)$ 是一个格，$(L, \geqq)$ 也是一个格。具体来说，如果 f 是一个含有格中元素和运算的表达式，f 的对偶式是将 f 中 $\wedge$，$\vee$ 分别用 $\vee$，$\wedge$ 代替后得到的表达式，则格中的每一个成立的表达式其对偶式也成立。

由格的对偶原理，可以说，对于格中的每一条定理都存在着一条与其对偶的定理；或者说，格的每一条定理，都是一对互相对偶的命题。

9.5.2 分配格、有补格

定义 9.27 设 $(L, \wedge, \vee)$ 是一个格，如果格的两个运算 $\wedge$ 和 $\vee$ 还满足分配律，则称 $(L, \wedge, \vee)$ 为分配格。

【例 9.73】 设 A 是一个非空集合，则格 (ρ (A), $\cap$, $\cup$) 是一个分配格。

【例 9.74】　偏序集 $(L, \leqq)$ 的哈斯图如图 9-4 所示，它是一个格，但不是一个分配格，因为 $b \vee (c \wedge d) = b \vee a = b$，但是 $(b \vee c) \wedge (b \vee d) = e \wedge d = d$。

定理 9.21　在格 $(L, \wedge, \vee)$ 中，如果 $\wedge$ 对 $\vee$ 是可分配的，则 $\vee$ 对 $\wedge$ 也是可分配的；如果 $\vee$ 对 $\wedge$ 是可分配的，则 $\wedge$ 对 $\vee$ 也是可分配的。

证明：对任意 a，b，$c \in L$，如果 $a \wedge (b \vee c) = (a \wedge b) \vee (a \wedge c)$，则

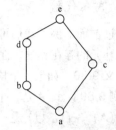

$(a \vee b) \wedge (a \vee c)$

$= ((a \vee b) \wedge a) \vee ((a \vee b) \wedge c)$

$= a \vee ((a \vee b) \wedge c)$

$= a \vee ((a \wedge c) \vee (b \wedge c))$

$= (a \vee (a \wedge c)) \vee (b \vee c)$

$= a \vee (b \wedge c)$

由对偶原理，定理的另一半也是成立的。

图 9-4　偏序集 $(L, \leqq)$ 的哈斯图

定理 9.22　设 $(L, \wedge, \vee)$ 是分配格，对于任意 a，b，$c \in L$，$b \vee a = c \vee a$，$b \wedge a = c \wedge a$ 的充分必要条件是 $b=c$。

证明：充分性是显然的。下面证必要性。

$b = b \vee (b \wedge a) = b \vee (c \wedge a)$

$= (b \vee c) \wedge (b \vee a)$

$= (c \vee b) \wedge (c \vee a)$

$= c \vee (b \wedge a)$

$= c \vee (c \wedge a)$

$= c$

定义 9.28　设 $(L, \wedge, \vee)$ 是一个格，如果 L 中存在有最小元和最大元，则称 $(L, \wedge, \vee)$ 为有界格。

显然，有界格的最小元是关于运算 $\vee$ 的单位元，又是关于运算 $\wedge$ 的零元；最大元是关于运算 $\wedge$ 的单位元，又是关于运算 $\vee$ 的零元。

习惯上，把有界格中的最大元记为 1，最小元记为 0。

我们前面介绍的格都是有界格。

【例 9.75】　设 A 是一个非空集合，格 $(\rho(A), \cap, \cup)$ 的最大元是 A，最小元是 $\varnothing$，因此，$(\rho(A), \cap, \cup)$ 是一个有界格。

【例 9.76】　格 $(\{1, 2, 3, 4, 6, 12\}, \gcd, \text{lcm})$ 的最大元是 12，最小元是 1，因此，$(\{1, 2, 3, 4, 6, 12\}, \gcd, \text{lcm})$ 是一个有界格。

定理 9.23　有限格都是有界格。

该定理的证明略。

定义 9.29　设 $(L, \wedge, \vee)$ 是有界格，对于任意 $a \in L$，如果存在 $b \in L$，使得

$$a \vee b = 1, \quad a \wedge b = 0$$

则称元素 b 是 a 的补元。如果 L 中每个元素都有补元，则称 $(L, \wedge, \vee)$ 为有补格。

由定义不难看出，如果 b 是 a 的补元，a 也是 b 的补元，即，a 与 b 互为补元。显然，最大元和最小元互为补元。

【例 9.77】 设 A 是一个非空集合，有界格 $(\rho(A), \cap, \cup)$ 的任意元素 x 的补元是 $A-x$，即 x 相对于 A 的补集，因此，$(\rho(A), \cap, \cup)$ 是有补格。

【例 9.78】 格 $(\{1, 2, 3, 4, 6, 12\}, \gcd, \text{lcm})$ 不是有补格，因为 2、6 没有补元。

【例 9.79】 图 9-4 所示的偏序集 $(L, \preceq)$ 是一个格，其中，a 与 e 互为补元，b 与 c 互为补元，b 与 d 也互为补元，因此，$(L, \preceq)$ 是有补格。

9.5.3 布尔代数

通过前面的例子我们可以看出，有补格中的每个元素都有补元，但补元并不都是唯一的。要保证补元的存在和唯一性，我们需要下面的定义和定理。

定义 9.30 如果一个格既是有补格又是分配格，则称它为有补分配格或布尔代数。

【例 9.80】 设 A 是一个非空集合，格 $(\rho(A), \cap, \cup)$ 既是有补格，又是分配格，因此，格 $(\rho(A), \cap, \cup)$ 是一个布尔代数。

定理 9.24 在布尔代数中，每个元素都存在唯一的补元。

证明： 假设布尔代数中元素 a 有两个补元 b、c，由补元的定义有

$$a \vee b = 1 = a \vee c, \quad a \wedge b = 0 = a \wedge c$$

因此，

$$b = b \wedge (b \vee a) = b \wedge (c \vee a) = (b \wedge c) \vee (b \wedge a)$$
$$= (b \wedge c) \vee (c \wedge a) = c \wedge (b \vee a) = c \wedge (c \vee a) = c$$

由定理 9.24，任意元素 a 的补元存在且唯一，可以把求补元的运算看作是布尔代数的一元运算 $^-$，从而布尔代数也可记为 $(B, \wedge, \vee, ^-)$，并记 a 的补元为 $\bar{a}$。

布尔代数 $(B, \wedge, \vee, ^-)$ 具有的重要性质可以总结为：

(1) 交换律：对任意元素 $a, b \in B$，$a \wedge b = b \wedge a$，$a \vee b = b \vee a$。

(2) 结合律：对任意元素 $a, b, c \in B$，$a \wedge (b \wedge c) = (a \wedge b) \wedge c$，$a \vee (b \vee c) = (a \vee b) \vee c$。

(3) 吸收律：对任意元素 $a, b \in B$，$a \wedge (a \vee b) = a$，$a \vee (a \wedge b) = a$。

(4) 幂等律：对任意元素 $a \in B$，$a \wedge a = a$，$a \vee a = a$。

(5) 分配律：对任意元素 $a, b, c \in B$，$a \wedge (b \vee c) = (a \wedge b) \vee (a \wedge c)$，$a \vee (b \wedge c) = (a \vee b) \wedge (a \vee c)$。

(6) 互补律：对任意元素 $a \in B$，$a \wedge \bar{a} = 0$，$a \vee \bar{a} = 1$。

(7) 对合律：对任意元素 $a \in B$，$\bar{\bar{a}} = a$。

(8) 同一律：对任意元素 $a \in B$，$a \wedge 1 = a$，$a \vee 0 = a$。

(9) 零一律：对任意元素 $a \in B$，$a \wedge 0 = 0$，$a \vee 1 = 1$。

(10) 德·摩根律：对任意元素 $a, b \in B$，$\overline{a \wedge b} = \bar{a} \vee \bar{b}$，$\overline{a \vee b} = \bar{a} \wedge \bar{b}$。

以上这 10 条性质都可由其中的交换律、分配律、同一律和互补律推导出来。也就是说，若代数系统 $(B, \wedge, \vee, ^-)$ 中的运算满足交换律、分配律、同一律和互补律，则它必定也满足结合律、等幂律等其他 6 条定律。需要注意的是，交换律、分配律、同一律和互补律这四条基本定律，每一条都包含了对偶的两个式子。

事实上，布尔代数 $(B, \wedge, \vee, ^-)$ 可以看作是满足一些运算定律的一个代数系统，可以得到布尔代数的另一个等价定义。

定义 9.31 设 $(B, \wedge, \vee, ^-)$ 是一个代数系统，$\wedge$ 和 $\vee$ 是 B 上的两个二元运算，$^-$ 是 B 上的一元运算，如果

(1) 对任意 a, $b \in B$, $a \wedge b = b \wedge a$, $a \vee b = b \vee a$；

(2) 对任意 a, b, $c \in B$, $a \wedge (b \vee c) = (a \wedge b) \vee (a \wedge c)$, $a \vee (b \wedge c) = (a \vee b) \wedge (a \vee c)$；

(3) 存在 B 中元素 0 和 1，对任意 $a \in B$, $a \wedge 1 = a$, $a \vee 0 = a$；

(4) 对任意 $a \in B$, $a \wedge \bar{a} = 0$, $a \vee \bar{a} = 1$

则称 $(B, \wedge, \vee, ^-)$ 是一个布尔代数。

【例 9.81】 设 $B = \{0, 1\}$, B 上运算 $\wedge$、$\vee$ 和 $^-$ 如表 9-6，表 9-7 和表 9-8 所示。显然，$(B, \wedge, \vee, ^-)$ 是一个布尔代数。并且，是一个元素个数最少的布尔代数，一般称之为开关代数。开关代数构成了是计算机中基本组件的结构。

表 9-6	二元运算 $\wedge$ 的运算表			表 9-7	二元运算 $\vee$ 的运算表			表 9-8	一元运算 $^-$ 的运算表
$\wedge$	0	1		$\vee$	0	1		x	$\bar{x}$
0	0	0		0	0	1		0	1
1	0	1		1	1	1		1	0

【例 9.80】 中，由非空集合 A 的幂集 $\rho(A)$ 及其上的交、并、补运算构成的布尔代数 $(\rho(A), \cap, \cup, ^-)$，称为集合代数。

布尔代数也有子布尔代数的概念。

定义 9.32 设 $(B, \wedge, \vee, ^-)$ 是一个布尔代数，S 是 B 的非空子集，如果运算 $\wedge$、$\vee$ 和 $^-$ 对 S 封闭，并且 0，$1 \in B$，则称 $(S, \wedge, \vee, ^-)$ 是 $(B, \wedge, \vee, ^-)$ 的子布尔代数。

显然，对任意布尔代数 $(B, \wedge, \vee, ^-)$，$(\{0, 1\}, \wedge, \vee, ^-)$ 和 $(B, \wedge, \vee, ^-)$ 总是 $(B, \wedge, \vee, ^-)$ 的子布尔代数，称它们为 $(B, \wedge, \vee, ^-)$ 的平凡子布尔代数。

【例 9.82】 设 $A = \{a, b, c\}$，对集合 A 的非空子集 $B = \{b, c\}$，代数系统 $(\rho(B), \cap, \cup, ^-)$ 是布尔代数，但不是 $(\rho(A), \cap, \cup, ^-)$ 的子布尔代数，因为，虽然 $\varnothing \in \rho(B)$，但是 $A \notin \rho(B)$。而代数系统 $(\{\varnothing, \{a\}, \{b, c\}, \{a, b, c\}\}, \cap, \cup, ^-)$ 是布尔代数，并且是 $(\rho(A), \cap, \cup, ^-)$ 的子布尔代数。

代数系统同态和同构的概念也适用于布尔代数。

【例 9.83】 设 A 是含单个元素 a 的集合 $\{a\}$，集合代数 $(\rho(A), \cap, \cup, ^-)$ 和开关代数 $(\{0, 1\}, \wedge, \vee, ^-)$ 同构，因为可构造映射 f：$\rho(A) \rightarrow \{0, 1\})$，$f(\varnothing) = 0$，$f(\{a\}) = 1$，显然这是一个双射，并且，$f(x \cap y) = f(x) \wedge f(y)$，$f(x \cup y) = f(x) \vee f(y)$，$f(\bar{x}) = \overline{f(x)}$。因此，$f$ 是一个同构映射。这两个布尔代数同构。

事实上，**【例 9.82】** 中的布尔代数 $(\{\varnothing, \{a\}, \{b, c\}, \{a, b, c\}\}, \cap, \cup, ^-)$ 与集合代数 $(\rho(\{a, b\}), \cap, \cup, ^-)$ 同构。因为可构造同构映射 g：$\{\varnothing, \{a\}, \{b, c\}, \{a, b, c\}\}$ $\rightarrow \rho(\{a, b\})$，$g(\varnothing) = \varnothing$，$g(\{a\}) = \{a\}$，$g(\{b, c\}) = \{b\}$，$g(\{a, b, c\}) = \{a, b\}$。

由上述几例我们发现，开关代数 $(\{0, 1\}, \wedge, \vee, ^-)$ 有 2 个元素，集合代数 $(\rho(A), \cap, \cup, -)$ 有 $2^{|A|}$ 个元素。很多布尔代数都与某一个集合代数同构。事实上，这是布尔代数的一般规律，即我们有下面的斯通定理。

定理 9.25 设 $(B, \wedge, \vee, ^-)$ 是一个有限布尔代数，则必有含有 n 个元素的集合 A，使得 $(B, \wedge, \vee, ^-)$ 与 $(\rho(A), \cap, \cup, ^-)$ 同构。

该定理的证明略。由该定理，我们还可以得到下面的推论。

推论 （1）任意有限布尔代数的元素个数必为 2 的整数次幂。

（2）所有含有 2^n 个元素的布尔代数都同构。

（3）布尔代数的最少元素个数是 2 个。

本 章 小 结

本章主要介绍了代数系统的基本概念和运算的性质以及代数系同态与同构的概念，在此基础上，以群为重点介绍了群、环与域、格与布尔代数等抽象代数结构。

代数系统是由集合和集合上的运算所构成，因此运算的定义及交换律、结合律、分配律等运算性质的研究对研究代数系统至关重要，与之有关的是单位元、零元、逆元等特殊元素的概念。

代数系统同态与同构刻画了代数系统结构上的相似性，同态与同构能保持运算，并保持运算的性质和特殊元素的性质。

由广群到半群、独异点和群，不断对含有一个二元运算的代数系统加以限制。群是历史上最早研究的代数系统，已得到充分的发展，群有一些重要的性质。子群与正规子群的判定定理和拉格朗日定理是群论中的重要定理。循环群和置换群是两类特殊的群。

由环到整环和域，同样是不断对含有两个二元运算的代数系统加以限制，它们也都有一些重要的性质。

格有代数格和偏序格两个等价的定义，并且，满足对偶原理。分配格、有补格、有界格是三种分别满足不同性质的特殊的格，布尔代数是有补分配格，满足许多性质。

习 题 九

1．数集上的加法、减法、乘法和除法运算是否在下列集合上封闭？

（1）奇数集；

（2）偶数集；

（3）素数集；

（4）合数集。

2．集合{1，2，3，4，5}上的二元运算。的运算表如下表所示，验证该运算是否满足二元运算的各种性质。该集合上是否存在关于该运算的单位元和零元？每个元素关于该运算是否有逆元？

二元运算。的运算表

∘	1	2	3	4	5
1	1	2	3	4	5
2	2	3	4	1	5
3	3	4	1	2	5
4	4	3	2	1	5
5	5	5	5	5	5

3．整数集 Z 上的运算 ∘ 定义为

$$x \circ y = x + y - xy$$

验证该运算是否满足二元运算的各种性质。该集合上是否存在关于该运算的单位元和零元？每个元素关于该运算是否有逆元？

4．证明映射 $f: N \to \{0, 1\}$，

$$f(x) = \begin{cases} 1 & x = 2^k \quad (k\text{是自然数}) \\ 0 & \text{其他} \end{cases}$$

是从代数系统 $(N, \times)$ 到 $(\{0, 1\}, \times)$ 的同态。它是单同态、满同态或同构吗？

5．下面两个运算表定义了两个代数系统，证明这两个代数系统同构。

二元运算 ∘ 的运算表

∘	a	b	c	d
a	d	a	b	d
b	d	b	c	d
c	d	d	c	c
d	a	b	a	a

二元运算*的运算表

*	1	2	3	4
1	1	1	2	4
2	2	2	4	2
3	1	1	4	3
4	2	3	1	3

6．集合 $A = \{a, b, c\}$ 的运算 ∘ 定义为

$$x \circ y = x$$

证明：$(A, \circ)$ 是一个半群。

7．设 $(A, \circ)$ 是一个半群，且对任意 $a, b \in A$，若 $a \neq b$ 则 $a \circ b \neq b \circ a$。证明：A 中所有元素均为幂等元。

8．设 inv (A) 是独异点 $(A, \circ)$ 的可逆元素集合，证明：$(\text{inv}(A), \circ)$ 构成 $(A, \circ)$ 的子半群。

9．实数集 R 上的运算 ∘ 定义为

$$x \circ y = x + y + xy$$

证明：$(R, \circ)$ 是一个独异点。

10．设 $(A, \circ)$ 是有限交换独异点，且对任意 $a, b, c \in A$，如果 $a \circ b = a \circ c$ 则 $b = c$。证明：$(A, \circ)$ 是一个可交换群。

11．设 $(G, \circ)$ 是一个群，定义 G 上的运算*为

$$x * y = y \circ x$$

证明：$(G, *)$ 也是一个群。

12．设 $(G, \circ)$ 是一个群，如果对任意 $x \in G$ 有 $x^2 = e$，则 $(G, \circ)$ 为可交换群。

13. 设 $(G, \circ)$ 是一个群，证明：对任意 $a, b \in G$，$(a^{-1} \circ b \circ a)^n = a^{-1} \circ b^n \circ a$，$n$ 为任意整数。

14. 设 $(H_1, \circ)$，$(H_2, \circ)$ 都是群 $(G, \circ)$ 的子群，证明：$(H_1 \cap H_2, \circ)$ 为 $(G, \circ)$ 的子群。

15. 确定代数系统 $(\{1, 3, 4, 5, 9\}, \times_{11})$ 是否循环群，若是，找出它的生成元。

16. 已知置换 $P = \begin{pmatrix} 1 & 2 & 3 & 4 & 5 \\ 2 & 4 & 5 & 3 & 1 \end{pmatrix}$，$Q = \begin{pmatrix} 1 & 2 & 3 & 4 & 5 \\ 2 & 3 & 1 & 5 & 4 \end{pmatrix}$，求 P^2，$P \circ Q$，$Q \circ P$，$P^{-1} \circ Q^2$。

17. 构造群 $(Z_6, +_6)$ 的运算表，并证明 $(Z_6, +_6)$ 是一个循环群。

18. 对群 $(Z_6, +_6)$，给出它的一个非平凡子群及其左陪集。

19. 对群 $(Z, +)$，$H = \{8k \mid k \in Z\}$，求商群 Z/H 及其运算表。

20. 设 f 是从 G 到 H 的群同态，对于某个 $g \in G$，$f(g) = h$，g 和 h 的阶是否相同？

21. 集合 $A = \{a + \sqrt{2}\, b\}$，其中 $a, b \in Z$，代数系统 $(A, +, \times)$ 是否构成环、整环和域。

22. 设 R 是实数集，运算 $\circ$ 定义为 $a \circ b = |a| \cdot b$，代数系统 $(R, +, \circ)$ 是否构成环？

23. 设环 $(R, \circ, *)$ 中 $(R, \circ)$ 为循环群，证明：R 是交换环。

24. 设 $(F, \circ, *)$ 是一个域，$F_1 \subseteq F$，$F_2 \subseteq F$，且 $(F_1, \circ, *)$，$(F_2, \circ, *)$ 都是域，证明：$(F_1 \cap F_2, \circ, *)$ 是一个域。

25. 判断下图所示的各哈斯图能否构成格。可以构成格的，指出各是什么格（分配格，有补格，布尔代数）。

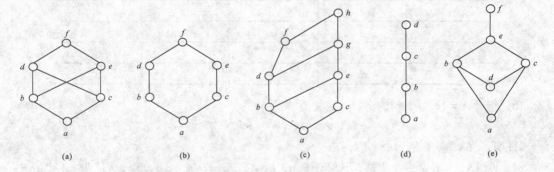

(a)　　　　(b)　　　　(c)　　　　(d)　　　　(e)

26. 对格 L 中任意元素 a, b, c, d，证明：（1）$a \leqslant b$，$a \leqslant c$ 当且仅当 $a \leqslant b \wedge c$。

(2) $a \leqslant c$，$b \leqslant c$ 当且仅当 $a \vee b \leqslant c$。

27. 设 $(B, \wedge, \vee)$ 是一个布尔代数，B 上的运算 $\circ$ 和 $*$ 定义为 $a \circ b = (a \wedge b^{-1}) \vee (a^{-1} \wedge b)$

$$a * b = a \wedge b$$

证明 $(B, \circ, *)$ 是一个单位交换环。

28. 设 G 是 60 的因子集合，"|" 是 G 上的整除关系。

(1) 画出偏序集 $(G, |)$ 的哈斯图。

(2) 判断 $(G, |)$ 是否布尔代数。

(3) 给出 $(G, |)$ 的一个子布尔代数。

附录 A 中英文术语对照表

A

Abel group	阿贝尔群
absorption law	吸收律
addition principle	加法原理
adequate set	完备集
adjacency matrix	邻接矩阵
algebra structure	代数结构
algebra system	代数系统
antisymmetric	反对称
assignment	指派
associative law	结合律
atomic formula	原子公式
atomic proposition	原子命题

B

base	基数
bijection	双射
binary operation	二元运算
binary relation	二元关系
binary search tree	二叉搜索树
binary tree	二叉树
binary tuple	二元组
binomial coefficient	二项式系数
binomial theorem	二项式定理
Boolean algebra	布尔代数
bound variable	约束变元
bounded lattice	有界格

C

D

disjunct	析取式
disjunction	析取
disjunction normal form	析取范式
distributive law	分配律
distributive lattice	分配格
domain	定义域
domain of individual	个体域
domination law	零一律
double negation law	双重否定律
drawer principle	抽屉原理
duality principle	对偶原理

E

edge	边
element	元素
empty set	空集
equivalence class	等价类
equivalence relation	等价关系
exclusive-or	异或
existential quantifier	存在量词
Euler circuit	欧拉回路
Euler graph	欧拉图
Euler path	欧拉路径

F

field	域
finite group	有限群
finite set	有限集
floor	下取整函数
forest	森林
free variable	自由变元
function	函数
function symbol	函数符号

G

graph	图
graph theory	图论

greatest element	最大元
greatest lower bound	最大下界
group	群

H

Hamilton circuit	汉密尔顿回路
Hamilton graph	汉密尔顿图
Hamilton path	汉密尔顿路径
handshaking theorem	握手定理
hash function	哈希函数
Hasse diagram	哈斯图
homogeneous	齐次的
homomorphism	同态

I

idempotent law	幂等律
identity	恒等式
identity element	单位元
identity law	同一律
in-degree	入度
incidency matrix	关联矩阵
individual	个体
individual constant	个体常元
individual variable	个体变元
inference	推理
infinite group	无限群
infinite set	无限集
injection	单射
inorder traversal	中根遍历
integral ring	整环
interpretation	解释
intersection set	交集
inverse element	逆元
inverse relation	逆关系
inverse function	逆函数
irreflexive	反自反
isomorphism	同构

K

| kernel | 核 |

L

Lagrange theorem	拉格朗日定理
lattice	格
law of contradiction	矛盾律
law of excluded middle	排中律
least element	最小元
least upper bound	最小上界
lexicographic order	字典序
linear order	线性序
logical equivalence	逻辑等价
logical implication	逻辑蕴涵
lower bound	下界

M

major conjunction normal form	主合取范式
major disjunction normal form	主析取范式
map	映射
mathematical logic	数理逻辑
maximal	极大元
minimal	极小元
minimum spanning tree	最小生成树
model	模型
monoid	独异点
multiplication principle	乘法原理

N

n-ary operation	n 元运算
n-ary relation	n 元关系
n-ary function	n 元函数
n-tuple	n 元组
nand	与非
negation	否定
node	结点
nor	或非

Q

quantifier	量词
quotient group	商群

R

range	值域
reachability matrix	可达性矩阵
recurrence relation	递归关系
reflexive	自反
reflexive closure	自反闭包
relation	关系
ring	环
rooted tree	根树

S

satisfiable formula	可满足式
scope	辖域
semantics	语义
semigroup	半群
set	集合
set theory	集合论
simple graph	简单图
spanning tree	生成树
strongly connected	强连通的
strongly connected component	强连通分图
subalgebra	子代数
subgraph	子图
subgroup	子群
subring	子环
subset	子集
substitution	代换
subtree	子树
surjection	满射
symmetric	对称
symmetric closure	对称闭包
symmetric difference	对称差
symmetric group	对称群

T

tautology	重言式
term	项
total order	全序
totally ordered set	全序集
transitive	传递
transitive closure	传递闭包
transitivity	传递性
tree	树
tree traversal	树的遍历
truth table	真值表
truth value	真值
tuple	元组

U

unary operation	一元运算
uncountable set	不可数集
undirected graph	无向图
union set	并集
universal quantifier	全称量词
universe set	全集
upper bound	上界

V

validity	有效性
valuation	赋值
Venn diagram	文氏图
vertice	结点

W

weakly connected	弱连通的
weighted graph	加权图
well-formed formula	合式公式
well ordering	良序

Z

zero element	零元

参 考 文 献

[1] 左孝凌，李为鑑，刘永才．离散数学[M]．上海：上海科技文献出版社，2010．

[2] 徐洁磐．离散数学基础教程[M]．北京：机械工业出版社，2009．

[3] 陈国勋，刘书芳，周文俊，等．离散数学[M]．北京：机械工业出版社，2005．

[4] 傅彦，顾小丰，王庆先，等．离散数学及其应用[M]．北京：高等教育出版社，2007．

[5] 方世昌．离散数学[M]．3版．西安：西安电子科技大学出版社，2009．

[6] ROSEN K H．离散数学及其应用[M]．5版．北京：机械工业出版社，2003．

[7] JOHNSON R．离散数学[M]．5版．北京：电子工业出版社，2004．

[8] ENDERTON H B．集合论基础[M]．北京：人民邮电出版社，2006．

[9] WEST D B.图论导引[M]．2版．北京：机械工业出版社，2004．

[10] HUTH M，RYAN．面向计算机科学的数理逻辑：系统建模与推理[M]．2版．北京：机械工业出版社，2005．

[11] ENDERTON H B．数理逻辑[M]．2版．北京：人民邮电出版社，2006．

[12] RICHARD A B．组合数学[M]．3版．北京：机械工业出版社，2002．

[13] ROTMAN J J.抽象代数基础教程[M]．2版．北京：机械工业出版社，2004．

[14] GRAHAM R L，KNUTD E H，PATASHNIK O．具体数学：计算机科学基础[M]．2版．北京：机械工业出版社，2002．

[15] GORMEN T H，LEISERSON C E，RIVEST R L，STEIN C．算法导论[M]．2版．北京：高等教育出版社，2007．